"十三五"国家重点出版物出版规划项目

大气污染控制技术与策略丛书

大气颗粒物污染在线源解析技术

基于单颗粒质谱

周　振等　著

科学出版社

北　京

内 容 简 介

本书主要阐述了基于单颗粒质谱技术的颗粒物源解析技术及应用，向读者介绍单颗粒质谱的发展历程与设计思路，详细地描述了基于单颗粒质谱的动态源解析原理及方法，系统地阐述了我国单颗粒质谱技术的发展现状，并汇总了基于广州禾信仪器股份有限公司开发的单颗粒气溶胶质谱仪（SPAMS）在国内外大气研究方面的应用进展，展示了大量的基于单颗粒技术的应用案例。

本书主要面向质谱仪器研发、气溶胶研究、大气颗粒物来源解析及大气化学等研究方向的学者和学生，希望本书介绍的颗粒物源解析技术，能让更多国内学者关注国产仪器特别是质谱仪器的研发，做中国人的质谱仪器，振兴国内科研仪器行业的发展。

图书在版编目（CIP）数据

大气颗粒物污染在线源解析技术：基于单颗粒质谱 / 周振等著. — 北京：科学出版社，2024.1

（大气污染控制技术与策略丛书）

"十三五"国家重点出版物出版规划项目

ISBN 978-7-03-077943-4

Ⅰ. ①大… Ⅱ. ①周… Ⅲ. ①城市空气污染—粒状污染物—污染源—研究 Ⅳ. ①X513

中国国家版本馆 CIP 数据核字（2024）第 011084 号

责任编辑：杨 震 刘 冉 / 责任校对：杜子昂
责任印制：徐晓晨 / 封面设计：黄华斌

科 学 出 版 社 出版

北京东黄城根北街 16 号
邮政编码：100717
http://www.sciencep.com

北京中科印刷有限公司 印刷

科学出版社发行 各地新华书店经销

*

2024 年 1 月第 一 版 开本：720×1000 1/16
2024 年 1 月第一次印刷 印张：16 3/4
字数：340 000

定价：150.00 元

（如有印装质量问题，我社负责调换）

丛书编委会

主　编：郝吉明

副主编（按姓氏汉语拼音排序）：

柴发合　陈运法　贺克斌　李　锋

刘文清　朱　彤

编　委（按姓氏汉语拼音排序）：

白志鹏　鲍晓峰　曹军骥　冯银厂

高　翔　葛茂发　郝郑平　贺　泓

李俊华　宁　平　王春霞　王金南

王书肖　王新明　王自发　吴忠标

谢绍东　杨　新　杨　震　姚　强

叶代启　张朝林　张小曳　张寅平

朱天乐

丛 书 序

当前，我国大气污染形势严峻，灰霾天气频繁发生。以可吸入颗粒物（PM_{10}）、细颗粒物（$PM_{2.5}$）为特征污染物的区域性大气环境问题日益突出，大气污染已呈现出多污染源多污染物叠加、城市与区域污染复合、污染与气候变化交叉等显著特征。

发达国家在近百年不同发展阶段出现的大气环境问题，我国却在近 20 年间集中爆发，使问题的严重性和复杂性不仅在于排污总量的增加和生态破坏范围的扩大，还表现为生态与环境问题的耦合交互影响，其威胁和风险也更加巨大。可以说，我国大气环境保护的复杂性和严峻性是历史上任何国家工业化过程中所不曾遇到过的。

为改善空气质量和保护公众健康，2013 年 9 月，国务院正式发布了《大气污染防治行动计划》，简称为"大气十条"。该计划由国务院牵头，环境保护部、国家发展和改革委员会等多部委参与，被誉为我国有史以来力度最大的空气清洁行动。"大气十条"明确提出了 2017 年全国与重点区域空气质量改善目标，以及配套的十条 35 项具体措施。从国家层面上对城市与区域大气污染防治进行了全方位、分层次的战略布局。

中国大气污染控制技术与对策研究始于 20 世纪 80 年代。2000 年以后科技部首先启动"北京市大气污染控制对策研究"，之后在 863 计划和科技支撑计划中加大了投入，研究范围也从"两控区"（酸雨区和二氧化硫控制区）扩展至京津冀、珠江三角洲、长江三角洲等重点地区；各级政府不断加大大气污染控制的力度，从达标战略研究到区域污染联防联治研究；国家自然科学基金委员会近年来从面上项目、重点项目到重大项目、重大研究计划各个层次上给予立项支持。这些研究取得丰硕成果，使我国的大气污染成因与控制研究取得了长足进步，有力支撑了我国大气污染的综合防治。

在学科内容上，由硫氧化物、氮氧化物、挥发性有机物及氨等气态污染物的污染特征扩展到气溶胶科学，从酸沉降控制延伸至区域性复合大气污染的联防联控，由固定污染源治理技术推广到机动车污染物的控制技术研究，逐步深化和开拓了研究的领域，使大气污染控制技术与策略研究的层次不断攀升。

鉴于我国大气环境污染的复杂性和严峻性，我国大气污染控制技术与策略领域研究的成果无疑也应该是世界独特的，总结和凝聚我国大气污染控制方面已有的研究成果，形成共识，已成为当前最迫切的任务。

我们希望本丛书的出版，能够大大促进大气污染控制科学技术成果、科研理论体系、研究方法与手段、基础数据的系统化归纳和总结，通过系统化的知识促进我国大气污染控制科学技术的新发展、新突破，从而推动大气污染控制科学研究进程和技术产业化的进程，为我国大气污染控制相关基础学科和技术领域的科技工作者和广大师生等，提供一套重要的参考文献。

2015 年 1 月

序　一

21 世纪以来，我国以珠三角、长三角、京津冀为代表的城市群相继出现严重的灰霾天气，气溶胶污染十分严重，尤其是细颗粒物（PM$_{2.5}$）污染。2010 年以后国家相继出台了"大气污染防治行动计划""打赢蓝天保卫战"等治污战略，近 5 年来重点地区的空气质量明显好转，在这个过程中，关键仪器设备的研发和气溶胶物理化学特征的研究发挥了重要作用。特别是气溶胶物理化学特征研究，一直缺乏高时间分辨率的观测方法，使得气溶胶研究出现了明显的瓶颈。

周振教授及其团队坚持以解决实际存在的主要环境问题为己任，开展了多方面的研究，其中一系列高时间分辨率单颗粒气溶胶质谱仪器的研发和应用是其主要优势，使得快速源解析和污染治理决策中的快速筛查成为可能，不但能够对大气气溶胶化学成分进行源解析，对污染源进行源解析，还能够对气溶胶光学特性与能见度进行源解析。可以预见，利用机器算法的进步，发展将相对浓度逐渐接近绝对浓度的算法将成为可能，将为"大气污染防治行动计划""打赢蓝天保卫战"，通过碳减排实现"碳达峰""碳中和"等国家生态文明建设战略，提供科学支撑。周振教授团队工作现在已经扩展到臭氧前体物的快速源解析、水环境、生态环境、人体健康和实验室应用等诸多领域。

周振教授领衔撰写的《大气颗粒物污染在线源解析技术：基于单颗粒质谱》这部专著，从单颗粒气溶胶质谱仪器的原理，到颗粒物在线源解析技术，以及典型范例都进行了深入浅出的阐述，在科学概念、理论基础和科学解释及其应用方面具有突出的特点和创新点，这使环境学者和生态环境一线科研工作者都能在阅读后受益，尤其是可以从中寻找与发现新的学科生长点和应用前景。

初识周振教授大约是在 2011 年前后，他说他有一个梦想："做中国人的质谱仪器。"经过十余年的艰苦努力，他的这个梦想正在实现，国产质谱仪技术正在成为国家的关键战略支撑，相信他们的努力卓有成效。

吴　兑

2023 年 8 月

序　二

　　带上电荷后，不同质量的微粒在电、磁场的作用下，呈现特定的运动轨迹和时空关系，质谱就是依此将离子按质量与电荷之比精确分离和检出。如果说激光是一把尺，可以用来丈量宇宙之博大；那么质谱就是一杆秤，可以用来度量万物之精微。1906 年 Thomson 教授发现带电粒子在电磁场中的运动轨迹与它的质荷比（m/z）有关，并于 1912 年制造出世界上第一台质谱仪器，100 多年来，质谱仪器从未停止其发展的脚步，也正是因为质谱仪器的诞生和不断的创新，才成就了原子科学、材料科学、生命科学等一个又一个的高光时刻。毫无疑问，环境科学也是如此。

　　我跟本书作者周振教授结缘于 2003 年，我记得他当时刚从国外回国创业，我们不约而同地喊出了"做中国人自己的质谱仪器"，共同的梦想使我们在长达 20 余年的质谱仪器创新道路上守望相助。我更是目睹了周振教授这样一位质谱追梦人艰辛的创业之路，也在上海证券交易所见证了他质谱事业的高光时刻。

　　我仔细拜读了周振教授领衔撰写的这部关于单颗粒气溶胶在线解析的质谱技术专著，我看到的不仅仅是这项技术的成长过程，也是我们质谱仪器领域一款高端产品从原理、技术、仪器、应用、产品化、产业化直至支撑企业上市的过程；是"政产学研用金"结合模式在中国质谱仪器领域的成功实践，也是中国质谱产业从无到有、从跟踪模仿到自主创新的涅槃，它的成功给了质谱科技工作者"做中国人自己的质谱仪器"的信心和动力。

　　《大气颗粒物污染在线源解析技术：基于单颗粒质谱》一书既是单颗粒气溶胶质谱技术发展的史料，也是了解学习该技术的教材和工具书，具有很强的学术价值和应用价值。当前，科学技术日新月异，质谱技术和质谱仪器飞速发展，国产质谱产业方兴未艾，本书的出版正逢其时，相信在未来能够对我们立志实现科学仪器自立自强大有裨益。

方　向

2024 年 1 月

序 三

中国在面临大范围灰霾污染挑战时，认识到高浓度的 $PM_{2.5}$ 与灰霾的发生紧密相关。国家及时采取行动，在 2012 年首次制定了 $PM_{2.5}$ 的国家标准，随即在 2013 年正式发布了"大气污染防治行动计划"，2018 年发布了"打赢蓝天保卫战三年行动计划"，在很短的时间内取得了国际瞩目的效果，$PM_{2.5}$ 浓度的快速降低不仅提高了能见度，使我们拥有清澈的蓝天，同时也有效地保护了人民健康。

治理灰霾的过程中，为对大气颗粒物的来源和形成过程有清晰的认识，国家面临的重大需求和挑战之一是如何对污染物进行快速、精准的监测，对象不仅是 $PM_{2.5}$，还包括 $PM_{2.5}$ 中的多种化学组分，甚至是单个颗粒的层面。这样的需求极大地推动了高水平仪器的研发和进步，周振教授团队研发的具有高时间分辨率的单颗粒质谱仪 SPAMS 在在线源解析领域发挥了重要的作用，利用科学、快速的源解析方法来判断 $PM_{2.5}$ 来源是控制和治理大气污染的关键。

颗粒物来源解析在国际上是重要的研究领域，尤其是在针对空气污染治理的相关政策制定上起到了重要的作用。来源解析方法主要分为基于空气质量模型和基于观测的受体模型两大类，单颗粒质谱仪通过对单颗粒组成的观测，对质谱图进行归类并结合源谱等信息识别来源。在过去的十几年中，我们团队将单颗粒质谱应用于大气污染研究的多个方面，例如首次应用于对渤海和黄海区域的海洋气溶胶来源研究，分析了单颗粒气溶胶的类型与混合状态，探讨了海盐和人为源污染物对单颗粒气溶胶的贡献，后续对海洋大气中含氯单颗粒气溶胶开展了研究，发现渤海大气中氯的含量较高，含氯单颗粒不仅来自海洋源，还显著受到人为燃煤源和生物质燃烧源的影响。

本书总结了单颗粒质谱在大气环境研究方面的现状和进展，着重介绍了单颗粒质谱技术在动态来源解析方面的应用，包括单颗粒质谱技术的设计、基本原理、发展历程、应用案例介绍等方面，对实际应用案例的系统总结和分享将会促进新思路、新交叉和新成果的产生。单颗粒质谱技术经历了长时间的发展，对认识中国的大气污染来源、对生态环境的影响等方面起到了积极的作用，周振教授团队还在持续突破关键技术和不断提高，相信未来单颗粒质谱技术对不同领域的学者和学生的研究都能起到重要的支撑和帮助！

郑 玫

2024 年 1 月

前　　言

至 2004 年，中国只有个位数的科研队伍将质谱仪器技术的发展作为团队发展目标，几乎没有一家民营企业真正意义上全身心投身于质谱仪器开发。当初海外归来，明确知道"做中国人的质谱仪器"道路的坎坷和曲折，而今颇感欣慰的是，单颗粒气溶胶质谱仪器已初见成果。当第一台仪器在广东阳江鹤山大气环境监测超级站试用，当第一台仪器登上泰山、青藏高原，当第一台仪器做环渤海黄海监测，当第一台仪器到达南北两极，当第一台仪器送进美国、德国的大学实验室，当第 100 台仪器从监测网络上产生数据，当第 100 篇基于该仪器的科技文章发表，是那么让人欢欣鼓舞——30 年的质谱追求不仅仅是梦想！

本书将单颗粒气溶胶质谱仪器原理、研制及其在大气环境领域的科学研究和应用实践成果进行总结，重点是 15 年来，我国大气环境气溶胶动态来源解析方法论及其在大气环境污染防治中的应用。能主导一个新理论产生—研究论证—被同行接受—发展成为新技术—在实践中得到应用—成为产品—获得社会经济效益这样一个完整的过程，无疑是值得科技工作者庆幸的事情。然而它毕竟又是一个新理论和新实践探索，相关内容不可能面面俱到，一些学术上的奇思妙想，还有待进一步探讨或是时间的验证。希望本书可以对高端科学仪器的未来发展起到抛砖引玉的作用，请高端科学仪器研发、成果转化、大气环境污染监测领域的科技工作者和广大同行朋友多提宝贵意见。

中国质谱仪器产业通过单颗粒气溶胶质谱仪器这一差异化设备零突破，从而实现行业的启动和发展，要感谢国家 863 计划的资助，以及生态环境保护领域给予的应用土壤。特别感谢傅家谟院士高瞻远瞩，早在 2002 年就明确指出单颗粒气溶胶质谱仪器在大气环境气溶胶污染中应用的前景，并长期精心指导团队发展。感谢以傅家谟院士、张远航院士、柴发合研究员、盛国英研究员、吴兑研究员等为代表的科学家对"动态来源解析"外延与内涵的雕琢。感谢郑玫教授在成书过程中给予的指导，郑玫教授长期将单颗粒质谱应用于大气污染研究的多个方向，积极地引领了国内基于单颗粒质谱技术的来源解析和海洋气溶胶的研究。感谢中国质谱学会理事长方向研究员在国产质谱仪器发展方面做出的重要贡献，并在梳理质谱历史发展历程方面提出的宝贵建议。我们还感谢西安市环境监测站刘焕武研究员，在仪器实践过程中提出的极具挑战性和建设性的意见与建议，大大促进了方法论的成熟。吴兑研究员提出的第三层级大气气溶胶污染来源解析的概念，即在大气气溶胶化学成分来源解析和污染源来源解析之后的"基于混合态的大气能见度的来源解析"，可能是下一步的难点与发展方向。

整个工作，包括书的成稿，撰写组感谢所有参与单颗粒气溶胶质谱仪器研制与应用的各相关单位，包括中国科学院广州地球化学研究所、南开大学、北京大学、中国环境科学研究院等。最后，我们还要感谢科学出版社杨震编辑的鼓励与耐心，从 2016 年接到杨编辑的邀请，到现在成稿，已是六七年。感谢中国科学院广州地球化学研究所、上海大学、暨南大学气溶胶质谱及应用团队和广州禾信仪器股份有限公司 20 年来的积累。

本书共分 6 章。第 1 章概述气溶胶基础知识；第 2 章主要介绍单颗粒质谱技术的发展历程与设计思路；第 3 章主要讨论基于单颗粒质谱的动态源解析原理及方法；第 4 章讨论动态来源解析应用案例；第 5 章综述基于单颗粒质谱的国内大气环境研究进展；第 6 章主要介绍在线分析仪器和来源解析受体模型，并论述动态来源解析未来的发展方向。

本书由周振统筹安排、规划大纲内容，第 1 章由程鹏执笔，第 2 章由胡斌和李磊执笔，第 3 章由黄渤、庄雯、雷志鹏执笔，第 4 章由吴晟、毕燕茹、王梅执笔，第 5 章由成春雷执笔，第 6 章由李梅、史国良、王丰、王振宇执笔，全书由周振、成春雷、李梅、毛礼媛和程小雅统稿校订。

作　者

2023 年 7 月

目　　录

第1章 气溶胶基础

1.1 气 溶 胶

气溶胶，英文名称 Aerosol，是一个合成词，严格含义是指悬浮在气体中的固体和液体微粒与气体载体共同组成的多相体系。所谓液体或固体微粒（particles），通常称为颗粒物或粒子，是指空气动力学直径为 0.001~100 μm 的液滴或固态粒子，具有一定的稳定性，沉降速度小[1]。其来源较为复杂，主要有自然源和人为源两大类。自然源为自然现象所产生，包括土壤和岩石的风化、森林火灾与火山爆发、海洋上的浪花碎沫等；人为源主要是由人类活动所产生，如煤和石油等化石燃料的燃烧、工业生产过程中的排放及汽车尾气排放到大气中的大量烟粒等。虽然气溶胶在大气中的含量较少，但其分布范围很广且具有复杂的物理、化学变化，能对区域和全球气候、大气环境及公众健康产生重要的影响，是陆地大气海洋系统中的一个重要组成成分[2]。

大气气溶胶则是指大气与悬浮在其中的固体和液体微粒共同组成的多相体系，在实际大气中，经常把"大气气溶胶"等同于"大气气溶胶颗粒"。大气气溶胶可以直接参与大气中云的形成和湿沉降（雨、雪、冰、雾和霾等）过程。当太阳光通过大气时，气溶胶颗粒能够散射或吸收太阳光，使大气能见度降低，削弱太阳辐射，进而影响气候的变化[3]。气溶胶对气候产生的影响主要可分为直接辐射效应和间接辐射效应两方面。其中直接辐射效应通过散射、吸收短波及长波的辐射直接对地气系统产生辐射强迫；间接辐射效应则是云在形成的过程中，气溶胶影响云的生成、演化及消散过程，改变云滴大小、光学特性和微物理结构，进而影响云的生命周期及降水效率[4, 5]。另外气溶胶还能改变大气化学过程进而影响温室气体的分布及浓度变化。

此外，大气气溶胶也是空气中的主要污染物，能够引起诸多的空气质量问题，进而影响人们的生产、生活及健康[6]。一方面气溶胶浓度的增加能降低近地表大气的能见度，影响人们出行及交通安全；另一方面气溶胶中的可吸入气溶胶颗粒能够携带大量有毒物质，当气溶胶粒子通过呼吸道进入人体时，部分粒子可以附着在呼吸道上，甚至进入肺部沉积下来直接影响人的呼吸，危害人体健康。

由于气溶胶的环境、健康和气候效应，对它的研究越来越受到重视，已经形成多门学科交叉的庞大研究方向。本节主要讨论气溶胶的物理特征、化学组成、分类等方面的基本概念，并对国内外气溶胶的污染现状进行介绍。

1.1.1　形貌

　　大气气溶胶形状多种多样，可以是近乎球形，如液态云雾滴等，也可以是片状、柱状、结晶体、针状、雪花状等不规则形状，来源不同，大小和形状各异。例如，燃煤排放的烟尘大多是由硅（Si）、铝（Al）及少量铁（Fe）和锰（Mn）等元素组成的球形和椭球形颗粒，是粒径为几十纳米的超细粒子，常形成链状或蓬松状的集合体，见图 1-1（a）。矿物气溶胶包括建筑尘、风扬尘、道路尘和工业扬尘等，如我国北方的春季沙尘暴。矿物气溶胶一般具有不规则的形态特征，和矿物成分有很大关系，如硫酸钙晶体、磁铁矿球、方解石和黏土等都具有各自不同的形态［图 1-1（b）～（d）］。大多矿物颗粒的粒径大于 2 μm，矿物颗粒的吸湿性对气候和大气环境有重要影响。生物颗粒物一般具有特殊的成分和形态，如图 1-1（g）～（i）所示，它们可能是细菌、孢子、花粉等。

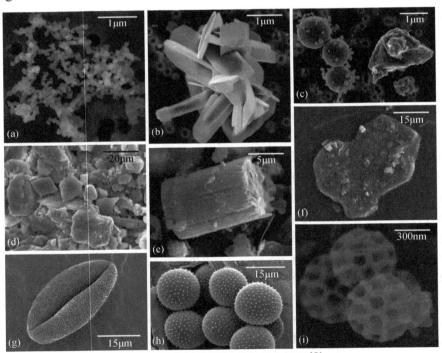

图 1-1　不同来源颗粒的扫描电镜图[7]

（a）煤烟颗粒集合体；（b）燃烧衍生的硫酸钙晶体；（c）斜长石和磁铁矿球；（d）撒哈拉沙尘中的方解石和黏土；（e）硅藻；（f）附着于岩盐晶体上的伊利石；（g）火丛花粉；（h）小麦叶锈病孢子；（i）一种昆虫产生的富碳颗粒

1.1.2 粒径

大气气溶胶粒子的大小是颗粒物最重要的性质之一，其尺度一般用粒径来表示。气溶胶很多重要的物理和化学性质都与粒径有关。当被测物体为球形时，所测粒径是它的实际直径。但实际大气中的颗粒物为非球形粒子，其粒径就是与之有相同物理性质的球形粒子的直径，即等效粒径。需要指出，各种等效粒径描述的不是单个粒子的粒径，而是粒子群的统计特征。根据测量方法和研究目的的不同，等效粒径一般有空气动力学等效直径、迁移率等效直径、体积等效直径、质量等效直径、光学等效直径等。其中最常用的是空气动力学等效直径，表示与不规则粒子有着相同沉降速率的单位密度（$1000\ kg/m^3$ 或 $1\ g/cm^3$）的球形粒子的直径。根据惯性原理设计的各类撞击式仪器或旋风分离器所测量的粒子直径都是空气动力学粒径。本章后面所提到的粒径，除特别说明外均指空气动力学粒径。

图 1-2 表示出 4 个数量级的颗粒物粒径，范围从 $0.01\ \mu m$ 到 $100\ \mu m$，涵盖气体分子到毫米量级的颗粒。其中 $PM_{2.5}$ 指环境空气中空气动力学等效直径小于或等于 $2.5\ \mu m$ 的颗粒物，也称为细颗粒物；与之类似，PM_{10} 指环境空气动力学等效直径小于或等于 $10\ \mu m$ 的颗粒物，PM_{10} 能进入人体呼吸道，因此又被称为可吸入颗粒物。根据粒径的不同，颗粒物到达人体呼吸道的范围也不同，粒径越小的颗粒物对人体健康的影响越大。

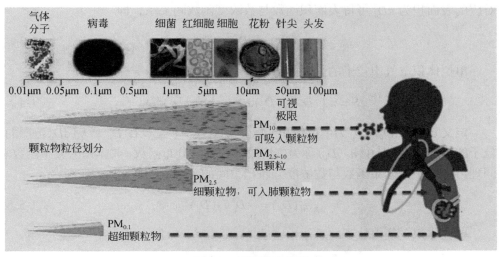

图 1-2 气溶胶粒径图

资料来源：http://dstinnolab.com/know-how/node/177

由于气溶胶是由几纳米到 $100\ \mu m$ 的颗粒物组成的，粒径范围跨度大，浓度水平和化学组成也存在很大的差别，因此需要用数学的方法描述气溶胶粒子谱分布。气溶胶粒子谱分布描述多谱气溶胶浓度随粒子尺度的分布，有两种形式，即离散分布和连续分布。实际测量数据总是离散的，为了方便处理和表述，常转化成连续谱，即用一个连续的函数来表示尺度分布，称为谱分布函数。

气溶胶的数浓度分布函数是最基础和最重要的谱分布函数。定义 $dN = n(D_p)dD_p$ 为单位体积（$1\,cm^3$）空气中，粒径在 $D_p \sim D_p + dD_p$ 范围的数浓度，其中 $n(D_p)$ 也称为数浓度分布函数（个/$\mu m \cdot cm^3$），即

$$n(D_p) = dN / dD_p \qquad (1-1)$$

式中，$n(D_p)$ 函数假设颗粒物谱分布不再是分子数量的离散函数，而是直径 D_p 的连续函数。这种连续性对于大于一定数量的分子（比如 100）是有效的。

为区别数浓度、表面积浓度、体积浓度和质量浓度，加脚标分别标注为 $n_N(D_p)$，$n_S(D_p)$，$n_V(D_p)$，$n_m(D_p)$，其中 N，S，V，m 分别表示数浓度、表面积浓度、体积浓度和质量浓度。$1\,cm^3$ 空气中所有粒径大小的粒径总数 N 为：

$$N = \int_0^\infty n_N(D_p)dD_p \qquad (1-2)$$

气溶胶粒子的一些性质与其表面积和体积浓度谱分布有关。定义 $dS = n_S(D_p)dD_p$ 为单位体积（$1\,cm^3$）空气中，粒径在 $D_p \sim D_p + dD_p$ 范围的表面积浓度，其中 $n_S(D_p)$ 称为气溶胶表面积浓度分布函数，或表面积谱分布函数。

假设所有粒子均为球形，且在无限小的粒径范围内所有粒子粒径相等，为 D_p，对应的表面积为 πD_p^2 可得表面积函数与数浓度函数间关系，即

$$n_S(D_p) = \pi D_p^2 n_N(D_p) \qquad (1-3)$$

单位体积空气中粒子的总表面积密度（$\mu m^2/cm^3$）为：

$$S = \pi \int_0^\infty D_p^2 n_N(D_p)dD_p = \int_0^\infty n_S(D_p)dD_p \qquad (1-4)$$

定义 $dV = n_V(D_p)dD_p$ 为单位体积（$1\,cm^3$）空气中，粒径在 $D_p \sim D_p + dD_p$ 范围的粒子的体积浓度，其中 $n_V(D_p)$ 称为气溶胶体积浓度分布函数，或体积谱分布函数。同理可得体积谱分布函数与数浓度分布函数间的关系，即

$$n_V(D_p) = \frac{\pi}{6} D_p^3 n_N(D_p) \qquad (1-5)$$

单位体积空气中粒子的总体积密度（$\mu m^3/cm^3$）为：

$$V = \frac{\pi}{6} \int_0^\infty D_p^3 n_N(D_p)dD_p = \int_0^\infty n_V(D_p)dD_p \qquad (1-6)$$

若粒子的质量密度为 ρ（g/cm^3），则单位粒子半径间隔内，单位体积空气中的气溶胶质量分布函数如下：

$$n_m(D_p) = \left(\frac{\rho}{10^6}\right) n_V(D_p) = \left(\frac{\rho}{10^6}\right) \frac{\pi}{6} D_p^3 n_N(D_p) \tag{1-7}$$

总质量密度（$\mu g/cm^3$）为：

$$M = \left(\frac{\rho}{10^6}\right) \frac{\pi}{6} \int_0^{\infty} D_p^3 n_N(D_p) dD_p = \left(\frac{\rho}{10^6}\right) \int_0^{\infty} n_V(D_p) dD_p \tag{1-8}$$

式中，因子 10^6 用来将粒子质量的单位由 g 转换为 μg。

实际大气中，大多数粒子的直径小于 0.1 μm，数浓度分布函数 $n_N(D_p)$ 通常在原点附近出现一个狭窄的峰［图 1-3（a）］。而对于表面积和体积浓度谱分布，由于分别包含了粒径平方和三次方的乘积，其峰值分布在距原点更远的位置［图 1-3（b）（c）］。

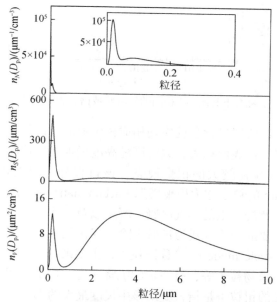

图 1-3 大气颗粒物数浓度、表面积浓度、体积浓度的谱分布[5]

插图为粒径 0～0.5 μm 数谱分布

颗粒物粒径范围跨越几个数量级，横坐标用对数坐标才能覆盖这么宽的范围，所以气溶胶粒径分布函数通常用粒径的对数 $\lg D_p$（或自然对数 $\ln D_p$）作为独立的自变量表示。见图 1-4，以 $\lg D_p$ 或 $\ln D_p$ 为自变量的谱分布函数比以 D_p 为自变量的谱分布函数更能清楚地反映颗粒物谱分布的情况。

从图 1-3 和图 1-4 可以看出，气溶胶粒子的尺度分布反映出粒子大小与其来源或形成过程有着密切的关系。Whitby 概括提出了气溶胶粒子的三模态模型：①粒径小于 0.05 μm 的粒子称为艾特肯（Aitken）核模态，主要由燃烧过程产生

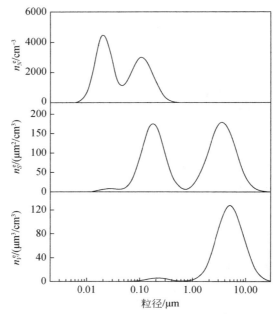

图 1-4 对数坐标系下和图 1-3 相同的气溶胶数谱、表面积和体积谱分布[5]

的一次粒子和气态物质通过化学反应均相成核生成的二次粒子组成，艾特肯核模态粒径小、数量多、比表面积大，数密度随高度增加而迅速减小，容易和其他粒子发生碰撞，生成粒径较大的积聚模态，该过程称为"老化"；②粒径大于 0.05 μm，小于 2 μm 的粒子称为积聚模态（accumulation mode），主要来源于艾特肯核模态的凝聚，燃烧产生的蒸气冷凝、凝聚以及二次粒子等，积聚模不易通过干湿沉降去除，主要的去除方式为扩散去除；③粒径大于 2 μm 的粒子称为粗粒子模态（coarse particle mode），又称巨粒子，主要来源于地面尘土、火山灰、燃烧及工业排放物、植物粒子等，有一定的沉降速度，广义的粗粒子包括云、雨滴等液态粒子，狭义的粗粒子是指云凝结核中尺度最大的那一部分，图 1-5 示出了气溶胶谱分布及其来源和汇[8]。

1.1.3 化学组成与来源

气溶胶的化学组成十分复杂，当粒子的来源不同时，其组分相差也很大。一般而言，气溶胶颗粒的化学组成主要包括水溶性无机离子、含碳组分、地壳元素、微量元素和有机化合物等。水溶性无机离子（water soluble inorganic ions，WSII）是大气气溶胶的重要组成部分，主要包括 5 种阳离子（Na^+、NH_4^+、K^+、Mg^{2+}、Ca^{2+}）和 6 种阴离子（F^-、Cl^-、SO_4^{2-}、NO_3^-、NO_2^-、PO_4^{3-}）[9, 10]。其中，SO_4^{2-}、NO_3^- 和 NH_4^+ 为二次水溶性离子（sulfate-nitrate-ammonium，SNA），是 $PM_{2.5}$ 中最

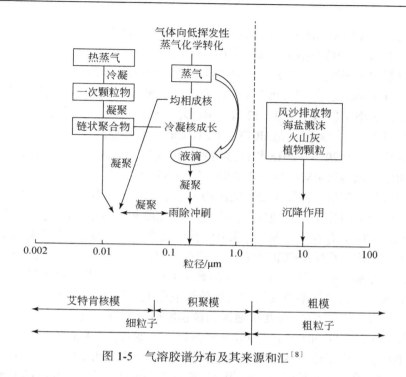

图 1-5　气溶胶谱分布及其来源和汇[8]

主要的水溶性无机离子，一般占 PM$_{2.5}$ 质量浓度的 30%～50%。含碳组分包括有机碳（organic carbon，OC）、元素碳（elemental carbon，EC）和碳酸盐（carbonate carbon，CC）。CC 的含量相对较低（<5%），且性质稳定。OC 是指颗粒有机物中的碳元素，包括一次有机碳（primary organic carbon，POC）和二次有机碳（secondary organic carbon，SOC）。元素碳则不仅包括以单质形态存在的碳，还包括少量的高分子量难溶有机物中的碳。元素组分主要包括地壳元素和微量元素，目前已发现的存在于颗粒物中的元素种类可达 70 种。

　　目前关于大气颗粒物化学组成的研究众多，各地区颗粒物成分和比例存在较大差异。Malm 等[11] 基于美国 143 个 IMPROVE 站点的研究发现，PM$_{2.5}$ 成分中以 SO$_4^{2-}$、碳（C）和地壳元素为主。Bell 等[12] 通过分析 2000～2005 年美国 PM$_{2.5}$ 的成分发现，全年 SO$_4^{2-}$ 和 NO$_3^-$ 所占比例分别是 26% 和 12%，冬季 NO$_3^-$ 与 SO$_4^{2-}$ 所占 PM$_{2.5}$ 的比例相当。Landis 等[13] 分析了 2010～2011 年加拿大的 Asabaska 油砂区中人为尘埃和自然尘埃中 PM$_{2.5}$ 的化学成分，发现 Si 是所有样品中含量最高的物质，并且 Al、Si、K、Ca、Fe 及其氧化物分别占 PM$_{2.5}$ 的 25%～40% 和 45%～82%。Querol 等[14] 综述了德国、英国、荷兰、西班牙、瑞典、奥地利和瑞士不同类型地区 1998～2002 年的 PM$_{2.5}$ 组分和来源，结果表明欧洲中部地区的 PM$_{2.5}$ 中碳质气溶胶占比较高，而北部和南部地区这一比例较低，欧洲中部和北部地区二次无机气溶胶（SIA）的比例（30%～55%）高于南部地区（17%～35%）。Suzuki 等[15]于 2001～2002 年在日本富士山进行的采样分析表明 Ca^{2+}、SO_4^{2-} 和 NH_4^+ 为该地区主要的水溶性离子成分，年均质量浓度分别占总离子浓度的 22.1%、41.8% 和 29.3%。Rastogi 等[16]于 2005 年在印度西部发现在干湿季节中水溶性离子存在较大差异，干季（1～4 月，9～12 月）HCO_3^-、SO_4^{2-} 和 Ca^{2+} 为主要的离子，而湿季（5～8 月）主要的离子则是 HCO_3^-、Cl^- 和 Ca^{2+}，而其他离子季节性变化较明显。Nayebare 等[17]于 2014～2015 年在沙特阿拉伯麦加的观测中发现，土壤粉尘和工业混合粉尘是该地区 $PM_{2.5}$ 的主要来源，约占 53.6%。

国内对气溶胶的关注始于 20 世纪 80 年代，许多学者陆续开展了大量的科学研究。周明煜等讨论了北京地区气溶胶的一般性质和尘暴过程的气溶胶特征，发现元素 Eu 和 Ta 只存在于尘暴气溶胶中，其他元素基本一致，但其含量变化较大。杨绍晋等[18]研究了西太平洋近海层气溶胶，发现地壳元素 Al、Fe、Mn 等占相当比重，与海水元素（Cl、Na 等）的含量几乎相当。朱光华等的研究发现，南极长城站地区夏季大气气溶胶受海洋气溶胶影响很大，其化学组分与海洋气溶胶组分相近[18]。Lun 等[19]针对北京地区颗粒物的研究发现，北京市自 1999～2000 年细颗粒物上的 NO_3^- 和 $(NH_4)_2SO_4$ 冬季浓度有大幅提高。Hu 等[20]在青岛地区开展了细粒子中离子组分的季节变化规律研究，发现青岛市 Cl^-、K^+、SO_4^{2-} 和 NH_4^+ 的浓度在采暖季高于非采暖季。Ye 等[21]曾对上海市两个点位 $PM_{2.5}$ 的元素组成、水溶性离子、OC 和 EC 进行分析，表明 $PM_{2.5}$ 质量浓度季节差异较大，$(NH_4)_2SO_4$ 和 $(NO_3)_2SO_4$ 共占 $PM_{2.5}$ 浓度的 41.6%，含碳物质占 $PM_{2.5}$ 的 41.4%，而其中 73% 为有机物。Wang 等[22]对南京市 $PM_{2.5}$ 的化学特征及其空间变化进行了研究，表明水溶性有机碳 WSOC 占到颗粒物质量浓度的 10%，NO_3^-、SO_4^{2-}、NH_4^+、Ca^{2+}、K^+ 和 Na^+ 在颗粒物气溶胶中也十分丰富。Cheng 等[23]的研究发现香港气溶胶中离子组分冬季浓度高于夏季。张小曳等[24]对 2006 年和 2007 年在我国 16 个观测站 PM_{10} 滤膜气溶胶样品的分析发现，矿物气溶胶（包括沙尘、城市逸散性粉尘和煤烟尘等）是中国大气气溶胶（PM_{10}）中含量最大的组分，约占 35%。在西北地区，这一比例高达 50%～60%，在位于四川盆地的成都、湖北金沙、广东番禺、河北固城和浙江临安等地，矿物气溶胶所占比例也在 35%～40% 之间。SO_4^{2-} 和有机碳气溶胶（OC）是另外两个含量较大组分，分别约占 15%。这 3 类气溶胶贡献了我国 PM_{10} 质量浓度的约 70%。硝酸盐约占 7%，NH_4^+ 除了在中国西北沙漠区域和青藏高原只占约 0.5% 外，在其他地区所占的比例约为 5%，元素碳气溶胶（又称黑碳）只占约 3.5%。

Cheng 等[25]综述了全球 38 个大城市 $PM_{2.5}$ 化学成分组成，其中有机质（OM）、元素碳（EC）、SNA、土壤和未确定物质的平均百分比分别为 30%±8%、7%±4%、36%±10%、10%±5% 和 19%±12%。从各种化学成分的平均百分比来看，有机质（OM）和 SNA 是 $PM_{2.5}$ 的主要成分，其次是 $PM_{2.5}$ 中未确定的成分，随后是土壤和元素碳（EC）。各大城市间的 $PM_{2.5}$ 的组成比差异显著，有机质（OM）的比例从哈尔滨的 16%到加尔各答的 53%，而且在这两个城市中，EC 从 1%增加到 20%。SNA 从圣保罗的 15%到北九州福冈的 55%。伦敦的 $PM_{2.5}$ 中土壤的含量最低，为 2%，最高含量为天津的 26%。$PM_{2.5}$ 未确定的物质成分含量从开罗的 2%到圣保罗的 41%。世界各大城市气溶胶化学特征不同，其差异性很大，这也与不同研究收集的数据、不同的采样装置和对每个组分的分析方法有关。

不同城市的 $PM_{2.5}$ 的组成比值反映了当地的排放特征。在 20 个 $PM_{2.5}$ 浓度大于 35 $\mu g/m^3$ 的大城市中，德里、加尔各答和开罗的 $PM_{2.5}$ 化学成分比例分别为 OM 占 51%，EC 占 15%，SNA 占 17%，土壤占 11%和未确定物质占 6%，这与 13 个中国大城市相比有显著差异。平均而言，13 个中国大城市的 OM 占 26%，EC 占 5%，SNA 占 39%，土壤占 12%，未确定物质占 18%。亚洲、美洲和欧洲的 14 个 $PM_{2.5}$ 浓度介于 15～35 $\mu g/m^3$ 的大城市中，OM 占 31%，EC 占 9%，SNA 占 37%，土壤占 8%，而未确定物质占 15%。8 个 $PM_{2.5}$ 浓度小于 15 $\mu g/m^3$ 的大城市都位于美国北部，其中 OM 占 30%，EC 占 6%，SNA 占 34%，土壤占 7%，未确定物质占 23%。含碳组分在印度的大城市和开罗占主导地位，而无机气溶胶是中国大城市中最丰富的成分。对于 $PM_{2.5}$ 质量浓度相对较低的其他大城市，有机碳与二次无机气溶胶相当，几乎相等。$PM_{2.5}$ 浓度大于 35 $\mu g/m^3$ 的大城市的土壤比例占 11%～12%，略高于其余特大城市的 7%～8%，而未确定物质占比为 12%～23%。

气溶胶按照其来源可分为自然源气溶胶和人为源气溶胶两种。自然源气溶胶可分为大陆源、海洋源和生物源。大陆源主要包括来自火山爆发产生的矿尘气溶胶、土地的腐蚀和风力的相互作用而形成的细灰和微尘等；海洋源主要指海水破碎成小水滴蒸发进入大气之后形成的盐粒；生物源主要包括森林大火产生的有机物（主要是烃类，如菇烯）而后通过气固转化过程（如白天的光化学氧化过程、夜间的臭氧氧化过程等）形成的有机物气溶胶、生物活性的蛋白粒子（如病毒、病菌、花粉、孢子以及动植物尸体和排泄物形成的有机碎片）等。人为源气溶胶主要来自道路建筑扬尘、机动车尾气排放交通运输、化石和非化石燃料的燃烧、各种工业排放的烟尘、生物质燃烧等物质[26, 27]。

气溶胶的来源不同时，其化学组成相差也很大。对于水溶性无机离子组分而言，主要包括 5 种阳离子（Na^+、NH_4^+、K^+、Mg^{2+}、Ca^{2+}）和 6 种阴离子（F^-、Cl^-、SO_4^{2-}、NO_3^-、NO_2^-、PO_4^{3-}），这 11 种水溶性离子主要来源见表 1-1[28]。SO_4^{2-} 和 NO_3^- 除来自于污染源一次排放外，主要由气体前体污染物 SO_2 和 NO_x 经过液相或气相氧化生成，而 SO_2 和 NO_x 则主要来自于化石燃料的燃烧和机动车尾气排放。NH_4^+ 主要由农业、畜牧业养殖业和工业排放的 NH_3 经二次反应生成。Na^+ 主要来源于海洋飞沫、煤炭燃烧和土壤扬尘等，常被作为海盐的标识组分，在粗颗粒物和细颗粒物中的分布较为均匀。K^+来源于生物质燃烧海盐和土壤扬尘等，通常被作为生物质燃烧的标识组分。Mg^{2+}和Ca^{2+}均主要来源于土壤尘，主要分布在粗颗粒物中。Cl^-的来源较为复杂，自然源包括海盐粒子、土壤扬尘等，人为源主要包括化石燃料燃烧、工业排放等[29]。

表 1-1　大气气溶胶中水溶性离子的主要来源[28]

离子	主要来源
SO_4^{2-}	土壤颗粒的二次扬尘、海盐、海洋浮游植物释放 DMS 氧化生成硫酸盐、火山喷发、森林大火、燃料（煤炭、石油等）燃烧、粪便燃烧、工业排放（硫酸及冶炼工厂）
NO_3^-	土壤颗粒的二次扬尘、海盐、植被释放、闪电、木材燃烧、生物质的燃烧、谷物燃烧、煤燃烧、重油燃烧、砖厂排放、人为污染排放（汽车尾气）的 NO_x 的二次反应
Cl^-	土壤、海盐、干盐湖、燃料（煤）燃烧、粪便燃烧、生物体燃烧、垃圾焚烧、机动车、工厂漂白、工业生产（食盐电解、氯碱厂等）
F^-	土壤、有机物降解、砖厂、玻璃制造、肥料生产、炼铝、煤燃烧、燃料汽油或某些含磷化合物的燃烧
NO_2^-	机动车、生物质燃烧、生物分解、燃料燃烧、颗粒物上或雾滴中的异相氧化
PO_4^{3-}	稀土、土壤（磷肥）、道路尘、工业排放（有机合成染料、火柴、焰火、火药、杀虫杀鼠剂、制药）、生物质燃烧、燃料燃烧
Na^+	海盐、干盐湖、土壤、道路尘、建筑尘、油燃烧、粪便燃烧、木材燃烧、工业排放（化工厂和食盐工业）
NH_4^+	肥料、森林、植被、土壤（生物代谢的产物）、动物排放、化石燃料燃烧、粪便燃烧、生物质燃烧、机动车、工业（氮肥、氨和硝酸的生产）
K^+	陆源（沉积）污染、地壳、道路尘、海盐、植物释放、动物排泄物、土壤、干盐湖、粪便燃烧、生物质燃烧、木材燃烧、谷物燃烧、垃圾焚烧、烹调、煤飞灰、水泥窑粉尘、陶瓷工业、钢铁工业、机动车
Ca^{2+}	陆源（沉积）污染、地壳、土壤、干湖、道路尘、建筑尘、水泥窑粉尘、海盐、煤燃烧、生物质燃烧、铁或非铁冶炼、工业污染（钙肥）、垃圾焚化
Mg^{2+}	陆源（沉积）污染、土壤、海盐、干盐湖、工业污染（炼铝炼镁工业）、道路尘、建筑尘、植物燃烧

含碳组分中 OC 包括一次有机碳（primary organic carbon，POC）和二次有机碳（secondary organic carbon，SOC）。POC 主要来源于化石燃料燃烧、生物质燃烧及机动车尾气等污染源的直接排放，而 SOC 则主要是通过大气中挥发性有机物（volatile organic compounds，VOCs）经过光化学氧化作用形成，在低蒸气压下，二次反应产物经过冷凝压缩再次凝结到细颗粒物上。EC 主要来自于与燃烧有关的过程是含碳燃料的不完全燃烧形成的产物。

元素组分主要包括地壳元素和微量元素，这些无机元素的来源有水泥、冶金、海盐、机动车尾气、燃油、燃煤和土壤扬尘等，表 1-2 列出了文献报道的大气颗粒物中元素组分的主要来源。其中建筑源和扬尘源富含 Ca、Mg、Al、Si、Mn 和 Ti，冶金是 Fe、Mn、Zn、Co、Cu、Cr 的来源，海盐是沿海地区 Na、Cl 的主要来源，机动车尾气是 Ni、Co、Cu、Zn、Pb 的来源，燃油是 Ni、V、Cu 的来源。微量元素中含有许多危害人体健康的有害元素和重金属元素，它们都主要富集在细颗粒物中[29]。

表 1-2　不同排放源的重要标识元素[28]

来源	重要标识元素
土壤扬尘	Al、Si、Ca、Mn、Ti
建筑	Ca、Mg
冶金	Fe、Mn、Zn、Co、Cu、Cr
机动车尾气	Ni、Co、Cu、Zn、Pb
燃油排放	Ni、V、Cu
海盐	Na、Cl

1.1.4　分类

气溶胶没有固定的分类标准，可以从物理形态、来源成因等不同方面进行分类。

按粒径大小可分为以下几类：①可悬浮颗粒物（total suspended particulates，TSP）：用标准大容量采样器在滤膜上所收集到的颗粒物总质量，通常称为总悬浮颗粒物。它是分散在大气中的各种粒子的总称，也是大气质量评价中一个通用的重要污染指标。其粒径绝大多数在 100 μm 以下，多数在 10 μm 以下。②飘尘：可在大气中长期飘浮的悬浮物。主要是粒径小于 10 μm 的颗粒物。③降尘：用降尘罐采集到的大气颗粒物。在总悬浮颗粒物中属粒径大于 30 μm 的粒子，由于其自身的重力作用会很快沉降下来，所以将这部分微粒称为降尘。单位面积的降尘量可作为评价大气污染程度的指标之一。④可吸入颗粒物（inhalable particles，IP）或 PM$_{10}$：美国环境保护局（EPA）1978 年引用了米勒（Miller）等所定的可进入呼吸道的粒径范围，把粒径 $D_p \leq 15$ μm 的粒子称为可吸入粒子。国际标准化组织（ISO）建议将 IP 定为粒径 $D_p \leq 10$ μm 的粒子。PM$_{10}$ 是指粒径 $D_p \leq 10$ μm 颗粒物的质量浓度。⑤细粒子（fine particle，PM$_{2.5}$）：根据气溶胶粒子的组成及来源随着粒径大小而明显不同的特点，也可将气溶胶粒子分为细粒子（粒径 $D_p \leq 2.5$ μm）和粗粒子（粒径 $D_p > 2.5$ μm）两大类。PM$_{2.5}$ 是指粒径 $D_p \leq 2.5$ μm 颗粒物的质量指标。应该指出的是，各个学科有着各种气溶胶的专门名称。在环境科学领域，定量描述和评价大气气溶胶环境质量的概念是 TSP、PM$_{10}$（或 IP）、PM$_{2.5}$（单位为 μg/m^3）和降尘（单位为 g/m^2）。

按颗粒物成因，可分为分散性气溶胶和凝聚性气溶胶两类。分散性气溶胶是固态或者液态物质经粉碎、喷射，形成微小粒子，分散在大气中形成的气溶胶。如海浪飞溅、液态农药喷洒。凝固型气溶胶是由气体或者蒸气（包括固态物升华而成的蒸气）遇冷凝聚成液态或固态颗粒而形成的气溶胶。

按颗粒物物理状态，可分为以下 3 类：①固态气溶胶：如烟和尘。烟是指燃烧过程产生的或燃烧产生的气体通过转化形成的粒径小于 1 μm 粒子；尘是指通过各种破碎过程而直接产生的粒径小于 1 μm 固态粒子。②液态气溶胶：如雾。③固液混合态气溶胶：如烟雾（smog = smoke + fog），烟雾微粒的粒径一般小于 1 μm。

其他相关概念：

一次气溶胶（primary aerosol）：由排放源直接排放到大气中的颗粒物。

二次气溶胶（secondary aerosol）：在大气中通过与气体组分的化学反应生成的颗粒物。

均质气溶胶（homogenous aerosol）：所有颗粒物的化学组成相同。

单谱气溶胶（monodisperse aerosols）：所有的颗粒物粒径大小相同，只能在实验室内发生，用于测试气溶胶物理化学性质。

多谱气溶胶（polydisperse aerosols）：多种粒径大小的颗粒物。

在日常生活中或者根据各种学科的需要，对于大气中可见的各种颗粒物，人们还定义了许多专门的名称（通俗的术语），见表 1-3。

表 1-3　气溶胶形态及主要形成特征[30]

形态	分散质	粒径/μm	形成过程	主要效应
轻雾（mist）	水滴	>40	雾化、冷凝	净化空气
浓雾（fog）	液滴	<10	雾化、蒸发、凝结和凝聚	降低能见度，有时影响人体健康
粉尘（dust）	固体粒子	>1	机械粉碎、扬尘、煤燃烧	能形成水核
烟尘（气）（fume）	固、液微粒	0.01~1	蒸发、凝集、升华等过程一旦形成，就很难分散	影响能见度
烟（smoke）	固体颗粒	<1	升华、冷凝、燃烧	降低能见度，影响人体健康
烟雾（smog）	液滴、固粒	<1	冷凝、化学反应	降低能见度，影响人体健康
烟炱（soot）	固体微粒	~0.5	燃烧过程、冷凝、燃烧反应	影响人体健康
霾（haze）	液滴、固粒	<1	凝集、化学反应	湿度小时有吸水性；降低能见度，影响人体健康

1.1.5　国内外污染现状

随着工业革命的发展，主要工业国家早年经历了严重的空气污染阶段，20 世纪十大环境公害事件有四件和大气污染相关，引起了各国政府的重视。20 世纪五六十年代之后，美欧等发达国家先后出台了治理空气污染的相关法案，经过几十年的治理和对传统制造业的转移,美欧日等发达国家的空气污染已得到巨大改善。Murphy 等[31] 分析了美国 1990~2004 年的 $PM_{2.5}$ 和 EC 浓度变化趋势,研究发现 $PM_{2.5}$ 和 EC 浓度在大部分地区逐年降低。而根据美国环境保护局(EPA)的统计数据,从 2000 年到 2019 年,$PM_{2.5}$ 年均值下降了 43%①。

从全球尺度来看,近二十年中国和印度的颗粒物污染最显著。在这两个国家中,均出现大面积年平均浓度高于 35 $\mu g/m^3$ 的区域,在一些东欧国家、中非国家和许多亚洲国家也发现 $PM_{2.5}$ 浓度超过 15 $\mu g/m^3$。中国和印度 $PM_{2.5}$ 污染强度高的主要原因可能是近年来不断的工业化和城市化,能源和排放密集型产业大幅增长,导致人为污染物排放大幅增加。这些污染物包括初级排放的细颗粒物,以及气态前体物,包括 SO_2、NO_x、NH_3 和挥发性有机化合物,这些物质最终可能被氧化形成颗粒物。在其他地区如澳大利亚、非洲北部、美洲大部分区域以及欧洲大部分区域 $PM_{2.5}$ 处于 0~10 $\mu g/m^3$ 的浓度水平。对于 $PM_{2.5}$ 浓度较高的中国,高浓度区域主要集中在京津冀和长三角区域。内蒙古、新疆和西藏的 $PM_{2.5}$ 浓度较低,处于 0~10 $\mu g/m^3$ 的范围。

我国于 2013 年出台了《大气污染防治行动计划》,开展大气污染治理,并对各省市降低 $PM_{2.5}$ 浓度提出具体要求。表 1-4 展示了 2013~2019 年中国的城市以及城市群的 $PM_{2.5}$ 年平均浓度变化,从全国范围来看,2015~2019 年,全国 338 个地级及以上城市的 $PM_{2.5}$ 年平均浓度下降了 28%。中国的重点城市群京津冀、长三角和珠三角地区的 $PM_{2.5}$ 浓度均呈现出逐年下降的趋势,京津冀地区的 $PM_{2.5}$ 浓度从 2013 年的 106 $\mu g/m^3$ 下降到 2019 年的 57 $\mu g/m^3$,长三角地区的 $PM_{2.5}$ 浓度从 2013 年的 67 $\mu g/m^3$ 下降到 2019 年的 41 $\mu g/m^3$,珠三角地区的 $PM_{2.5}$ 浓度从 2013 年的 47 $\mu g/m^3$ 下降到 2017 年的 34 $\mu g/m^3$。

表 1-4　2013~2019 年中国的城市以及城市群的 $PM_{2.5}$ 年平均浓度变化（$\mu g/m^3$）

年份	338 个城市	74 个城市	京津冀	长三角	珠三角	北京	上海	广州
2013		72	106	67	47	89	62	53
2014		64	93	60	42	85.9	52	49
2015	50	55	77	53	34			
2016	47	50	71	46	32	73	45	36
2017	43	47	64	44	34	58	39	35
2018	39		60	44		51	36	
2019	36		57	41		42	35	

注:338 个城市表示全国 338 个地级及以上城市;74 个城市表示 74 个新标准第一阶段监测实施城市(包括京津冀、长三角和珠三角等重点区域地级城市及直辖市、省会城市和计划单列市)

数据来源:生态环境部公布的中国生态环境状况公报(2013~2019 年)

---

① 引自 US EPA,https://www.epa.gov/air-trends/air-quality-national-summary

王跃思等[32]的研究也发现，近年来全国及重点区域重霾污染平均天数显著减少。如表 1-5 所示，京津冀和长三角重污染日分别从 2013 年的 74 天和 24 天，减少到 2017 年的 24 天和 2 天；珠三角基本消除了重污染；成渝也消除了一半以上的重污染天。全国空气质量明显改善。

表 1-5　2013～2017 年全国及重点区域重霾污染平均天数[32]

年份	全国	京津冀	京津冀及其周边	长三角	珠三角	成渝
2013	32±33	74±45	65±44	24±12	1±2	33±29
2014	17±21	49±27	41±28	10±5	1±2	23±11
2015	14±17	35±23	34±22	7±5	0	15±9
2016	10±16	33±20	31±20	3±5	0	8±5
2017	8±13	24±15	22±15	2±3	0±1	14±11

注：重霾污染天定义为因 $PM_{2.5}$ 引发的 $PM_{2.5}$ 日平均浓度＞150 $\mu g/m^3$ 的污染天

1.2　大气颗粒物来源解析

随着我国城市化、工业化、区域经济一体化进程的加快，大气污染呈现复合型污染特征，表现为：多污染源叠加、多污染物共存、多尺度关联、多过程耦合以及多介质相互影响的特征[33, 34]。颗粒物污染是当前大气污染中的主要问题，波及范围广，持续时间长，威胁人体健康，给公众生活带来极大不便，引起了社会和政府部门的高度重视[35, 36]。颗粒物污染的成因和来源的复杂性是当前防治过程中面临的难点之一[37]。颗粒物源解析技术通过建立污染排放源与环境受体间的关系，确定污染来源及其贡献。科学、合理的源解析结果提高颗粒物污染防治的针对性、科学性和合理性。本章节主要总结了目前颗粒物源解析技术——源清单法、扩散模型法和受体模型法及其发展历程和应用特征，重点讨论了受体模型源解析方法的特点，并对国内颗粒物源解析现状以及未来动态源解析方法的进展进行了介绍。

1.2.1　源解析工作的重要性

自 2013 年发布《大气污染防治行动计划》以来，我国环境空气质量明显改善，但颗粒物污染问题仍比较严重[38]。根据 2021 年《中国生态环境状况公报》，全国 339 个地级及以上城市中，环境空气质量未达标的城市仍占全部城市数的 35.7%。其中，细颗粒物的浓度为 30 $\mu g/m^3$，虽然已低于我国 2012 年新修订的《环境空气质量标准》（GB 3095—2012），但仍高于世界卫生组织（World Health Organization，WHO）《全球空气质量指南》$PM_{2.5}$ 年平均浓度的指导限值：5 $\mu g/m^3$。因此，颗粒物污染的防治是我国环境污染治理的核心工作之一。明确颗粒物污染的来源并量化其贡献是科学、有效地制定颗粒物污染控制对策的基础和前提，是制定环境空气质量达标规划的重要依据。环境保护部（现生态环境部）于 2013 年 9 月发布了《大气颗粒物来源解析技术指南》，为大气颗粒物污染防治工作提供了科学性、针对性和有效性的指导依据。

1.2.2　源解析技术的进展

20 世纪 60 年代，美国率先开展了颗粒物来源解析的研究，研发了因子分析类和化学质量平衡类等受体模型源解析技术。20 世纪 90 年代，颗粒物受体模型源解析技术的相关研究在欧洲有了显著的发展。在我国，颗粒物源解析工作起步于 20 世纪 80 年代。为了估算颗粒物污染源对受体的贡献，源清单法和扩散模型法应运而生。其中，扩散模型法在当时得到了广泛的应用。随着开放源的影响增大，其源强的不确定性不利于扩散模型法的应用。因此，受体模型开始出现并得到了广泛应用。戴树桂等[39]阐述了受体模型在不同尺度（城市、区域和全球）上颗粒物源解析研究中的应用及发展概况，并利用化学元素平衡法解析出海洋气溶胶和大陆风沙尘是黄渤海总悬浮颗粒物主要来源。陈宗良等[40]利用富集因子法、因子分析法以及多元回归法确定了北京市颗粒物中有机物的污染源：风砂土壤、煤炭燃烧、汽车燃油、二次污染等其他污染源。张远航等[41]利用主因子分析和目标转移因子分析法识别出对细颗粒物的污染源以及对粗颗粒物的四个污染源，发现煤飞灰是当地主要的污染源。近年来，由于污染源日益复杂，颗粒物源解析工作也出现了一些瓶颈问题：源和受体的不匹配、源成分谱共线性问题等。因此，现阶段颗粒物源解析的发展趋势是不同类型模型之间的耦合使用。总体而言，源解析技术主要包括以下三种：

1. 源清单法

源清单法是指通过对不同种类污染源排放特征的统计和调查，根据不同源类排放因子和活动水平确定颗粒物排放源的排放量，建立颗粒物排放源清单，对不同源类的排放量进行评估，进而确定主要污染源及其对颗粒物排放总量的分担率。源清单法结果虽然简单清晰，但仍存在一些问题：排放因子的不确定性较大、部分源类活动水平资料缺乏、部分开放源（如扬尘）和天然源的排放量难以统计等。近年来，清华大学开发了中国多尺度排放清单模型（MEIC）[42]，构建了统一的源分类分级体系和排放因子数据库，覆盖中国大陆地区 700 多种人为排放源，包括 10 种主要大气污染物和二氧化碳（SO_2、NO_x、CO、NMVOC、NH_3、$PM_{2.5}$、PM_{10}、BC、OC 和 CO_2）排放；在国内被广泛用于污染来源成因分析、空气质量预报预警、大气污染防治政策评估等科研和业务工作（http://meicmodel.org）。

2. 扩散模型法

扩散模型法是以污染源为对象，基于排放清单和气象场，来模拟污染物在大气中的传输、扩散、化学转化以及沉降等过程，并估算不同污染源对受体点污染物的贡献，也称为源模型法[43-45]。对于扩散模型的模拟结果，可以利用敏感性分析或者示踪技术法对颗粒物进行源解析。敏感性分析方法是指通过改变某一污染源的源强来计算得到该源对颗粒物的贡献；示踪物法是通过标识、追踪污染源排放的污染物在大气环境中传输、扩散、转化和沉降的过程，并进一步估算不同排放源对空间各点的浓度贡献[46]。扩散模型能够较好地建立有组织排放的污染源与大气环境质量之间的定量关系，但是对于无组织排放源的源强不确定性较高。迄今为止，扩散模型法大体经历了三代变革[46, 47]。

（1）第一代主要包括高斯模型和拉格朗日轨迹模型，适于对稳定污染物传输范围和污染状况的模拟。基于高斯烟流扩散及烟团扩散理论，代表性模型有 ISC3、AERMOD、CALPUFF。这几类模型对沉积过程和化学过程的处理较为简单，主要模拟一次污染源排放的扩散和沉降过程。

（2）第二代模型为欧拉网络模型，主要针对单一污染问题（臭氧、酸沉降和硫沉降等），包括城市尺度光化学氧化模型（UAM）、区域尺度光化学氧化模型（ROM）以及区域酸沉降模型（RADM）等。与第一代模型相比，第二代模型大气动力学模块较为复杂，加入了针对光化学反应的化学机制，使模拟结果与实际大气运动相互吻合。对于颗粒物，仅可粗略模拟一次污染源排放的颗粒物的扩散和干湿沉降问题。《环境影响评价技术导则　大气环境》（HJ 2.2—2008）推荐的模型为：AERMOD、ADMS、CALPUFF。

（3）第三代模型基于"一个大气"概念，将各种大气问题综合考虑并纳入模型，包含污染源追踪模块，能够较好地模拟颗粒物在大气中的扩散、生成、转化、清除等过程。国外典型的代表性模式有 Models-3/CMAQ、CAMx、WRF-Chem 等。目前国内的模型也以一个大气的概念，构建了从全球尺度、区域尺度到嵌套网格的大气环境模式，包括南京大学的区域大气环境模型系统（RegAEMS），中国科学院大气物理研究所的嵌套网格空气质量预报系统（NAQPMS）、全球环境大气输送模型（GEATM）等。以 Models-3 为例，该模型可通过一次模拟，得到多污染物的浓度及其分布。扩散模型法不局限于观测点位，可解析污染源的空间分布，区分本地排放源和外来传输源，并能定量计算不同区域的贡献。但由于源清单具有较大的不确定性，以及复杂的边界层气象及大气化学反应过程，扩散模型法结果的不确定性较大，特别是在颗粒物重污染条件下这一问题尤为突显[43, 48]。

3. 受体模型法

受体模型法是基于受体采样点获取的物理化学信息来计算各种源贡献的源解析方法，目前是我国城市颗粒物源解析研究中最常用的手段之一[49, 50]。20 世纪 60 年代，Blifford 和 Meeker[51] 提出了受体模型的概念，发展至今，主要分为两类：①以化学质量平衡模型（CMB）为代表，其计算过程中需要输入详细的污染源化学成分谱的信息；②计算过程中无须输入源成分谱信息，但需基于大量的受体信息，利用统计学方法分析受体各组分的时间及空间变化趋势，以主成分分析-多元线性回归（PCA-MLR）、正定矩阵因子分解（PMF）、Unmix 等因子分析类模型为代表。应用最为广泛的化学质量平衡（CMB）模型和正定矩阵因子分解（PMF）模型的基本原理见第 7 章。

1972 年，Miller 等[52] 提出化学元素平衡法（chemical element balance，CEB）。1980 年，Watson 等[53] 将该方法命名为化学质量平衡法（CMB）。CMB 法能够较为明确地判别污染源，并且对环境样品数据无要求。然而，CMB 法需要输入本土化源成分谱，仅能识别输入源成分谱中的源类别，并且不能有效区分化学组成相近的源类，即共线性问题。因此，使用不同的示踪物种（元素、离子、有机物）和源成分谱，CMB 源解析结果具有较大误差。另一方面，由于源成分谱的缺乏，因子分析法由于不需要输入详细源谱故而得到了广泛的发展及应用。其中，正定矩阵因子分解法（PMF）是 1993 年 Paatero 和 Tapper 等[54] 基于因子分析方法发展起来的一种新的颗粒物源解析方法。与其他传统因子分析法相比，主要改进的地方体现在[55-57]：①通过误差估计，更合理地处理输入数据中的异常值，提高了模型的稳定性，从而最大化挖掘数据信息；②对因子载荷以及因子得分均做非负约束，使得源解析结果更具有物理意义。与 CMB 相比，PMF 虽然不需要输入本土源成分谱，但需要有指征意义的示踪物种来辅助识别污染源类，并且样品量需求较大（通常大于 100 个）来降低不确定性，同时生成的因子谱可能会有"老化"特征。此外，源类个数确定和源类判别有一定的主观性和不确定性。

为了解决上述传统受体模型的问题，许多研究者开发了新的受体模型。2002 年，为解决扬尘源难以定量估算的问题，冯银厂等[58] 在 CMB 模型的基础上，构建了二重源解析技术。郑玫等[59] 利用分子标识物作为标识组分，提出了分子标志物-CMB 源解析技术（MM-CMB），识别出了常规 CMB 法难以判别的源类：肉类烹饪、卷烟燃烧等。2009 年，史国良等[60] 建立了 PMF-CMB 模型和非负约束主成分回归 CMB（NCPCRCMB）复合受体模型，试图解决共线性源类问题。其中，PMF-CMB 模型被写入了美国 EPA 公布的《EPA PMF 5.0 技术指南》中，文献被作为"key reference"引用。为定量估算二次有机碳的贡献，史国良等[61] 开发了 CMB 嵌套迭代受体模型（CMB-Iteration）。Marmur 等[62] 于 2007 年开发了一种扩展的 CMB 方法，无须依赖排放组成。他们将基于环境数据的扩展 CMB 方法与基于测量源成分谱的 CMB 结果进行了比较，两种方法的结果较为一致。根据气态污染物对源类的标识特征，美国佐治亚理工学院的 Russell 等[63]将气态污染物纳入 CMB 模型的计算过程，构建了 CMB-GC 受体模型，使用测量的环境气体浓度（SO_2、CO 和 NO_x）来约束结果，以减少共线性，并得到了成功应用。为解决在线源解析问题，史国良等[64]提出并评估了 WALSPMF 模型，结合了特征值和加权交替最小二乘法来进行在线源解析；该模型提供了适合在线源解析的最佳解决方案，可得到相对正交的因子，并且因子之间的特征分量差异较大，便于在线源类识别。此外，基于 PMF 模型，Paatero[65]建立了 Multilinear Engine 2（ ME2 ）计算平台，实现了 PMF 因子提取的附加功能。基于 ME2 模型的因子拉伸功能，刘贵荣等[66]构建了 PMF/ME2-元素比值源解析技术，通过对源谱组分比值的限制，提高了源谱的物理意义。此外，为解决受体模型法难以确定污染源可能来向的问题，Hopke 等[67]将 PMF 模型和后轨迹模型结合，建立了 PSCF 模型来定性判断污染源的潜在来向。基于此，田瑛泽等[68]进一步加入概率加权算法，定量计算了各污染源在不同来向上的贡献。戴启立等[69]对 PMF 进行了优化，通过引入通风系数(ventilation coefficient)，提出了扩散标准化 PMF 模型(dispersion normalized PMF, DN-PMF)以降低因气象扰动对因子提取的影响。通过应用 PMF 和 DN-PMF 分别对"新冠疫情"前后颗粒物进行解析并比较分析发现：相较于传统的 PMF，DN-PMF 的解析结果能更准确地反映污染源的实际排放特征，如源贡献的日变化特征和污染源来向。高洁等[70]开发了偏目标变换-正矩阵分解模型（ PTT-PMF ），将源成分谱数据纳入 PMF 模型，选择并固定所有源的源标识组分，通过部分目标转换方法实现因子谱的目标转换，使模型提取的因子谱更接近真实的源成分谱，从而增加了解析结果的真实性和可靠性。此外，Paatero 等[71]发展了 PMF3 三维源解析模型：数据集的三个维度通常是"时间"、"化学成分"和"粒径大小"，或者"时间"、"化学成分"和"点位"。史国良等[72]提出了一种改进的三因素（时间-粒径分布-化学组成）分析方法，以调查源的贡献和粒径、空间分布。

　　此外，随着颗粒物源解析技术的发展，一些混合模型或复合模型开始被用来进行源解析研究。Hu 等[73]开发了颗粒物混合源解析方法（ a hybrid SM-RM particulate matter source apportionment approach ），即利用源扩散模型的敏感性分析工具进行颗粒物源解析，并通过受体模型对源解析结果进行校正。结果表明该方法能够降低共线性、气象因素及二次过程的影响，且能够解析出传统受体模型由于缺乏相关源谱及标识元素而难以解析的源类（如飞机排放源）。

1.2.3　受体源解析的特点

不同受体模型由于其自身原理的不同，各有其适用范围和特点[57]，如表 1-6 所示。CMB 模型输入的具体的源成分谱信息是以人们管理及源排放方式为依据划分的，解析结果能直接对应到现实的污染源类，物理意义相对较明确，能为管理部分提供直接的信息。但识别的源类可能不能与现实的污染源类一一对应，因此在源识别上存在一定局限性。CMB 的源类信息具有真实的物理意义，需要的源和受体样品可以直接从现实中得到。如果污染源类较复杂，尤其是在有共线性源类的情况下，CMB 模型的不确定性往往较高，甚至能得到负值结果。此外，CMB 模型的解析结果具有一定的多重性，即一套数据可以得到多种解析结果，结果的选择是 CMB 模型的难题之一。CMB 需要输入源类的信息，而 PCA/MLR、PMF 模型则不需要输入源类的详细信息，通过对受体数据的迭代和分解，提取出污染源的数量和类别。在解析过程中，需要对提取出来的因子赋予物理意义才能对应到污染源类别上，即每一个因子需要有标识元素来标识，并与现实中的污染源相对应。PMF 模型（因子分析类模型代表）在运算过程中加入了非负限制，避免了模型得到负值结果。此外，CMB 模型得到的结果是颗粒物污染源在监测时间段的平均贡献值，而 PMF 模型能得到各污染源在时间序列上的变化趋势。但是这类模型也有一定的局限性。首先，PMF 模型提取的有些因子难以对应到明确的源类，缺乏物理意义的解释；其次，和 CMB 模型相似，PMF 模型也能得到很多个收敛结果，源解析结果的筛选是使用者面临的难题。PMF 模型的运行需要有大量环境受体样品数据，以满足统计分析的要求。

表 1-6　受体模型源解析方法的优势及局限性

名称	定量/定性	优势	局限性
化学质量平衡法（CMB）	定量	需要受体数据量较少；源类信息物理意义明确	输入源谱信息较为主观；可能丢失污染源信息；对共线性问题敏感
正定矩阵因子分解法（PMF）	定量	不需要详细的源成分谱信息；较好地处理缺失及不精确的数据；非负约束使成分谱和贡献无负值	部分提取的因子无法对应实际源类；需要基于大量数据
主成分分析法（PCA）	定性	源识别结果相对可靠；操作简单	识别源数量有限；结果可能存在负值
UNMIX 模型	定量	源贡献结果均为正值；无须对数据进行复杂的转换	需要数据质量较高；需要的样本数据量较大

1.2.4　全国源解析现状

近二十年来，中国经历了严重的区域灰霾污染，特别是在华北平原和长江三角洲，其特点是高浓度的颗粒物和极低的能见度。因此，准确识别和量化颗粒物源贡献是制定有效控制策略的基础，颗粒物的源解析研究已成为中国大气环境研究的核心内容之一。

1. 源解析模型使用现状

研究人员定量分析了中国各地区颗粒物污染重要来源类型及其贡献，调查和讨论了颗粒物来源贡献在长期内的变化趋势[49]。通过对我国源解析研究工作的总体分析，在 2000 年以前，颗粒物源解析的研究相对较少。2010 年以后，国内对颗粒物源解析的研究呈爆发式增长。其中，有些研究使用了多种方法，因此方法的总数可能大于研究的总数。国内应用的方法主要分为三大类：①受体模型，包括化学质量平衡（CMB）、正矩阵分解（PMF）、富集因子（EF）、主成分分析（PCA）和因子分析（FA）；②空气质量模型（AQM），如社区多尺度空气质量模型（CMAQ）、综合空气质量扩展模型（CAMx）、大气弥散模拟系统（ADMS）等；③其他方法，包括同位素比、单颗粒气溶胶质谱、扫描电子显微镜（SEM）、比值分析法、聚类分析等。总的来说，PMF、CMB 和 PCA 是中国最常用的颗粒物源解析方法。

2. 中国颗粒物的化学组成特征及源解析进展

研究表明[74]，我国颗粒物的化学成分包括硫酸盐、硝酸盐、铵盐、有机物、单质碳、地壳物质等。其中，有机物由有机碳转化，系数为 1.6；[地壳物质]=2.20×[Al]+2.49×[Si]+1.63×[Ca]+1.42×[Fe]+1.94×[Ti]。根据研究发现，我国北部和西部城市颗粒物年浓度较高，而南部沿海地区和背景地区的浓度相对较低。在地理上，秦岭和淮河将中国分为华北和华南，位于东经 104°15′～120°21′和北纬 32°18′～34°05′。华北地区冬季的颗粒物浓度较高，主要受采暖活动和气象因素的影响。低风速、低混合高度、高相对湿度的稳定天气条件可以极大地增强颗粒物污染水平。根据最近的研究表明，大气环流的变化（如北风减弱、对流层低层逆温异常的发展）可能是华北地区灰霾污染增加的另一个重要原因。

二次无机离子（前体物氧化而成的硫酸盐、硝酸盐和铵盐）是我国颗粒物的重要化学成分，占城市颗粒物平均质量的 30%～53%。研究表明[74]，中国北方二次无机离子的比例大约为 33%±13%，南方大约为 41%±10%。不同排放源和气象因素会对二次无机离子的分布产生影响。研究表明，无论是外场观测还是模型模拟，中国南方的硫酸盐含量都有较高的趋势，较北方为高。这可能跟南方煤炭含硫量较高有关,比如,中国北方煤炭含硫量为 0.51%,而南方煤炭含硫量为 1.32%,重庆煤炭含硫量更高达 3.5%。此外,近年来我国颗粒物中硝酸盐的比例有所增加。这一现象可能与我国机动车保有量的增加有关。

碳质气溶胶包括元素碳和有机质组成。有机碳主要来自大气的一次排放和二次形成。元素碳来源于一次不完全燃烧过程。很多研究表明[74],对于城市地区,OM 和 EC 对 $PM_{2.5}$ 总质量的贡献分别为 13%～38%和 1%～11%,而在偏远背景地区,这一比例下降到 19%～21%和 1%～2%。一些研究发现,中国北方和南方的 EC 含量则没有明显差异;其中深圳、北京、上海等城市 EC 较高,可能是当地动机车尾气的高贡献所致。

地壳物质是根据地壳元素的氧化物估计的。中国南北地壳物质空间分布差异明显。一些研究表明,内蒙古通辽市受戈壁沙漠和附近沙地的影响较大,地壳物质浓度相对较高;天津、银川、青岛、西安等北方城市的地壳物质贡献率也较高。然而,使用铝、硅和铁等元素来估算地壳物质时需要谨慎,这些元素也可以从煤的燃烧中释放出来。因此,在以煤为主要能源消耗来源的地区(如中国北方冬季取暖季节),地壳物质可能会被高估。

一些研究总结了我国近十年的源解析工作[49, 74],发现华北地区的 $PM_{2.5}$ 浓度高于南方,其污染源主要包括:二次源、交通尾气、燃煤、扬尘、生物质燃烧、工业排放等。值得注意的是,文献中总结的结果来自不同时期不同环境采样和分析方法的不同研究,可能会对中国 $PM_{2.5}$ 的空间源格局产生偏差。在全国范围内建立 $PM_{2.5}$ 化学形态监测网络,制定标准的环境采样和化学分析方案是十分必要的,可以直接比较城市间 $PM_{2.5}$ 的化学组成和源解析结果。而研究也表明[49, 74],颗粒物来源的贡献在不同区域差别很大。很明显,在中国大部分地区,二次无机盐源、扬尘和工业排放通常是 $PM_{2.5}$ 最重要的三个来源,因为中国有庞大的基础设施项目和大量的工业生产。中国南方、东北和西南地区的情况略有不同:在中国南方,交通运输排放和二次有机物的影响由于机动化程度较高而变得更加重要,而在中国东北/西南地区,由于大量的煤炭用于居民取暖/农田燃烧作物残渣,化石燃料燃烧/生物质燃烧是一个非常重要的来源。

1.2.5　动态源解析方法进展

传统意义上的受体模型源解析技术是基于长时间、低时间分辨率(一般为 24小时)的颗粒物离线膜采样样品进行分析。然而较低的时间分辨率难以满足短期重污染过程应急管控的需求,难以在短时间描述污染源的快速变化、气象过程和光化学过程的迅速演变[75]。因此,传统的基于受体模型的离线源解析技术很难应对重污染过程的颗粒物来源解析。近年来,随着高时间分辨率颗粒物组分在线监测技术的发展，以及源解析技术的改进，受体模型源解析技术逐步向在线高时间分辨率和实时源解析的方向发展[50, 76]。当前，在线颗粒物组分数据结合受体模型法是应对颗粒物重污染过程进行精细化源解析的重要手段[77, 78]。其中，颗粒物成分的监测主要包括颗粒物质量浓度、水溶性离子浓度、OC/EC 和金属元素浓度，如表 1-7 所示。此外，随着气溶胶质谱的出现，一些质谱仪可以进一步在线测量分粒径颗粒物的化学组成，并且时间分辨率可以达到分钟级[79-81]，进而获得更精细化的颗粒物成分数据，如表 1-8 所示。因此，基于在线质谱和成分监测数据的颗粒物动态源解析是针对大气颗粒物高时间分辨率动态源解析的一个新方向，其主要应对大气重污染过程颗粒物来源实时解析，为重污染过程污染源的应急防控措施提供关键的技术手段。

表 1-7　颗粒物化学成分在线监测仪器[50, 81]

分类	仪器	物种	分辨率
颗粒物质量	Beta 射线吸收技术（BAM）	颗粒物质量浓度	1 h
	锥形传感器振荡微天平（TEOM）	颗粒物质量浓度	2 s
水溶性离子	大气细颗粒物水溶性组分在线连续监测分析系统（AIM）	水溶性无机离子	1 h
	蒸汽喷射气溶胶收集器系统（SJAC）	NH_4^+，NO_3^-，SO_4^{2-}，Cl^-	15 min～2 h
	颗粒物-液体转换采集系统（PILS）	Na^+，K^+，NH_4^+，Ca^{2+} NO_3^-，Cl^-，SO_4^{2-}	7 min
	气态污染物和气溶胶在线检测装置（GAC）	Na^+，K^+，NH_4^+，Ca^{2+} NO_3^-，Cl^-，SO_4^{2-}	30 min
	在线气体组分及气溶胶监测系统（MARGA）	NH_4^+，NO_3^-，SO_4^{2-}，SO_2，HNO_3，NH_3	1 h
金属元素	Xact-625 型环境空气多金属在线监测仪（Xact 625 Ambient Metals Monitor）	Sb，As，Ba，Br，Cd，Ca，Cr，Co，Cu，Fe，Pb，Hg，Mn，Ni，Se，Ag，Sn，Ti，Tl，V，Zn	1 h
OC、EC	SUNSET 半连续 OC/EC 分析仪（Sunset OC/EC Analyzer）	OC/EC	1 h

表 1-8　气溶胶质谱在线监测仪器[58, 81]

类别	分辨率	特征	检出限
气溶胶质谱仪（AMS）	10 min	测量非难熔亚微米气溶胶	NH_4^+：0.6 μg/m³ NO_3^-：0.04 μg/m³ SO_4^{2-}：0.1 μg/m³ 有机物：0.4 μg/m³
飞行时间气溶胶质谱仪（ToF-AMS）	5 min	测量定量气溶胶组成和化学分辨大小分布的环境气溶胶	—

类别	分辨率	特征	检出限
高时间分辨率飞行时间气溶胶质谱仪（HR-ToF-AMS）	12 s	对几种有机片段进行定量，直接鉴定有机氮和有机硫含量	高灵敏度模式：所有物种均<0.04 μg/m³ 高分辨率模式：所有物种均<0.4 μg/m³
气溶胶化学形态监测仪（ACSM）	15～30 min	体积更小，成本更低，操作更简单	有机物、硫酸盐、硝酸盐、铵和氯化物<0.2 μg/m³

第2章　单颗粒质谱技术的发展与设计

　　由于气溶胶来源的多样性，以及潜在大气变化，单个颗粒的物理和化学特征在不同颗粒之间有很大差异。为实时鉴定空气中颗粒物的化学成分，科学家在20世纪70年代初期开始探索发展单颗粒质谱技术。单颗粒质谱技术是表征气溶胶性质的最重要的技术手段之一。实时单颗粒质谱的发展可以追溯到20世纪70年代，早期的单颗粒质谱已经用于实时识别空气中颗粒物的化学组成。在本章中，首先介绍近半个世纪以来单颗粒质谱技术的发展历程和重要进展，然后介绍单颗粒质谱仪器的主要部件和结构及其设计思路和特色，最后介绍了单颗粒质谱技术近年来最新的计数发展动态。通过这些历史发展和设计思路以及最新发展动态的介绍，希望读者能较系统和全面地了解单颗粒质谱技术的特点，并对仪器研制与应用研究工作有所启发。

2.1　单颗粒质谱技术发展概况

　　1973年，美国的Davis开发了最早的实时单颗粒质谱仪（RTSPMS）原型，用于表征空气中的颗粒物和气相有机化合物。该仪器的示意图如图2-1，气溶胶颗粒物通过一个钢制毛细管和一个薄壁针孔从大气压环境下进入质谱离子源区域，并撞击温度高达600~2000 ℃金属丝（铼或钨），气溶胶颗粒被汽化产生离子被磁扇形质谱仪所检测。美国国家航空航天局（NASA）也研制了一种用于原位分析平流层下部大气气溶胶的组成和大小分布的RTSPMS仪器。与Davis开发的仪器类似，该系统将颗粒束对准加热的铼丝，使样品蒸发和电离，但他们采用了四极质谱进行离子分离检测。此外，美国匹兹堡大学物理系的Myers和Fite也开发了基于四极质谱的RTSPMS仪器。这些仪器普遍使用毛细管进样技术，因此颗粒物的传输效率极低。Davis的研究发现RTSPMS的颗粒传输/检测效率为0.2%~0.3%。在离子源技术上则普遍采用电子热离子化电离技术。在质量分析器方面，普遍使用四极质谱或磁质谱作为质量分析器，而飞行时间质谱受限于电子测量技术的限制还难以在实际仪器上应用。尽管此时的RTSPMS仪器技术性能有限，但这些仪器被成功地用于校准气溶胶、实验室环境空气和气溶胶源分析，并为在线单颗粒气溶胶质谱技术的发展奠定了基础。

　　进入20世纪80年代，单颗粒质谱技术在离子化方式以及整体结构上迎来了重要突破，1982年，Sinha和Friedlander首先提出将激光解吸电离（LDI）技术应用在 RTSPMS 中，并开发了颗粒质谱分析技术（PAMS）进行气溶胶分析和应用研究[82-89]。PAMS 采用了毛细管与分离锥的进样技术，大大提高了颗粒传输效率。此外，PAMS 还使用一个连续的 HeNe 激光器进行颗粒物散射检测，并用于触发下游的脉冲激光器进行颗粒物电离，不同空气动力直径的颗粒可根据预先设定的触发解吸/电离激光的延迟时间来进行检测。电离产生的离子经四极质谱仪进行检测。Sinha 等使用 PAMS 对各种生物气溶胶进行了表征，其中包括单胞菌、蜡样芽孢杆菌和枯草芽孢杆菌[83, 84]。

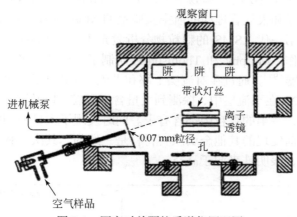

图 2-1 原实时单颗粒质谱仪原理图

1988 年，荷兰代尔夫特理工学院的 Marijnissen 提出将颗粒束进样技术与激光微探针质谱仪结合进行实时分析的方法[90-92]。该仪器使用毛细管进样将气溶胶颗粒引入到真空环境，通过一束 HeNe 激光的光散射检测颗粒物，并根据散射光强度来确定颗粒的大小，光散射信号同时作为触发下游的 Nd：YAG 脉冲激光的起始信号，颗粒物经高能量脉冲激光电离产生的离子由飞行时间质谱进行检测。两年后 Marijnissen 成功开发了该仪器，并在原有的基础上进行了相关改进。一方面仪器采用了差分真空式喷组/分离锥技术进行气溶胶进样代替了之前普遍使用的毛细管进样技术，另一方面使用 308 nm 的准分子激光器代替了 Nd：YAG 脉冲激光器。由于采用了新的颗粒进样技术，且颗粒束出口距离子源距离很近，因此该仪器可以实现对 0.4～10 μm 范围内的颗粒物进行检测。该仪器的成功研制基本上奠定了后续单颗粒质谱的技术基础。

进入 20 世纪 90 年代，单颗粒质谱技术取得了突飞猛进的发展，发展了各具特色的质谱仪器和应用方法。Johnston 和 Wexler 等开发了一种 RTSPMS 技术。该方法称为快速单颗粒质谱法（RSMS）。第一代 RSMS 的设计与 Marijnissen 开发的仪器类似。气溶胶通过 0.5 mm 的下空进入差分抽气室，经分离锥后形成颗粒束。

一个连续激光器用于检测颗粒物同时触发准分子激光器进行颗粒物电离。RSMS
仪器的最大采样率大约每秒 1 个颗粒，质谱检测效率约为 50%，总采样效率大约
是 $1/10^6$。由于 RSMS 无法进行颗粒物粒径检测，因此通常是用已知大小的颗粒物
进行 RSMS 质谱分析。利用源后脉冲聚焦可以提高质谱分辨率[93]。为了分析超
细颗物，解决第一代 RSMS 仪器中散射光无法检测超细颗粒物的问题，第二代
RSMS 省略了散射激光，直接使用准分子随机电离模式进行颗粒物检测。与差分
迁移分析器（DMA）联用，能够分析小至 12 nm 的颗粒，但这种方法检测到颗粒
物的概率很低，在 30 Hz 的工作频率下，每 1～3 min 才能有效检测一个颗粒物。

美国国家海洋和大气管理局的航空实验室的 Murphy 和 Thomson 也在这一阶
段开发了类似于第一代 RSMS 的颗粒物分析激光质谱仪（PALMS），并开展了大
量的应用研究工作。Murphy 和 Thomson 还研制了一种基于飞机上单颗粒实时分
析的 PALMS 仪器[94]。通过在对流层上部和平流层下部采样，可检测到 45 种不
同元素，见图 2-2。在平流层中，探测到大量含汞颗粒，以及陨石残留物。在对流
层顶上方的区域，一半的颗粒中都含有汞。同时发现了大量的颗粒铁，铁被发现
的相对比例与先前发现的其他金属陨石材料是一致的。其次，颗粒铁在平流层的
浓度高于对流层，表明铁来源于高空。

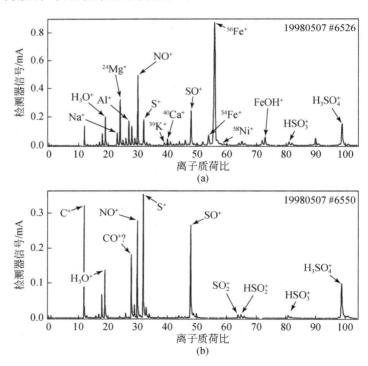

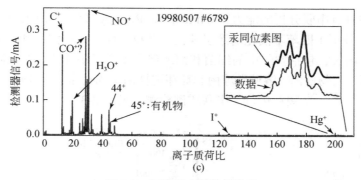

图 2-2　平流单个颗粒的质谱

　　为了开发一种能够同时精确测量单个空气中颗粒的大小和组成的 RTSPMS 方法，美国加州大学河滨分校化学系的 Kimberly Prather 团队设计了一种新型的气溶胶飞行时间质谱（ATOFMS），该仪器首次采用了双光束测径技术与激光电离飞行时间质量分析的计数组合。以往的 RTSPMS 经常根据颗粒物的光散射强度来计算颗粒物的直径，但这种方法对于 1 μm 以上的颗粒物的检测效果较差。ATOFMS 创新性地使用双激光束测径技术，而不依赖散射信号强度来确定颗粒大小，这一技术极大地提高了颗粒物粒径测量的精度。而且双光束测径与 TOFMS 的独特组合无须扫描特定的粒度范围就可直接测量多分散样品的粒度和组成。ATOFMS 独特的分析能力在应用上也得到了极大的拓展，大量的文献报道了 ATOFMS 在气溶胶源特性方面的研究，例如生物质燃烧、汽车尾气排放等等[95]。

　　德国杜塞尔多夫大学的 Spengler 等在此期间也开发了一种在线式大气激光质谱（LAMPAS）[96-99]。LAMPAS 采用了与 Marijnissen 类似的颗粒束进样装置，能够对于 0.1～10 μm 的颗粒物进行分析，同样采用单束散射激光进行颗粒检测与粒径测量，颗粒散射信息还用于触发位于散射激光下游的 337 nm 氮气激光器。LAMPAS 的最大特色是采用了两个质量分析器，可分别对离子化产生的正负离子进行同时检测，这一设计大大提高了对于颗粒物化学组成识别的完整性。LAMPAS 对颗粒物的总的分析效率可以达到 $10^{-3} \sim 10^{-5}$。LAMPAS 不仅可以根据散射强度计算已知折射率和形状的颗粒物的粒径，还可以根据散射激光与电离激光之间的时间间隔或直接根据散射脉冲的宽度进行空气动力学测径。

　　与普遍使用 TOFMS 作为 RTSPMS 质量分析器不同的是，美国橡树岭国家实验室的分析化学部的 Whitten 和 Ramsey 等开发了基于离子阱质量分析器的单颗粒质谱仪（ITMS）[100-108]。ITMS 使用与 ATOFMS 类似的双光束空气动力学测径法测量颗粒的飞行速度和粒径大小[109, 110]。颗粒速度还将用于计算颗粒物飞至离子阱中心的准确时间，并精准地触发高能量脉冲激光器将颗粒物电离。离子阱将产生的离子流囚禁，并逐级分析产生的全部离子，可以获得单个颗粒的完整图谱。

由于离子阱具有串联分析的能力，Whitten 和 Ramsey 第一次使用串联分析技术（MS/MS）分析了四苯基溴化磷涂层碳化硅颗粒。此外，他们还利用 ITMS 对各种各样的气溶胶，包括空气中的细菌和细菌孢子（产气肠杆菌、棕色固氮菌、枯草芽孢杆菌、大肠杆菌、溶壁微球菌和球芽孢杆菌），铀、铀氧化物颗粒和柴油发动机排气[105, 106, 108]颗粒进行了串联质谱检测，见图 2-3。

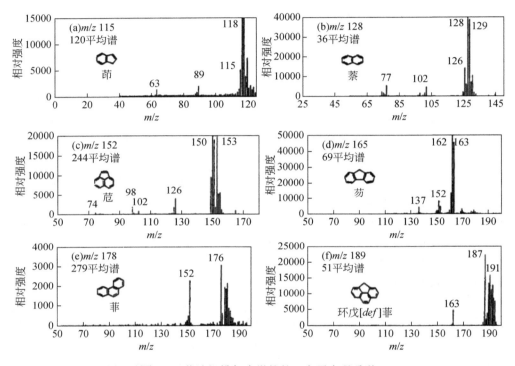

图 2-3　柴油机排气中微粒的正离子串联质谱

进入 21 世纪，单颗粒质谱的仪器研制与应用吸引越来越多国际研究团队的关注，单颗粒质谱领域呈现出繁荣景象。各种特色仪器的潜力被深入研究和发展，并被进一步改进和优化，取得长足的应用进展和大气化学的新发现。

2004 年美国加州大学 Kimberly Prather 团队推出了升级版的 ATOFMS，全新的 ATOFMS 首次采用了空气动力学透镜进样系统代替了原有的喷嘴/分离锥或毛细管进样技术并结合双光束激光散射系统以及激光电离双极性飞行时间质谱仪，可以实现 70～300 nm 颗粒物的检测。这一仪器结构的设计计划解决了以往单颗粒质谱在传输进样、颗粒粒径测量、化学组分检测中的大部分难题，同时也是基于激光光散射的单颗粒质谱法测量到 70 nm 超细颗粒物粒径与化学组成。该配置也几乎成为单颗粒质谱的标准配置，后续很多新加入的仪器研究团队都参考了这样的结构设计方式。美国 TSI 公司将 ATOFMS 进行了商品化，推出了世界上首台商品化的单颗粒质谱仪 TSI3800，这也使得单颗粒质谱仪器在国际上受到大气研究人员的关注。2009 年，该团队继续对 ATOFMS 进行了更进一步的升级，针对小型化机载的应用需求对仪器的真空系统、质量分析器进行了全面改进，整机体积大幅度降低，满足飞机机载需求。Kimberly Prather 团队利用 ATOFMS 在大气环境、海洋气溶胶等领域开展了大量深入的研究，为单颗粒质谱的应用推广做出了巨大贡献。

　　2005 年，美国西北太平洋国家实验室的 Alla Zelenyuk 团队开发了一种双步激光解吸单颗粒质谱仪（SPLAT），该仪器同样采用了空气动力学透镜进样，双光束激光测径以及飞行时间质谱仪。SPLAT 有两大特点，一是采用了高能量的 532 nm 激光器以及定制化的大角度椭球面镜收集散射光，颗粒物的粒径下限可以降低至 50 nm。二是 SPLAT 采用了双步激光解吸离子化技术，即在测径区的下游使用了一束 CO_2 激光器和一束 193 nm 准分子激光器。颗粒物首先在 CO_2 的作用下进行加热，绝大部分的有机组成会在 CO_2 激光作用下加热挥发成气态，难发挥性的气溶胶核则继续保留原有的固态形状，随后气相和颗粒相组成会在 193 nm 准分子激光器的作用下产生电离。这种电离方法的好处在于将有机物的热解吸过程与激光电离过程分开，从而大大提高了对有机组分的电离效率和重复率。研究表明，这种方法对有机物的电离产生的质谱碎片与气相条件下 EI 电离产生的谱图具有较大的相似性，因而能大大降低谱图解析的难度。2008 年该团队在 SPLAT 的基础上进一步改善了测径光学系统，使得 SPLAT2 获得了更高的超细颗粒物检测效率，125～600 nm 范围内的球形颗粒物可以获得 100%的检测效率。50 nm 的 PSL 标准微球可以获得 0.03%的检测效率。此外 SPLAT2 还进一步进行了电控系统改进和整机系统集成，使其适用于飞机机载应用，极大地提高了仪器的应用能力。由于 SPLAT2 具有超高的检测灵敏度和粒径测量精度，因此该仪器不仅可以获得高时间分辨率的测量结果，同时还可以与 DMA 等仪器联用获得精确的颗粒物密度、折射率、形状因子等物理参数的测量。SPLAT 和 SPLAT2 都只使用了单极飞行时间质谱仪进行离子检测，因此限制了颗粒物化学组成的检测能力。2015 年，该团队将双极性飞行时间质量分析器集成 SPLAT2 中，并定制了 CO_2 激光器与 193 nm 准分子激光器于一体的双腔激光系统，在此基础上进行了进一步体积优化，形成体积更小的 miniSPLAT，更加适合机载研究应用。

　　德国罗斯托克大学的 Ralf Zimmermann 团队也开发了一种双步激光解吸电离飞行时间质谱仪，该仪器采用了喷嘴/分离锥进样技术将颗粒物引入到真空系统，并通过双激光束进行颗粒测径，随后通过 CO_2 激光将颗粒物进行汽化。不同的是，该团队使用的是 248 nm 准分子激光器，而不是其他单颗粒质谱中常见的 193 nm 或 266 nm 激光器。之所以选择 248 nm 激光器，是由于 248 nm 激光的单光子能量为 5 eV，而许多多环芳烃类物质的电离能刚好位于 7～8.3 eV，这样对于这些 PAH 物质就可以形成共振增强双光子电离（REMPI）。REMPI 过程的特点在于离子化的选择性非常高，因此检测的灵敏度很高，而且 REMPI 过程电离可以产生几乎无碎片的分子信息，这在 PAH 分析研究或者某些特殊的物质的研究中可以发挥重要作用。

2.1.1 最近国际前沿进展

近年来，单颗粒质谱仪器研制仍往高精尖的方向推进，不论是科学研究还是产业化发展，都更加成熟；在应用方面，向更严苛的环境条件和更复杂的样品体系推进。

2.1.2 国产化进展

我国在单颗粒质谱仪器的研制方面起步较晚，2004 年中国科学院安徽光学精密机械研究所研制了国内第一台气溶胶飞行时间质谱仪，该质谱采用了喷嘴分离锥进行颗粒进样，该仪器没有颗粒测径系统，颗粒进入真空后在电离激光的作用下随机电离，产生的离子经单极飞行时间质谱检测。2006 年中国科学院大连化学物理研究所李海洋教授团队也研制了一台双极性气溶胶飞行时间质谱仪，该仪器与 ATOFMS 的结构非常相似，采用喷嘴分离锥进样，并采用双束激光进行空气动力学测径与颗粒追踪，随后使用双极性飞行时间质谱仪进行单颗粒化学组成检测。然而有关这两台仪器的应用报道较少。在 2006 年国家"863"计划的支持下，周振研究员带领中国科学院广州地球化学研究所和上海大学团队成功开发了一台基于空气动力学进样的双极性单颗粒气溶胶质谱仪，该技术随后由广州禾信仪器股份有限公司进行产品转化和应用推广，在国内获得广泛应用，产品出口至美国、欧洲、俄罗斯等国家和地区，实现了我国在自主化高端质谱仪器的多项突破。在最新的单颗粒气溶胶质谱仪进展中，一个特别值得注意的新特点和亮点是国产化单颗粒质谱仪器的成功研制和广泛应用实施，并且朝高性能仪器研发和特色应用的趋势快速发展，为大气污染源解析应用和大气化学研究提供了更精准的国产分析检测工具。

周振团队在 2009 年成功完成了单颗粒气溶胶质谱仪（SPAMS）第一台样机的研制（图 2-4），并发表相关研究文献，SPAMS 各个部分都采用了国际上最先进的技术，其中进样系统采用了空气动力学透镜技术，在颗粒物传输效率和颗粒束质量上要远远优于传统的喷嘴进样。采用了双光束测径系统，并使用定制的椭球面镜实现超过 60%以上的散射光收集效率。高精度时序电路检测两束散射光信号，计算颗粒物的空气动力学直径并准确触发位于测径系统下游的电离激光。一个

2006~2009年　　　　2010~2012年　　　　2017~2018年　　　　2018~2019年
科研SPAMS　　　　SPAMS0515/0525　　　SPAMS0535　　　　CUS-SPAMS

图 2-4　单颗粒气溶胶质谱仪（SPAMS）的发展历程

266 nm 高能量脉冲激光器用作颗粒物的精确电离，电离产生的正负离子经由双极
飞行时间质谱进行检测。SPAMS 样机能够对约 2000 nm 的气溶胶颗粒的粒径和化
学组成进行实时检测[111]。2010 年，广州禾信推出了国内首台商品化的单颗粒质
谱仪 SPAMS0515，2012 年又相继推出优化版 SPAMS0525。此时正值我国 PM$_{2.5}$
污染的爆发期，SPAMS 的单颗粒实时在线分析能力使得其能够应用于大气颗粒物
的来源解析，这对于政府进行环境污染溯源以及防治效果的监控至关重要，因而
得到广泛应用。李磊等随后不断对仪器的各部分进行了持续的优化和改进，针对
进样系统，开发了具有更宽粒径范围的空气动力学透镜系统，并对透镜-喷嘴进行
优化设计[112]，在此基础上进一步开发了基于虚拟撞击技术的颗粒物浓缩系统，
实现了 4~8 倍的颗粒物浓缩进样，解决了仪器在南北极等洁净地区颗粒物采集的
难题。在 2007 年和 2008 年我国南北极科学考察中，集成了该技术的 SPAMS 跟
随"雪龙号"科考船采集了大量珍贵的极地颗粒物信息，为研究海洋和极地气溶
胶的形成转化等做出了巨大的贡献。为了解决 SPAMS 电离产生的离子动态范围
过大的问题，李磊等开发了一套新的双通道叠加数据采集系统，分别使用不同的
量程通道对强信号和弱信号进行单独采集，再通过算法叠加实现原始信号的还原，
这有效地扩大了质谱检测系统的动态范围[113]，解决了单颗粒质谱图中碱金属等
部分离子信号过大导致采集卡损坏以及影响谱图分析的难题。单颗粒质谱技术在
出现的 30 多年中，始终无法有效提升飞行时间质谱的质量分辨率，大部分仪器的
质量分辨在 500 以下，极大地限制了单颗粒质谱的定量分辨能力。这主要是由于
激光电离产生的初始动能分散过大，飞行时间质量分析器无法对回头时间进行补
偿。李磊等成功开发了一种基于指数脉冲的延时引出技术，能够实现在全质量范
围提升质谱的质量分辨率，延时引出技术顾名思义就是在激光电离颗粒物之后延
长一段时间再施加引出脉冲将离子拉出，从而将原来的仅有速度分散转化为既有
空间分散又有速度分散，通过空间分散补偿粒子的初始动能分散，实现分辨率提
升。这一技术将 SPAMS 的分辨率提升至 2000 以上。此外，该团队还开发了单颗

粒质谱仪粒径自动校正的方法，解决了不同压力下粒径测量偏移的问题[114]。目前，广州禾信质谱已推出第三代高性能单颗粒质谱仪 SPAMS0535 以及定制版本的超高性能单颗粒质谱仪（CUS-SPAMS），不断提升的仪器性能使得其在大气化学研究、生物气溶胶监测等前沿领域具有广阔的应用前景。另外，中国科学院广州地球化学研究所的毕新慧研究员、张国华研究员等还对 SPAMS 的光学测径系统进行了改进，以及搭建空气动力学粒径筛选仪与 SPAMS 联用系统，实现了 SPAMS 对不同类型颗粒物有效密度和折射率的同时在线测量。此外，他们还建设了基于地用逆流虚拟撞击器与 SPAMS 的联用系统，实现了近地面原位对单个云雾滴残余颗粒物的粒径、化学成分等理化特征的在线观测，为深入研究气溶胶-云相互作用提供了关键技术工具和方法。该系统已被成功应用于研究不同类型颗粒物的云中清除效率、云雾液相中二次气溶胶的形成机制。单颗粒气溶胶质谱仪具有高时间分辨率，且同时测量大气中单个细颗粒物粒径，多种化学组分和混合状态的特点，在大气细颗粒物监测和生物科学研究中逐渐得到了广泛应用[115]。通过单颗粒气溶胶质谱仪对广州市土壤尘、道路扬尘、施工扬尘、堆煤扬尘等开放源颗粒物样品进行采集[116]；分析不同活性细菌气溶胶颗粒[117]；分析华南地区的一次金属铅污染事故中的含铅颗粒物的质谱特征、粒径分布及排放规律[118]；对人体呼出颗粒物的粒径分布与化学成分进行了分析[119]；对柴油车排放颗粒物的单颗粒特征进行了分析[120]；分析了广州大气矿尘污染的主要来源[121]；北京郊区秋季灰霾天气下细颗粒物化学成分及其混合特征研究[122]以及两种典型污染时段鹤山市大气细颗粒污染特征及来源[123]，分析发现 SPAMS 能够快速实时地测定单个气溶胶粒子的大小和化学成分，不仅能够真实地还原谱图的原始信息，还可以提高质谱识别颗粒物的准确率以及颗粒的利用率，同时也可以对人体呼出的以及细菌等不同生物气溶胶进行分析。利用实时单颗粒气溶胶质谱（SPAMS）对南宁市冬季重度污染期间的大气气溶胶进行了表征。汽车尾气和当地的燃煤电厂以及甘蔗渣燃烧产生的生物质燃烧粒子对城市空气质量产生重大影响[124]。

更多有关 SPAMS 仪器（表2-1）的原理和应用参见后续章节。

2.1.3　小结与展望

实时单颗粒质谱代表了一系列连续的气溶胶测量技术，测量单个颗粒的化学成分。自从 Davis 在 1973 年开发了早期的 RTSPMS 方法。实时单颗粒质谱已被用于分析许多不同的气溶胶样品，包括合成气溶胶、卷烟烟雾、发动机废气、细菌孢子、药物气溶胶和大气气溶胶。样品挥发采用了各种解吸和电离方法，包括 SD/EI、ICP、LDI 和 APCI。大多数 MS 分离方法已用于 RTSPMS 技术，包括磁扇区和双聚焦质谱、QMS、ITMS 和 TOFMS。目前，主要的 MS 技术采用 LDI 结合 TOFMS。

表 2-1　单颗粒气溶胶质谱仪器研制团队

仪器名称	缩写	单位	国家	团队负责人	参考文献
Particle Analysis by Laser Mass Spectrometry	PALMS	Earth System Research Laboratory, National Oceanic and Atmospheric Administration	美国	Daniel M. Murphy	[125-128]
Aerosol Time-of-Flight Mass Spectrometer	ATOFMS	University of California	美国	Kimberly A. Prather	[110, 129, 130]
Single Particle Laser Ablation Time-of-Flight Mass Spectrometer	SPLAT	Pacific Northwest National Laboratory	美国	Alla Zelenyuk	[131-133]
Laser Mass Analyzer for Particles in the Airborne State	LAMPAS	Justus Liebig University Giessen	德国	Klaus-Peter Hinz	[134, 135]
Aircraft-based Laser Ablation Aerosol Mass spectrometer	ALABAMA	Max Planck Institute for Chemistry	德国	Johannes Schneider	[136, 137]
Single Particle Analysis and Sizing System	SPASS	Johannes Gutenberg-University Mainz	意大利	Nicole Erdmann	[138]
Laser Ablation Aerosol Particle Time-of-Flight Mass Spectrometry	LAAP-TOF MS	AeroMegt GmbH	德国		[139]
Laser Ablation Mass Spectrometry	LAMS	University of Toronto	加拿大	Greg J. Evans	[140]
Single Particle Laser Ablation Mass spectrometer	SPLAM	Institut Pierre Simon Laplace	法国	Martin Schwell	[141]
Single Particle Aerosol Mass Spectrometry	SPAMS 3.0	Livermore Instruments	美国		[142]
BioAerosol Mass Spectrometry	BAMS (SPAMS)	Lawrence Livermore National Laboratory	美国	Eric E. Gard	[143, 144]
Rapid Single-ultrafine-particle Mass Spectrometer	RSMS	University of California Davis	美国	Anthony S. Wexler	[145, 146]
Laser Desorption Ionization/ Resonance Enhanced Multiphoton Ionization/Thermal Desorption-Resonance Enhanced Multiphoton Ionization ATOFMS	LDI/REMPI/ TD-REMPI-ATOF MS	University of Rostock	德国	Ralf Zimmermann	[147]
Single Particle Mass Spectrometer	SPMS	University of Maryland/ Pusan National University	美国/韩国	M. R. Zachariah /Donggeun Lee	[148, 149]
Matrix-assisted Laser Desorption/ Ionization Aerosol Time-of-Flight Mass Spectrometry	MALDI-ATOF MS	Delft University of Technology	荷兰	J.C.M. Marijnissen	[92, 150]
单颗粒气溶胶质谱仪	SPAMS	暨南大学/广州禾信/上海大学	中国	周振	[151, 152]
在线测量气溶胶质谱仪	—	中国科学院大连化学物理研究所	中国	李海洋	[153]
气溶胶飞行时间质谱仪	—	中国科学院安徽光学精密机械研究所	中国		[154]

由于 RTSPMS 能够在短时间范围内获取大量数据，因此必须开发数据最小化和分析的先进技术。根据对大气气溶胶的了解，并配备适当的数据分析工具，可以在实验室的气溶胶模型系统中探索与大气颗粒有关的物理和化学现象。除了研究大气问题，RTSPMS 仪器也可用于非大气应用。RTSPMS 技术可以在超细气溶胶的化学分析中发挥有价值的作用。超细气溶胶分析将有价值的洁净室技术在半导体工业应用，也在医学科学有应用。最后，可以对具有生物活性的气溶胶进行化学分析。RTSPMS 技术的生物应用包括农药检测、药物气溶胶分析、药物检测、法医化学和生化武器扩散。单颗粒质谱仪的使用在某种程度上受到其复杂性的限制。维护进样口系统、激光器、真空系统和质谱仪是一项重大任务，除了仪器本身之外，仍然存在处理和使用来自单颗粒质谱仪的大量数据的挑战。

单颗粒质谱领域的早期研究主要集中在仪器开发和新颖的仪器配置上，而近年来，不仅在大气气溶胶分析中使用单颗粒质谱仪器分析，而且在源表征、分析和物理化学研究中也发现了重要的应用。随着单颗粒质谱方法的不断发展，将继续对其他领域进行研究。比如实时气溶胶成分数据可用于空气质量模型以及急性流行病学研究。此外，结合表征气溶胶来源（自然因素和人为因素）的研究可以对大气气溶胶连续进行分配。由于实时单颗粒质谱能够在短时间内获取大量数据，因此必须开发用于数据最小化和分析的高级技术。根据对大气气溶胶的了解，并配备适当的数据分析工具，可以在实验室的气溶胶模型中探索与大气颗粒相关的物理和化学现象。除了研究大气问题外，单颗粒质谱仪器还可用于非大气应用。单颗粒质谱技术在超细气溶胶的化学分析中发挥重要作用，而超细气溶胶分析对于半导体行业以及医学领域的洁净室技术应用将具有重要的价值。最后，还可以进行生物活体气溶胶的化学分析。单颗粒质谱技术还可以在生物学上进行应用，包括农药检测、药物气溶胶分析、药物检测、法医化学和生化武器扩散等。

特别地，在国家重大重点科研攻关计划的支撑下，以自主研发和先进工艺装配为发力点，国产化单颗粒质谱取得可喜成绩。然而，也应该看到国产单颗粒质谱仪器与国际先进仪器有不小的差距。在未来，需要重视持续进行各项关键质谱技术研究和积累，大力推进新产品研发和产业化，发展高端单颗粒质谱仪器及相关技术，缩小与国际知名分析仪器的差距；这既需要我国科学家重视基础研究和工程技术攻关，还需要在应用开发方面大量投入；此外，也需要科技政策的有力支持。

2.2　单颗粒质谱仪的设计

在这一节，主要介绍单颗粒质谱仪器的设计思路和关键部件，主要部件包括真空进样系统、颗粒物触发和分级系统、离子化技术、质量分析器以及检测器。

详细介绍这些关键部件的结构设计和功能，以及不同单颗粒质谱仪的差异和特点。

2.2.1　基本设计思路

经过几十年来的计数发展，目前可用于单颗粒分析的在线气溶胶质谱仪有十多种。但无论是哪一种单颗粒质谱仪都具备一些共同的必要组成，这其中真空进样系统的作用是将颗粒物从大气压环境引入到质谱仪真空腔，因而不可或缺。其次是电离子技术和质量分析器以及检测器也是不可或缺的组成。此外，颗粒物的直径也几乎是不可或缺的组成之一，但是测量颗粒物粒径手段有可能是通过光散射测量其光学直径，或通过空气动力学测量颗粒物的空气动力学直径，也有通过电迁移技术测量颗粒物的电迁移直径。这些技术的组合方式多种多样，也形成了目前多样化的单颗粒质谱仪器构成。图 2-5 所示的是组成单颗粒气溶胶质谱仪的各个系统以及各个系统常用的技术。

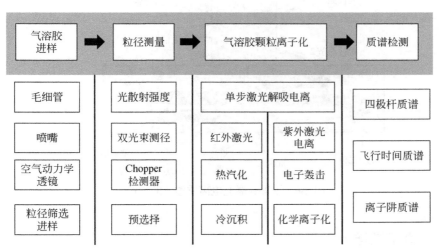

图 2-5　单颗粒质谱仪器的设计思路和关键部件

自 1988 年 Marijnissen 提出激光散射检测飞行时间质谱仪联用以及 2004 年 Kimberly Prather 团队将空气动透镜力学聚焦进样技术以及双光束测径技术应用于单颗粒质谱之后，现代单颗粒质谱的基本结构已经形成。图 2-6 显示了单颗粒激光电离质谱仪的总体原理图。颗粒物通过空气动力学透镜系统从大气压进入到真空系统，在气流的作用下，颗粒物将被聚焦几百微米级的准直颗粒束，这些颗粒物在离开透镜出口时经历超声膨胀过程，并将获得一定的加速。这一速度与颗粒物的空气动力学直径成函数关系，越大的颗粒物所获得速度越小，越小的颗粒物速度越大。一旦获得加速，此后颗粒物在真空中的速度基本不变。因而可以根据这一现象利用双激光束测量颗粒物的飞行速度从而计算颗粒物的空气动力学直径，这一速度还将用于准确触发位于下游的电离激光器，在颗粒物到达离子源中心位置处时被脉冲激光烧蚀和电离。离子可以用不同类型的质谱仪进行分析。飞行时间质谱仪因其简单和适合于脉冲激光光源而被广泛使用。

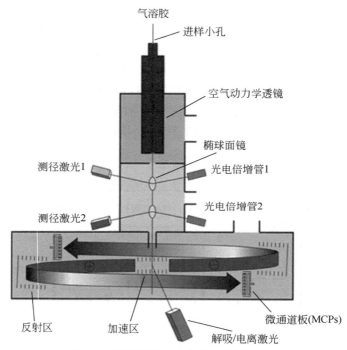

图 2-6　单颗粒激光电离质谱仪的示意图

2.2.2　真空进样

由于质谱仪都需要工作在真空环境下，因而就必须将颗粒物从大气压引入到真空系统内部。真空进样系统的目的就是在不改变颗粒物成分的情况下高效地将颗粒引入到真区域。单颗粒质谱仪通常要求颗粒束具有非常小的发散角，例如使用激光作为电离源时，就要求颗粒离开入口时必须有狭窄的发散角，这样激光在进样系统出口下游几厘米或几十厘米处它们也能准确打中颗粒物。例如，在SPAMS 仪器中，颗粒需要在空气动力学透镜出口下游约 30 cm 处才能被电离和检测。准直的颗粒束还有另外一个优势在于，如果颗粒束发散角比气体的发散角窄，则更容易将颗粒与气体分离，从而达到简化真空设计的目的。对真空进样系统来说，保持对不同尺寸大小的颗粒具有相同的进样效率同样至关重要。气溶胶质谱法的真空进样系统常用三种类型的入口设计：毛细管、喷嘴/分离锥和空气动力学透镜。

毛细管由于具有很大的阻力和较小的流导，进出口能形成较大的压差，因此可实现大气压条件到真空条件下的进样。在现代质谱分析中，毛细管进样通常用于将气体或液体引入到真空系统。而在单颗粒质谱技术发展的早期，毛细管也是一种重要的颗粒物进样手段。在毛细管的下游放置一个分离锥可以实现颗粒与气体的分离，Thomas 等研究表明，毛细管可以实现至少 5 μm 以内的颗粒物进样，颗粒束的发散角随不同粒径的变化而发生变化，且差异巨大。实验表明，粒径约为 0.5 μm 的颗粒最容易被聚焦。但是，由于毛细管的进样通道狭长，颗粒物的传输效率较低，并且颗粒物极易在毛细管入口处富集，从而造成管路的堵塞。有文献指出，将毛细管内表面进行一定的光滑度处理，可提高其对颗粒物的传输效率，Stoffels 将电解法抛光技术应用于毛细管内壁抛光过程中，PALMS 仪器使用了一段带有光滑的玻璃内衬的气相色谱分析管作为毛细管进样装置，在一定程度上提高了颗粒物的传输效率。

当毛细管距离足够短时，就相当于是一个薄壁圆孔进样。这种薄壁圆孔进样有平面圆孔也有汇聚圆孔，当颗粒物离开小孔时会在小孔下游形成一个聚焦平面，聚焦位置与小孔上游的压力、颗粒物尺寸以及颗粒物的密度有关。聚焦平面的长度与圆孔的尺寸成正比。因为聚焦平面往往只有毫米级别，因此在圆孔下游几十厘米处进行分析，获得的检测效率将会非常低。这也是单颗粒质谱使用毛细管或圆孔进样效率低下的主要原因。它们的主要优点是简单，并且颗粒在入口的停留时间最短。对于给定尺寸的圆孔，可以通过调节压力值实现在激光电离处不同粒径的颗粒物的聚焦。这种方法对于分析 100 nm 以下的颗粒物反而可能是一个优点，因为 100 nm 以下的颗粒物难以通过光散射方法检测。而通过调节压力实现不同超细颗粒物在激光聚焦光斑处的电离是一种实现超细颗粒物的途径，尽管这样的检测效率较低。而对于直径约大于 100 nm 的颗粒，同样压力下毛细管进样的颗粒束发散更小，而且毛细管进样对于不同的尺寸的聚焦平面敏感性不强。总的来说，基于毛细管或薄壁圆孔进样难以实现现代高效地进行颗粒物分析的需求，因而在现代单颗粒质谱中已经很少使用。

喷嘴/分离锥进样系统也是一种常用的颗粒束进样技术，这种结构一般是采用汇聚圆孔与分离锥的组合实现颗粒束的聚焦与气体分离。气体和颗粒在进入汇聚圆孔前保持层流状态，随后经汇聚圆孔加速进入真空内部。与圆孔进样一样，喷嘴分离锥进样的传输效率同样与颗粒物直径密切相关，有研究表明喷嘴/分离锥进样系统在 200 nm～2 μm 范围内颗粒物的传输效率可以从不足 1%至最高的 100%。这种传输效率的差异主要是不同粒径颗粒束发散程度不一样造成的。由于喷嘴/分离锥进样的流量较大，可以达到 500 mL/min，因此颗粒物的加速速度可以达到

200～400 m/s。大流量的优势在于可以对更大的颗粒物进行加速，最大的颗粒物可以超过 10 μm 甚至达到 20 μm，但对于较小的颗粒，则由于较小的惯性造成大的发散角以及过快的颗粒速度形成碰壁损失。该技术目前仍然在部分单颗粒质谱仪器中应用，但主要是为了测量较大的颗粒物。

空气动力学透镜聚焦进样是一种近年来发展起来的新型颗粒束聚焦方法，它比毛细管进样和喷嘴/分离锥进样具有更好的颗粒束发散角。1995 年明尼苏达大学的研究团队首次报道了这种新型的颗粒束产生技术，空气动力学透镜由临界孔、一系列孔径不一样的薄壁圆孔以及出口小孔组成。临界孔一般是一个直径约为100 μm 的微孔，将气流从大气压引入到真空系统，随后进入临界孔的气流在经过下游的每一个薄壁圆孔入口时会产生收缩-扩张，每个薄壁圆孔都具有一定的压降并且对不同粒径的颗粒物产生适度聚焦，最后离开透镜的出口时，几乎所有的颗粒物都聚焦到透镜的中心线附近。一旦到达中心线，即使在透镜出口下游进入真空系统的扩散流中，颗粒也会维持在中轴线上。这种独特的聚焦能力可以将直径约 10 倍范围内的颗粒物进行高质量聚焦，形成高度准直的颗粒束，该颗粒束可以小于入口中任何孔口的直径，往往只有几十微米的尺度。正是由于空气动力学透镜具有无与伦比的颗粒束优势，因此可以在透镜出口下游真空系统数十厘米处，亚毫米级目标范围内实现颗粒物的高效检测，设计较好的空气动力学透镜几乎可以实现一个量级甚至超过一个量级范围内颗粒物的 100% 的传输[155-157]。现在，几乎所有新研制的单颗粒质谱仪或者传统单颗粒仪器的升级版都会采用空气动力学透镜作为进样系统。

临界孔是空气动力学透镜的一个重要组件，除了能够维持稳定的工作气压，也起到了一定的限流作用。通常临界孔采用小孔进样，孔径 80～120 μm，孔深0.1 mm，对应的流量约为 0.07～0.1 L/min。气流在经过临界孔时，气体先压缩后膨胀加速运动，最大速度通常能够达到 2 马赫以上，气溶胶颗粒表面受气体拽力作用，做加速运动。因此，在临界孔和空气动力学透镜之间，通常还会设置一个缓冲腔体来降低气流和颗粒物的运动速度，防止颗粒受惯性作用，产生碰壁沉积损失。尽管缓冲腔体能够一定程度降低颗粒损失，但临界孔结构对过大或过小的颗粒物，也存在一定的进样损失。其他经过临界孔喉会在孔片下游和在缓冲腔体内壁侧产生涡流，使得细小颗粒物随气体涡旋运动，长时间停留在腔体内部，产生碰壁沉积或凝结损失。这种损失可以在孔后增加一个锥状扩散结构来消除部分影响，而临界孔结构还会使得上游的大颗粒物在加速通过圆孔结构时，碰撞孔板表面而损失，这种方法可以采用锥形喷嘴结构，来降低大颗粒物的进样损失。

空气动力学透镜通常由多个厚度小于 1 mm 的透镜孔板和缓冲管段组成，每个透镜之间采用内径大于孔径的圆管连接。其运行方式类似于离子光学系统中的单透镜（einzel lenses）。一系列薄壁圆孔提供交替的汇聚-扩散流场，该场会聚焦颗粒，其聚焦方式与离子在单透镜中的会聚-扩散电场会聚的方式有些相似。气溶胶在收缩经过透镜小孔时，气流速度急剧上升，最大速度一般小于声速，颗粒物受孔前气流收缩的曳力作用，往圆孔中轴线运动，由于颗粒物的惯性相比气体分子大得多，颗粒物能够被孔后高速运动的气流加速，沿加速方向向前位移一段距离，气体分子则迅速扩散充满缓冲管段腔体，使得孔后颗粒束束宽得以减小，通过重复以上过程，最终得到束宽足够小的准直粒子束。透镜的结构、流体参数、颗粒惯性大小和气体的物性参数都会影响 A-Lens 的聚焦效果。从粒度大小上看，当颗粒较大时，颗粒物容易惯性碰壁沉积于孔板表面和圆管腔体内壁；当粒径小于 150 nm 时，颗粒物在气流中的布朗运动现象较为明显，容易随气体分子扩散沉积于腔体内壁，且粒子惯性较小，难以有效聚焦。从气体物性上看，气体温度、压强和密度的大小都会改变气流对颗粒物的曳力、阻力等作用力大小，从而影响透镜的聚焦性能。从流体结构参数上看，透镜孔径大小、缓冲管段的内径和长度都对气流和颗粒物会产生显著的影响，例如，孔径过小，导致气体流速过大，容易造成过度聚焦，产生颗粒束发散现象，反之则聚焦效果不足，并且雷诺数过大还会呈现不稳定的运动状态；缓冲管段内径过小，气流对颗粒物的收缩作用较弱，会使透镜小孔对颗粒物的聚焦能力降低，反之过大，则会造成过度聚焦；缓冲管段长度不足，则会导致颗粒物在孔后加速后容易惯性碰撞腔体内壁和孔板表面。

　　颗粒物进样过程中有两个重要参数值得深入研究，一是颗粒形状与颗粒传输效率之间的关系，二是颗粒在经过进样系统过程中，颗粒表面材料的蒸发和冷凝问题。与球形颗粒相比，不规则形状的颗粒在气流中受到额外的力，导致在离开进样系统的出口时产生更大的发散角。基于空气动力学透镜的实验研究表明，与非球形颗粒相比，球形颗粒的检测效率可以提高 5～10 倍。Vanden 等基于 SPLAT 的研究表明，球形颗粒可以 100%地通过两束相距 12 cm 的激光器束，而对于 NaCl 颗粒，通过第二束激光的比例仅为第一束激光的 50%，而对于形状更加复杂的黑炭颗粒物，这一比例仅为约 30%。因此基于空气动力学透镜的单颗粒质谱仪在分析不同化学组成的颗粒物时存在传输效率偏置，尽管这些颗粒物可能具有相同的空气动力学直径。例如，如果煤烟颗粒具有较大的发散角，那么与球形有机颗粒相比，它们的数量将被低估。此外，颗粒的形状有时候也取决于它的成分和含水量。在定量化地解释特定粒子的传输特性时，必须考虑到粒子形状引起的传输效率的变化。采用喷嘴/分离锥进样系统的仪器对粒子束发散与颗粒物之间的系统研究较少。与气动透镜系统相比，喷嘴/分离锥进样系统中粒子的加速度更高，以及进气系统与粒子电离区之间的距离更短，可能导致粒子检测效率对形状（和成分）的依赖性降低。Allen 等报道，在使用喷嘴/分离锥进样系统的 ATOFMS 中检测大气颗粒物似乎并不太依赖成分，但这并不是严格的检测，因为他们并不清楚大气颗粒物的形状。在常规环境条件下，颗粒通常是各种成分的混合物，并且根据相对湿度而含有水分。在高湿条件下，水对此类颗粒的吸附可使颗粒接近球形，从而降低了颗粒形状对颗粒检测效率的影响。但是颗粒物水分的增加同样会对质谱离子化产生不利的影响，因此在高湿度条件下的颗粒物进样通常需要干燥除湿，再进行质谱分析。

2.2.3　颗粒触发和测径

颗粒物的粒径极大地影响颗粒物的寿命和化学反应特性，因此集成颗粒物粒径的测量能力几乎是所有单颗粒质谱的共同选择。在技术发展的早期，激光并未被用作颗粒物检测与触发系统，往往是直接使用高重复频率的电离激光器随机电离颗粒物，并从质谱图确定是否有颗粒被击中。对于实际的大气气溶胶，百纳米以上的颗粒通常占颗粒总质量的大部分，但数量很少。因而大气颗粒进样被随机脉冲激光电离的可能性非常小，这一比例通常远小于 0.01%。随着连续激光器集成进入仪器用于检测颗粒物和触发，大部分仪器使用散射光检测颗粒物并实时触发准分子激光器将颗粒物电离。随后，利用光散射的强度来计算颗粒物的光散射直径法被普遍使用，然而这种方法存在两个问题，一方面基于散射法很难检测到直径小于 80 nm 的颗粒的存在，但它们数量更多。另一方面，米氏散射强度与粒径在 1 μm 以下呈现较好的线性相关性，但是在 1 μm 散射强度随粒径的波动较大，难以准确测量颗粒物的直径。因此，这样的小颗粒是通过不使用触发器发射激光来测量的[146, 158]。而对于直径 80 nm 甚至更小的 30 nm 颗粒则可以通过上述的控制小孔的压力值将不同超细颗粒物的聚焦平面控制在同一位置实现检测或者是通过电迁移粒径筛分仪（DMA）或空气动力学筛分仪（AAC）筛选出特定粒径的颗粒物进样之后，再使用高频激光器进行随机电离进行检测。

目前使用最广泛的颗粒物测径方法是基于双光束空气动力学测径法，即当颗粒穿过一定距离的两束连续的激光束时，通过散射的光检测颗粒物的飞行速度。由于颗粒物的飞行速度与空气动力学直径呈函数关系，因此通过测量颗粒物的飞行速度即可计算颗粒物的空气动力学直径。633 nm He-Ne，532 nm 绿光激光器以及其他可见光连续激光器都是常用的散射激光。这种检测技术与光学颗粒计数器的检测基本一样，但也有一些区别。首先，无论是喷嘴/分离锥进样还是空气动力透镜进样，其出口的颗粒物运动速度更快。绝大部分颗粒的运动速度都快于 100 m/s，甚至达到 400 m/s，而几乎所有的光学粒子计数器中颗粒物的飞行速度仅为几十米/秒。因此与典型的光学颗粒计数器相比，检测这种快速颗粒散射的光可能需要十倍以上的电子带宽。其次，单颗粒质谱的光学检测区的气压非常低，来自空气的瑞利散射不是重要的背景源。这使得短波长激光更加适合进行颗粒检测，这是因为在真空环境下空气分子产生的瑞利散射光强几乎忽略，这对于降低 100 nm 以下的颗粒物的背景噪声，提高检测信噪比非常重要。相反，在较高压力下运行的光学颗粒计数器受到空气中瑞利散射的限制，短波长的激光器不会带来优势，甚至还会降低颗粒与空气之间的对比度。这就是为什么许多商用光学颗粒计数器在红外或近红外（633~820 nm）下工作，而大多数单颗粒仪器选择了 32 nm 的原因。随着二极管激光技术的发展，更短波长的 405 nm 激光器已经可以很便宜获取，因而在超细颗粒物的检测方面具有广泛的应用前景。

通过有效收集颗粒散射的光，可以实现较小的颗粒检测极限。与较大的颗粒相比，较小的颗粒在更大的角度范围内散射光。对于折射率为 1.55、波长为 532 nm 的激光器，一个 170 nm 的球形颗粒在近正方向散射的光是向后方向的 2.7 倍，而一个 677 nm 的颗粒在近正方向散射的光是向后方向的 35 倍[159]。椭球面镜通常用于收集由最小颗粒散射的广角范围的光。目前的设计[129, 131]已接近由颗粒散射的光子数量所设定的基本极限。目前，连续激光器的强度通常在 50 mW 左右，强度可以提高，但当吸收光的颗粒在光束中开始明显发热时，会对强度形成限制，可能接近 1 W。对于小直径的颗粒，散射光与直径成比例，所以即使信号有很大的改善，也只能在最小直径上有适度的改善。若要探测为触发电离激光而产生颗粒最小直径显著减小的情况则需要更奇特的方法。其可能原因是电子束的散射或电子发射在紫外线照射下。严格控制杂散光与收集被颗粒散射的光一样重要[129, 131]。由于颗粒检测系统在真空中运行，因此减少散射光变得更加困难。为了进入真空室，激光束必须穿过可能是杂散光源的窗户或光纤。对于偏振光源，与最佳抗反射涂层相比，Brewster 角窗反射的光要少，并以容易捕获的陡峭角度反射残留偏振。黑色表面有助于减少散射光，但是黑色涂料和黑色阳极氧化在真空中具有很高的释气。PALMS 使用黑色玻璃作为挡板，但是大多数内表面仍然是不锈钢，在可见光范围内都是良好的反射器。一个有趣的可能性是在真空系统的内部镀金并使用紫激光。镀金具有良好的真空性能，在紫罗兰色中的反射率仅为约 40%。

对于那些在检测到颗粒时触发电离激光的仪器，有几种计时脉冲激光的方法。PALMS 在检测到颗粒后立即发射电离激光器。这种安排最适合迅速发射的激光（PALMS 中使用的 PSX-100 激光为 400 ns）。优点是，在 400 ns 内，行进速度为 250 m/s 的颗粒仅移动 100 μm。更重要的是，大颗粒和小颗粒分别以大约 200 m/s 和 350 m/s 的行进速度所行进的距离差仅为 60 mm。这小于电离激光焦点的直径，因此无须为不同大小的颗粒进行时间调整。主要缺点是散射光的收集在离子源区域内部。离子源的限制使获得大的集光角和减少散射光变得困难。不能在附近放置任何绝缘表面，否则静电荷产生的电场会破坏质谱仪。PALMS 在离子提取板上使用镜面表面来帮助收集光[125]，但是最适合光收集的曲率会扭曲电场并降低质谱仪的性能。

Nd-YAG 激光器可能需要 200~400 ms 来建立激光棒中的颗粒数反转。在这段时间内，颗粒在真空系统中可能移动 10 cm 或更多，甚至必须考虑颗粒速度的微小差异。但 ATOFMS 通过使用两个连续激光束之间的传播时间来测量每个颗粒的速度，将这一要求变成了优势。该速度不仅用于调节电离激光脉冲的定时，而且可以非常精确地确定粒径[110, 160]。效率较低的方法是使用各种固定的延迟来电离不同的粒径[96]。

在真空系统入口处，声波喷嘴中的较大和较重的颗粒不会像较轻的颗粒或空气那样加速。速度测量得出的空气动力学直径是正比于物理直径乘以密度的 0.5 或 1 倍，取决于颗粒在加速点处是小于还是大于气体平均自由程。由于可以很好地测量激光束之间的渡越时间，因此在理想情况下可以将这种空气动力学直径测量到纳米精度。在这种情况下，气溶胶聚焦入口比其他入口提供了更好的精度，因为微粒在通过最终孔时位于中心线上，加速度大部分发生在这里。否则，由于颗粒要么在中心运动较快的空气中，要么在壁面附近运动较慢的空气中，速度就会发生扩散。由于精度更高，因此即使不需要触发速度测量，PALMS 和其他仪器也遵循了 ATOFMS 的设计，并采用了空气动力学尺寸。颗粒散射的光量也可以衡量其大小，测量每个颗粒的空气动力学和光学直径可提供有关颗粒密度或折射率的信息[161]。

不触发电离激光器的主要原因是要从太小的颗粒获取质谱以进行光触发。已经从直径仅为 20 nm 的盐颗粒中质量约为 10^{-17} g 或 $2×10^5$ 个原子获得了具有良好信噪比的质谱[158]。因为用任何给定的激光束撞击颗粒的可能性很小，所以当颗粒丰富时，获得没有光学触发的光谱是最有效的。快速单颗粒质谱仪（RSMS）的一种版本是通过使电离激光沿着颗粒束的轴而不是垂直于颗粒束来增加命中颗粒的概率[146]，此外飞行时间质谱仪，可以处理扩展的离子源。它还有助于获得较高的重复频率和强大的激光器，而无须太紧地聚焦即可获得足够的能量密度。

如果没有触发激光，则必须找到一些其他方法来调整颗粒大小。Mallina 等描述了利用从进口处聚焦的气溶胶的压力依赖性，一次仅选择一种尺寸的颗粒，从而很可能被激光束击中[162]。在足够高的激光功率下，也发现质谱中的总离子信号与颗粒中的原子数成正比[163]。这可能被认为是指质谱对离子电流的积分接近单位电离效率，也有研究认为实际情况比这更复杂：总信号对粒径立方的依赖性是由离子传输损耗和最初形成的离子数量引起的[164]。

2.2.4　离子化

准分子和三重或四重 YAG 激光器最常用于从颗粒中产生离子。如上所述，电离激光器的选择会影响设计的其他部分，尤其是触发系统。

电离激光器的波长是重要的考虑因素。单颗粒质谱仪用于采样具有高度可变成分的气溶胶。在大气中，一个颗粒可能是海盐，下一个是复杂的有机混合物，再下一个是硫酸盐化合物。所选择的波长应该能够从多种组成中获得良好的质谱。硫酸盐与相关的水被证明是特别难以离子化的一种对大气十分重要的颗粒。在 193 nm 处，从硫酸（几乎 1000 MW/cm²）产生离子所需的激光通量大约是易于电离的物种（如硫酸钾或硝酸铵）（6～12 MW/cm²）的激光通量的 100 倍。也有研究发现，在 248 nm 处无法获得纯硫酸的质谱图，其他物种（如油酸和硫酸铵）的颗粒也难以电离[165]，这种趋势在 308 nm 处也同样发生。

　　硫酸难以离子化的原因尚不清楚，但可能与硫酸在紫外线下的透明性有关。虽然电离机理尚不为人所知，但电离必须从颗粒吸收光开始。在可见光波长范围内，硫酸在 193 nm 处非常透明。157 nm 的电离波长克服了这一难题——硫酸仅需要激光通量的 4～6 倍，即可轻松电离[165]。但 157 nm 的电离波长非常难以使用。Murphy 等简要尝试了在氢气中使用 193 nm 的反斯托克斯拉曼位移来产生 179 nm。几乎每一个颗粒都会被水吸收，但远不及 157 nm 的真空紫外线。不幸的是，我们的拉曼电池无法产生足够的光来发挥作用。

　　与其他物种相比，硫酸盐离子化的难度对大气测量具有影响。ATOFMS 使用 266 nm 电离激光，其聚焦光束不如 PALMS 窄细，在亚特兰大的测量中，硫酸盐颗粒的数量被低估了[166]。用 193 nm 激光很难检测到小于 80 nm 的颗粒中的硫酸铵[167]。利用红外波长进行电离还没有像紫外波长那样多的研究。对于用 10.6 μm 的 CO_2 激光器进行电离，由于激光功率产生的离子产率变化非常大，以至于无法进行可重复的测量[168]。

　　激光束的均匀性是选择电离激光器时的另一个考虑因素。准分子激光束通常具有不均匀的强度分布，因此不可能事先知道颗粒将在光束中的什么位置。三重或四重 Nd-YAG 激光器通常具有更平滑的高斯光束轮廓。理想的光束轮廓应该是在光束上具有均匀强度的"高顶礼帽"，这样一来，颗粒将被完全遗漏或被可重现的激光通量电离。Wenzel 和 Prather 等使用光纤将其激光束均匀化并发现质谱确实具有更高的重现性[169]。主要问题是在用于电离的 266 nm 波长处，光纤的性能和寿命受到限制。另一个激光参数是脉冲长度。这对于比较不同激光器的性能是很重要的——脉冲能量和脉冲峰值功率哪个是更重要的参数？激光脉冲长度对单颗粒质谱的影响还没有进行系统的研究。目前使用的 Nd-YAG 和准分子激光器的脉冲长度相当相似，只有几纳秒。不同群体使用的功率密度存在一些实质性差异。按照亚特兰大超级站点测量的配置，ATOFMS 使用大约 $1×10^8$ W/cm²，RSMS-II $1～2×10^8$ W/cm² 和 PALMS $2～5×10^9$ W/cm²[170]。其折中之处是，较低的激光光通量允许较大的光束聚焦，减轻了对准和时间要求，以及由于颗粒形状造成的系统误差。较低的注量也减少了有机分子的碎裂[125, 171]。较高的通量允许硫酸盐和其他难以电离的物质离子化，从而减少了在事先不知道其成分的情况下（例如环境测量）的系统误差[167]。在高功率端，2×10^{10} W/cm² 可以使分子一直破碎成原子离子。这简化了分析并改善了定量分析[172]，但这是以分子信息作为代价。

这些单颗粒质谱仪中的电离机制还没有完全弄清楚。许多关于强激光与表面相互作用的研究与真空中的小颗粒关系不大。在真空中通过激光辐射从颗粒中产生离子，其物理性质与大气压下非常不同。例如，在大气压下，激光诱导的击穿通常始于颗粒外部，而在真空中，击穿始于颗粒内部[173]。在大气压下，周围空气中的冲击波很重要[174]。颗粒的电离也不同于真空中固体表面的激光烧蚀。在后者中，很大一部分脉冲能量可以进入熔化并喷射周围的物质，这一过程与孤立的颗粒无关。从颗粒烧蚀掉的物质可能会加速到大约 1000 m/s[175]。在 5 ns 的激光脉冲期间，它可以移动大约 5 μm。对于所有器械来说，这都在激光束的尺寸之内，因此被烧蚀的材料可能会继续与激光脉冲相互作用。

比起定义电离过程，不引起电离的原因要更容易说明：①这不是单光子电离，因为 193 nm 或 266 nm 光子没有足够的能量来产生大多数观察到的离子。②不是共振增强多光子电离（REMPI），因为多种物质在激光束中电离而没有明显的共振。③除了 Reents 等使用的高激光功率和类似的实验外[158]，这不是等离子体的形成，因为只有一小部分分子被电离。④不仅仅是热电离，还因为电离势高的金属可以有效地产生离子。例如，即使汞的电离能为 10.4 eV，也很容易观察到它[94]。

我们都知道，必须达到一个阈值激光功率才能产生任何离子，并且在该点之上的激光功率会产生非线性离子产率[165]。离子的平移能量可以通过飞行时间质谱来估算，相当于每道尔顿 50～100 K 的温度，对于典型的质量来说相当于数千开尔文的温度[176]。推断的温度是质量的函数，可以表明离子的平移能量来自颗粒的爆炸，而不是既定的平移温度。其中电离的一些情况可能是激发态的单光子电离和多光子电离，其中由于团簇或剩余的凝聚相的存在，中间共振已经扩大。Schoolcraft 等提出了在真空中强激光脉冲对颗粒分解的初步计算[177]。但他们没有计算电离，并且他们的模型颗粒比大多数大气颗粒更具吸收性。尽管如此，他们仍然能够重现一些实验观察到的现象，例如在一定条件下大颗粒背面的剥落[178, 179]。不是所有的颗粒都被烧蚀，至少对于较大的颗粒难以实现。这在 Weiss 等的一次完美实验中得到了证明，他在从那些相同的颗粒获得质谱后检测了颗粒的残留[180]，其他科研团队也间接推断出不完全消融[181, 182]。对于较小的颗粒（可能小于 300 nm），尤其是在激光能量密度高于 10^{10} W/cm² 时，可能会实现完全烧蚀。

关于离子中性反应的重要性存在一些分歧。除了非常高的激光功率外，只有一小部分颗粒变成离子。对于 PALMS 和 ATOFMS 等仪器，此比例小于 1%。可能原因是离子源中存在大量中性分子。许多电荷转移、质子转移和其他离子分子反应都是以有限的碰撞速率发生的。要全面计算这种影响是非常困难的。中性分子羽流的密度随颗粒距离的增加而迅速变化。在大多数反应中，羽流温度高于实验室数据，或者可能是速度分布导致温度定义不明确。Reilly 等认为，烧蚀羽流中的电荷转移导致了激光烧蚀质谱中较大的（100 倍）基质效应。另一方面，观察到的离子对电荷转移量提出了限制。例如，H_2SO_4 可以非常有效地将质子转移到 NO_3^- 上，但即使在硫酸颗粒中，也可以在飞行时间（TOF）质谱中观察到 NO_3^-，而在硫酸颗粒中，几乎可以肯定在烧蚀羽流中存在中性 H_2SO_4。除非有一部分离子离开离子源而不与中性分子碰撞，否则很难看到 NO_3^- 如何生存。调和差异的一种可能方法是，在 TOF 质谱仪中，将离子在不到 1 μs 的时间内从中性羽流中拉出，而在离子阱中，离子和中性羽流可能会相互作用，直到中性羽流在数百微秒内被抽走。这也许可以解释为什么使用离子阱的 Reilly 等观察到强烈的离子分子相互作用。

即使在 TOF 质谱仪中，电离过程也会受到强烈的基质影响。颗粒的水分含量会影响产生离子的阈值激光功率以及离子的相对强度，包括不含水的离子[183]。基质辅助电离可以发生在分离的颗粒中，产生复杂电离效果[184]。例如，羟甲磺酸钠（NaHMS）的母体阴离子不是由该物质的纯颗粒形成，而是由 NaHMS 与硫酸铵混合时形成的[185]。

如果使用较低功率的激光脉冲，通常选择用于蒸发的红外线，再用强度更大的电离脉冲将其分开，则可以消除激光烧蚀和电离的一些困难[186-188]。然后从气相中形成离子，无论是从理论上还是从过去的实验室工作中都可以更好地理解离子。与单激光方案相比，有机分子的碎裂通常要少得多，这是一个重要的优势。还可以调整蒸发激光器的强度，以产生偏向发生异质化学反应的颗粒表面的测量值。另一方面，即使在 118 nm 的光下，电离也不像单激光方法那样普遍，并且额外激光的复杂性减缓了应用于实验室以外的速度。

而两步蒸发电离方案无须在电离步骤中使用激光器。一旦将颗粒中的物质蒸发掉，就有可能实现多种电离方案，包括电子电离和电子附着[156, 189]。为了限制本次审查的范围，此处仅指出所需的灵敏度和基本压力，因此将不予考虑。如果均匀蒸发到 1 cm^3 离子源中，则直径为 300 nm 的颗粒将产生大约 $5×10^9$ mbar 的压力。许多大气颗粒是复杂的混合物，因此任何单个分子都将以较低的分压存在。如果离子源打开，则 500 m/s 的平移速度会在 10^{-5} s 内将分子从中心带出 1 cm 区域。

准分子激光器比 Nd-YAG 激光器需要更多的维护。尽管如此，Bein 等还是成功地在野外使用准分子激光系统达 9 个月之久[190]。准分子激光器中使用的有毒气体在某些应用中可能是一个问题。在较短的激光波长下，光学器件的退化很重要。紫外线导致微量的气相有机物作为吸收涂层沉积在光学元件的表面。通过光学元件在空气中的脉冲激光可以部分去除涂层，但是最终必须清洗或更换光学元件[165]。

2.2.5　质量分析器

通过颗粒的激光电离发出的离子脉冲成为飞行时间（TOF）质谱仪的天然离子源。使用 TOF 质谱仪，可以从单个颗粒获取整个质谱图。但用于分析单个颗粒的 TOF 质谱仪也存在一些设计问题，比如分辨率和动态范围。大气中感兴趣的颗粒的直径范围从小于 10 nm 到大于 10 mm 不等。质量超过 10^9 的范围。没有任何一个仪器可以覆盖整个尺寸范围，但是即使只有一小部分，对质谱仪的动态范围也有严格的要求。通过减小所需的动态范围，颗粒的不完全烧蚀实际上可能是一个优点。动态范围宽的另一个原因是，颗粒中的痕量物质通常可以非常有用地说明颗粒的来源。Kinsel 和 Johnston 等使用离子位置、速度和时间的初始分布的贡献来模拟 TOF 质谱仪中的分辨率[191]。准分子激光和 Nd-YAG 激光脉冲比典型的离子峰宽短得多。即使电离区域大于初始粒径，它仍可能比电离激光束小得多。相反，激光烧蚀产生的离子能量很高，因此初始速度非常重要。单颗粒质谱仪中峰宽的另外两个原因是空间电荷效应和颗粒未烧蚀部分的存在。后者可能会在离子源中获得大量电荷并降低电场强度。

离子初始速度对分辨率的重要性已导致大多数单颗粒质谱仪使用反射器，该反射器可补偿传输速度随初始速度的大部分变化[192]。空间电荷的重要性基于对离子数量最多的光谱中较差的分辨率的定性观察。同样，未烧蚀材料的重要性是基于定性观察，即获取大的难熔颗粒的质谱图时，分辨率会下降，见图 2-7。研究发现，与经典的 Wiley-McLaren 空间聚焦条件相比，通过在离子源中施加更高的电场可以提高分辨率[126]。据推测，这会使离子更快地脱离空间电荷或静电荷。至少对于大于约 80 nm 的颗粒，激光烧蚀颗粒会产生正离子和负离子[193]。正离子和负离子的相对丰度取决于颗粒的组成，但正离子通常更丰富，最多可达 10 倍。正离子和负离子携带不同的信息，因此同时检测这两种离子是有利的[97]。例如，在由溶解于硫酸中的痕量有机物组成的颗粒中，有机物主要以正离子形式出现，而最有用的硫酸根离子（HSO_4^-）为负离子，同时检测到正离子和负离子具有很大益处[97, 131]。

离子阱质谱仪也已经用于单颗粒质谱仪[104]。主要优点是它可以用于串联质谱，离子阱在物理上比典型的反射式 TOF 质谱仪小，并且它在较高的压力下运行，因此可以减少真空泵。离子阱的一个限制是动态范围。当陷阱充满离子时，分辨率降低。如果使用足够的激光功率（接近或超过可用离子阱的限制），对颗粒进行激光烧蚀可轻松产生 10^6 个离子。仅用于单个激光照射就不可能实现用于离子阱中电子碰撞电离的自动增益控制。在较低的激光功率下，动态范围不再是问题。离子阱的另一个限制可能是离子中性反应的问题。离子阱在颗粒分析中的应用可能也因为制造商不愿与用户合作而放缓，因为他们更希望为单颗粒分析定制离子阱。飞行时间质谱仪离子源场的最佳设计与气相设计不一定相同，因为颗粒的电离在空间范围较小，但可能达到空间电荷限制。任何撞击反射管表面的离子都能产生二次电子。根据设计的不同，这些二次电子可能会加速到达检测器并产生不被预期的峰值。在反射器和检测器之间的区域，可以通过较小的磁场轻松除去电子。因为设置的激光器是从颗粒而不是气相中产生离子，所以离子源中的真空清洁度尽管仍然很重要，但并不像许多其他应用中那么关键。

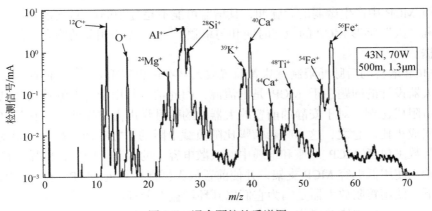

图 2-7　混合颗粒的质谱图

2.2.6　检测器

单颗粒 TOF 质谱仪之所以使用离子的模拟检测而不是脉冲计数，是因为在一个质谱峰中，来自一个激光脉冲的离子很多。大约 40 ns 内可能有 10^5 个相同质量的离子到达，即使对于最快的脉冲计数器来说，这个速度也太高了。检测器和后续电子器件的动态范围都很重要，因为峰值可能比先前的峰值小 10^4 倍以上，并且仍高于系统噪声。

微通道板（MCP）是单颗粒 TOF 光谱仪的首选检测器，因为它们可以提供这一动态范围，并且具有较大的有效面积。大面积使性能对离子的初始径向速度不太敏感，并降低了机械公差。要最大化微通道板检测器的动态范围，首先要权衡增益。为了使噪声最小化，希望在 MCP 中使用高增益，因为它比任何可能的前置放大器具有低得多的噪声。为了使饱和度最小，出于两个原因，希望以低增益运行 MCP。首先，当信号电流开始耗尽通道中可用于增益的电流时，MCP 的总增益将下降[194]。MCP 的恢复时间约为 1 ms[195]，因此单个 TOF 质谱的信号来自MCP 中存储的电荷，MCP 的 DC 饱和规格可能不相关。MCP 增益也必须保持较低，以避免产生脉冲[196]。当电子从管级联下来时，一个后脉冲开始，它会将可能已被脉冲本身解吸的气体分子电离。产生的正离子被加速回管。如果撞击到管壁，它将引发第二个电子级联。氢离子引起的后脉冲可以在与 TOF 谱中下一个质量峰相似的时间延迟下发生。它可以通过改变 MCP 两端的电压来区分：随着电压的增加，后脉冲峰值的幅度将比真实峰值的幅度更快。这是因为对于后脉冲，电子脉冲大小和反馈的概率都增加了，而对于真正的峰值，只有电子脉冲大小增加了。还可以在时域中区分后脉冲：改变离子源中的加速电压将改变真实峰的间隔，但不会改变峰与其后脉冲之间的延迟。我们已经观察到在只有 1100 个 Vacross 的单板 MCP 中产生微弱的后脉冲，其增益可能不超过 1000。目前还不了解比较弯曲和"人"字形 MCP 的稳定时间和与单颗粒 TOF 光谱相关的饱和度问题的定量数据。

　　MCP 增益的后脉冲限制意味着前置放大器噪声也很重要[126]。简而言之，前置放大器设计的问题在于 MCP 是电流源，因此信号与用于将电流转换为电压的负载电阻成比例。对于安静的前置放大器，约翰逊噪声占主导地位，它与电阻的平方根成正比。总之，这意味着信噪比随负载电阻的平方根而提高。电阻受 RC 时间常数（包括 MCP 底座和电缆中的杂散电容）的限制。因此，低噪声检测器系统始于使用低电容 MCP 支架，并使前置放大器保持靠近 MCP。在其他电流源情况下，使用跨阻放大器是因为它们以开环增益部分补偿了杂散输入电容。但是跨阻放大器会出现增益峰值，从而在 TOF 光谱仪所需的数十兆赫带宽下引起噪声和稳定时间问题。

　　如果保持在真空下，MCP 的功能会更好。特别是，后脉冲的频率对除气很敏感[196]。PALMS 使用气动闸阀隔离微通道板，因此除非进行维护，否则它绝不会达到大气压力。气动阀在断电时会自动关闭。检波器和前置放大器所需的动态范围和稳定性能超出规格表中通常提供的范围，可能会使下降时间达到最大值的10%或 1%。例如，Murphy 等尝试了一种离散电子倍增器，它在相同的输出上有一个低水平但很长的尾巴，在下降时间规格中没有出现，但不适用于单颗粒质谱。动态范围为 10^4 的高速运算放大器很少。

　　高速数字化仪在对快速变化的信号进行采样时通常不如直流电压那样准确。制造商可以通过多种方式指定动态性能。一个相当简单的测试是将来自高质量频率发生器的正弦波数字化，其周期约为质谱峰宽度的一半。然后将数字化点拟合成正弦波，并绘制残差。在以这种方式测试的五个数字化器中，两个具有较小的残差，一个具有较大的随机残差，一个具有奇数和偶数点之间的系统偏移，还有一个具有数字化器中大约 100 kHz 频率的 DC-DC 转换器的 FM 调制。

2.2.7 小结与展望

PALMS 和 ATOFMS 之间的根本区别之一是激光器的选择。这种选择会对其余设计产生连锁反应。ATOFMS 中的 Nd-YAG 激光器比准分子激光器更坚固，但发射时间更长。这促使 ATOFMS 引入了空气动力学尺寸。它还解释了颗粒检测区域和电离区域之间的分离，这改变了许多其他光学设计问题。例如，PALMS 必须更换颗粒检测光学器件才能为双极性质谱仪腾出空间，但是双极性质谱仪很容易适合 ATOFMS 设计。另一方面，受激准分子激光器的快速响应使 PALMS 可以紧密对准触发和电离激光束。反过来，这使得光束尺寸更小，因此与类似尺寸的激光器的 ATOFMS 相比，激光通量提高了 10 倍。PALMS 还能够使电离激光更靠近入口，即使 PALMS 电离激光的焦点较小，与 ATOFMS 相比，也能产生相似的颗粒形状偏差。PALMS 从一开始就为飞机的最终部署而设计，不仅对尺寸和重量提出了严格的要求，而且对自动化操作和对环境压力变化的抵抗力也提出了严格的要求。

展望未来，除非对尺寸或复杂性有特殊限制，否则空气动力学尺寸测量和双极性质谱仪似乎都是新设计的功能。TOF 质谱仪本身可以做得更小。对于来自激光烧蚀离子源的给定分辨率，PALMS 和 ATOFMS 都不接近 TOF 质谱仪的尺寸极限。作为一个极端的例子，已经构造了仅重 280 g 的用于固体表面的激光烧蚀质谱仪，包括激光和反射电子质谱仪[197]。现在有一些微小的绿色和紫色连续激光器，它们具有足够的功率来进行颗粒检测。通过将它们直接安装在光学检测模块中，可以节省大量的光学器件和对准。

气雾剂聚焦入口已被广泛使用。它们几乎是球形非挥发性颗粒的理想选择，但透镜内部的凝结和蒸发问题很重要，可能会迫使人们重新思考进口几何形状。除了一系列孔口外，还有一些其他几何形状可以提供颗粒的空气动力学聚焦[198, 199]，而这些其他几何形状中的某些部分可能会导致水的凝结或蒸发较少。为了获得最佳的总体颗粒传输效率，最小的形状偏差和最小的蒸发，重要的是要使颗粒在真空系统中的传播距离尽可能短。更强大的电离激光器将在多个方面有所帮助。使用单颗粒质谱仪的最严重问题之一是由于它们的形状或电离阈值而系统地低估了某些种类的颗粒。功率更大的激光将允许光束直径扩大，以降低形状敏感性，激光通量更高，从而降低对成分的敏感性，或者将它们结合起来使用。大焦点也可能更容易对齐。具有现有焦点尺寸的功能更强大的激光器可能允许达到定量元素分析的阈值。理想的电离激光器应小巧，坚固，在电子触发后发出小于 500 ns 的光，并在 200 nm 以下的波长下工作。

单颗粒质谱仪的使用在某种程度上受到其复杂性的限制。维护进样口系统、激光器、真空系统和质谱仪是一项繁重工作。除了仪器本身之外，仍然存在处理和使用来自单颗粒质谱仪的大量数据的挑战。直接获得数百万个质谱图，每个质谱图都来自一个名义上唯一的颗粒。聚类分析可以帮助分析[200-202]，但还有很多工作要做。

2.3　单颗粒质谱技术最新发展状态

2.3.1　颗粒进样浓缩

近年来，随着单颗粒气溶胶质谱仪（SPAMS）的不断普及，基于该仪器的应用已在气溶胶科学研究、大气环境业务化监测领域得到广泛开展，包括不同排放源的颗粒物特征研究、气溶胶大气化学过程研究、单颗粒理化特性研究以及大气 $PM_{2.5}$ 来源解析研究等。应用环境也从常见的实验室、城市气溶胶研究扩展到高山地区云气溶胶的研究、海洋环境气溶胶研究甚至极地地区的气溶胶研究。

然而，随着科学研究和环境监测业务化工作的不断深入，现有的 SPAMS 在低浓度环境下检测能力的不足已经限制了某些前沿性探索工作。例如，在韶关山顶空气背景站进行观测，$PM_{2.5}$ 浓度远低于城市地区，甚至低于 5 μg/m^3，因此利用常规的 SPAMS 难以在短时间内获得统计意义的数据；已有研究表明，在洁净的南极地区应用时，颗粒物的浓度往往低于 2 μg/m^3，数浓度低于 1000/cm^{3}[203]，获得统计的数据更长。此外，当 SPAMS 与 SMPS（电迁移率粒径谱仪）等仪器进行串联使用时，由于 DMA 对颗粒物进行电迁移率筛分，进样浓度变低，使得 SPAMS 分析样品往往需要几个小时甚至更长，极大地限制了应用能力。

为了适应低浓度环境下气溶胶的检测，国外已有学者研制了几类气溶胶进样浓缩装置，如美国南加利福尼亚大学 Kim 等[204, 205]研制的 VACES（Versatile Aerosol Concentration Enrichment System）、美国哈佛大学 Gupta 等[206]研制的 HUCAPS（Harvard Ultrafine Concentrated Ambient Particle System）等。其基本工作原理是：通过水蒸气增大颗粒粒径，利用虚拟冲击器惯性分析原理，将其多余气体与大颗粒分离，再将大颗粒水分蒸发去除。上述气溶胶浓缩器在一定程度上可以实现颗粒浓缩，但在质谱检测应用分析时，浓缩后的气溶胶样品粒径和化学组分可能会产生变化，增加了检测结果的不确定性。

当前单颗粒气溶胶质谱在低浓度环境下检测能力的不足主要包含两方面原因，一方面是进样流量较小，导致在低浓度环境下颗粒物的进样数量不足，难以在短时间内获得有统计意义的数据。另一方面较小的临界孔会更易导致对于较大颗粒物的进样损失，进一步增加进样孔直径不仅仅会导致系统真空无法维持，还会导致空气动力学透镜的聚焦特性发生变化。针对上述问题，卓泽铭等[207]设计了一种空气动力学粒子浓缩器（aerodynamic particle concentrator，APC），该装置采用虚拟冲击器惯性分离原理，结合临界孔产生的超音速加速气流，对颗粒和多余气体进行惯性分离，从而实现气溶胶样品浓缩。该装置无须对颗粒进行增大处理，既保持了原有颗粒样品的理化性质，同时降低了大颗粒在临界孔处的碰撞损失，并且拥有良好的匹配性能，能够直接与原 SPAMS 进样系统匹配，使仪器适应不同气溶胶浓度下的使用。

如图 2-8 所示，样品以 0.5 L/min 的流速从大气压流经 0.22 mm 的临界孔进入真空内部，这一流速要远远大于常规的单颗粒气溶胶质谱的进样流量（～100 mL/min）。由于气体与颗粒物的惯性差异，颗粒物集中在孔下方气流的中间部分，优化分离锥的位置可以使得 80%以上的气体流向分离锥两边的区域，并由隔膜泵抽走，而仅有剩余的约 100 mL/min 气流进入下一级的空气动力学透镜，从而维持了下游的真空稳定性。另一方面，原有气流中的绝大部分颗粒物与剩余气流将进入空气动力学透镜，相当于对环境颗粒物进行了浓缩。卓泽铭等[207]详细研究了颗粒物浓缩系统的设计方法并进行了实验测试，研究表明合适的结构设计可以将单颗粒质谱的进样流量较 SPAMS 提升 3～5 倍，气溶胶浓缩进样装置不仅能够实现颗粒浓缩进样，还提高了 SPAMS 对粗颗粒物的进样能力，粒径在 0.2～5 μm 范围内，对颗粒浓缩倍数在 3～8 倍左右。这一装置为提升单颗粒气溶胶质谱仪在低颗粒浓度环境下的使用发挥了重要作用。

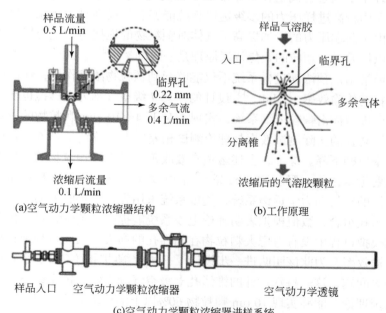

图 2-8　空气动力学颗粒浓缩装置示意图

2.3.2　宽粒径范围的进样技术

当前大部分单颗粒气溶胶质谱仪器选择 100～3000 nm 作为仪器的测量范围[129, 132, 151, 208]。空气动力学透镜对超细颗粒物（$D_a < 100$ nm）和大粒径颗粒物（$D_a > 2.5$ μm）聚焦能力的不足，是限制单颗粒气溶胶质谱仪在新粒子形成过程研究，以及真菌、孢子等生物气溶胶大颗粒物研究的关键技术难点之一。惯性是影响颗粒物聚焦的重要因素，颗粒物的惯性随粒径增大而加大，颗粒越大越容易因为惯性大于气体拖拽力而产生发散、不能聚焦，颗粒物越小则越容易随气流扩散或因为布朗运动难以被有效聚焦。如何在空气动力学透镜系统中获得更宽范围的颗粒束聚焦一直是空气动力学透镜研究的难点与热点。Wang 等[209]的研究表明，更轻的载气有利于聚焦更小的颗粒物；一些特殊结构的临界小孔也能有效减少小颗粒物的回流沉积作用，进而减少小颗粒的进样损失。此外，透镜前端压力也会影响颗粒物的聚焦效果，在透镜物理尺寸不变的情况下，前端压力越小越有利于小颗粒物的传输。

近年来，随着单颗粒气溶胶质谱在凝结核、生物气溶胶等方面的应用，如何提升空气动力学透镜对大颗粒物的聚焦能力也成为研究的热点之一，一个基本思路是提高空气动力学透镜的级数，由于空气动力学透镜对颗粒物的聚焦是逐级进行，因此理论上通过提高透镜数量能够获得更宽范围的颗粒聚焦[210]。Schreiner 研究表明采用较高进样压力的多级透镜系统能够有效提高对大颗粒的聚焦能力，这主要是由于前端压力的增加提高了气体对颗粒物的拖拽力，这与提高透镜的进样流量可以提升对大颗粒的聚焦效果原理是一致的[210, 211]。Li 等[212]发现在空气动力透镜前端增加预浓缩进样系统不仅能够起到颗粒物浓缩作用，还能够有效提升大颗粒物的传输效率。Cahill[213]设计的一套 7 级空气动力学透镜也在透镜前端结合了一个虚拟撞击颗粒浓缩系统，实现了对于 4～10 μm 颗粒物的有效聚焦传输，然而该装置的实际测试效率与理论测试相差较大，特别是对 6 μm 以上的颗粒传输效率急剧下降。综上，上述透镜有效改善对微米级颗粒物的聚焦效果，但无法有效聚焦 ≤100 nm 颗粒物。Lee 等[212]报道设计了一套可以用于 30 nm～10 μm 宽范围进样的空气动力学透镜系统，透镜系统采用先扩大再收缩的七级空气动力学透镜聚焦孔组合，数值模拟表明理论上该系统能提高宽范围粒径的传输效率，但在数值模拟过程中没有考虑大颗粒物在临界孔的损失，因此过高地估计了大颗粒物的传输效率，为此该团队进一步设计了一种收缩-扩张（C-D）小孔以解决大颗粒的损失问题，这一特殊设计的锥形孔七级空气动力学透镜系统整合模拟结果表明新系统理论上能够实现 10 μm 颗粒物 60%以上的传输效率，但这种结构的设计在实际中难以加工装配实现[214]。

Li 等[212]为了获取宽粒径范围气溶胶颗粒的高效进样,从理论上模拟 50 nm～10 μm 空气动力学透镜的颗粒传输,其结构如图 2-9 所示,宽粒径范围的空气动力学进样系统由预聚焦进样接口、虚拟撞击浓缩系统、缓冲腔和七级空气动力学透镜四个模块组成。当气溶胶进样时,颗粒物首先经过两个孔径分别为 2.5 mm 和 2.0 mm 的预聚焦小孔,在气流加速和颗粒惯性的作用下聚焦到中轴线附近,随后经过一个直径约为 0.25 mm 的临界孔。该过程产生的进样流量约为 480 mL/min,气流在孔下游做超音速加速运动,速度高达 2 马赫,同时颗粒物也被高速气流加速向前运动。临界孔下游 1.6 mm 处设有一个分离锥(锥口直径 1 mm,内锥角 28°),多余气体在真空泵的作用下从临界孔和分离锥之间被抽走,而颗粒物由于惯性作用穿过分离锥后继续进入到缓冲腔。高速运动的颗粒物在缓冲腔内部速度逐渐降低并随气流进入后续的空气动力学透镜。7 组透镜孔组成的透镜系统能够有效地聚焦宽粒径范围内的颗粒物至透镜的中轴线,最终颗粒物经加速喷嘴进一步加速引出,依次进入后续的测径系统。

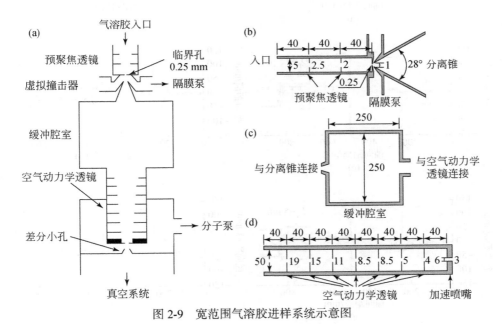

图 2-9　宽范围气溶胶进样系统示意图

从模拟的颗粒运动轨迹(图 2-10)上看,宽粒径范围气溶胶进样系统在 0.05～10 μm 范围内,都表现出良好的颗粒传输聚焦性能。对于小粒径颗粒,如图 2-10(a)和(b),由于颗粒惯性较小以及布朗力的影响,颗粒在缓冲腔体内随气流的扩散,充满缓冲腔体,呈现明显的颗粒随机运动现象,随着气流收缩进入下游空气动力透镜,从第 3 和第 4 级透镜开始起到显著的聚焦效果;对于亚微米颗粒,如图 2-10（c）和（d），颗粒在经过临界孔和分离锥后，产生类似于空气动力学透镜的颗粒聚集现象，主要是因为亚微米颗粒在临界孔处的斯托克斯数 St 接近于 1，同样随着流速降低，颗粒在缓冲腔体内先扩张，再收缩进入空气动力学透镜；对于大颗粒，如图 2-10（e）和（f），较大的惯性使得颗粒运动至缓冲腔体中下游处，才开始从直线运动转变为随气流收缩的曲线运动，结合 40 mm 直径的透镜入口以及第 1 和第 2 两级透镜的过渡作用，5 μm 和 10 μm 颗粒能够无损聚焦传输，有效解决了目前 SPMS 进样系统对 10 μm 颗粒普遍存在严重的聚焦传输损失。

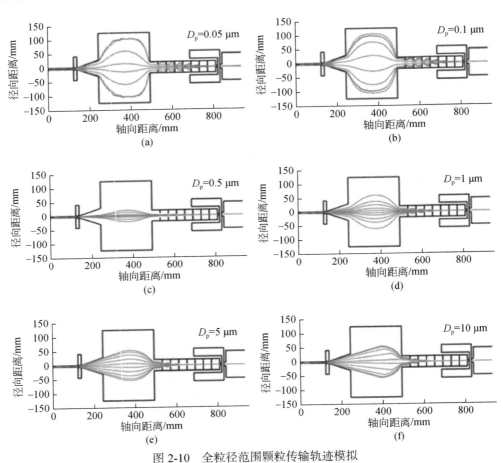

图 2-10　全粒径范围颗粒传输轨迹模拟

　　宽范围气溶胶进样系统的理论颗粒传输效率与文献结果进行了对比分析，如图 2-11 所示。早期 Liu 等[215]设计了以 100 μm 孔径的临界孔进样结构的 5 级 A-Lens 进样系统，在 0.1～0.3 μm 范围内的颗粒传输效率为 100%，但对于 0.3 μm 以上颗粒的传输效率随粒径增大而降低，在 2 μm 处的传输效率接近于 0。2013 年 Williams

等[216]通过提高透镜进样气压和增加透镜级数至 7 级的方式，增大了对 1 μm 以上大颗粒的传输效率，使得在 0.08～5 μm 粒径范围内获得接近 100%的理论传输效率，但在 10 μm 处的传输效率仅为 22%。同样地，Cahill 等[213]采用了高压进样的 7 级 A-Lens 进样系统，有效提升了 4～10 μm 颗粒的传输效率，但其粒径范围较窄，在 3 μm 时，理论传输效率接近于 0，且整体的传输效率不高于 80%。随后，Hwang 等[217]提出了一种 C-D 型临界孔进样结构结合 7 级 A-Lens 的低压进样系统，在 0.1～2 μm 范围内能够实现 100%的颗粒传输效率，但对于大于 2 μm 的颗粒的传输效率开始随粒径增大而降低，在 10 μm 处的颗粒传输效率为 60%。对于 SPMS 的双光束测径系统，粒径检测下限通常在 50～150 nm，而本文研制的宽粒径范围气溶胶进样系统在 0.15～10 μm 范围内，实现了粒径范围在 2 个数量级内的无损聚焦传输进样，50%分割粒径分别为 62 nm 和 13 μm，大幅度提高现有 SPMS 对 PM10 的在线检测能力。

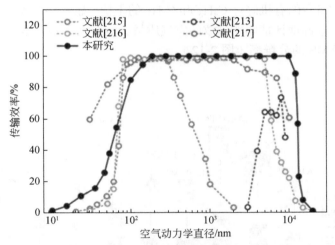

图 2-11 宽范围透镜系统传输效率理论模拟数值与文献报道对比

上述宽粒径范围的进样系统实验测试结果已经证实在 200 nm～10 μm 范围内获得至少 90%以上的传输效率，这也是目前为止文献报道的具有最宽粒径范围、最高传输效率空气动力学透镜进样系统。该系统具有的较高的气溶胶浓缩进样能力，使得单颗粒质谱在高原、山顶以及极地地区等极端洁净的环境下进行高时间分辨率测量。此外系统宽粒径范围的聚焦能力，极大地拓展了单颗粒质谱的应用能力，在生物单细胞、生物气溶胶、海盐、沙尘等粗粒子研究方面具有广阔的应用前景。

2.3.3　分辨率提升

　　质谱的定性能力决定了仪器的使用能力，换言之定性能力越强，仪器的应用领域就会越广。对质谱来说，定性能力越强意味着质量分辨率就越高。颗粒物的组成非常复杂，常常是各种金属、有机物、无机物等的混合，同质异构的情况非常普遍。特别是对于有机物，同等整数质量数往往存在多个离子[218]，利用不同分辨率的气溶胶质谱仪（AMS）对有机物进行分析，发现质荷比为 43 的离子峰存在 5 种可能（$CHNO^+$，$C_2H_3O^+$，$CH_2N_2^+$，$C_2H_5N^+$，$C_3H_7^+$），低分辨的 AMS 无法实现对任何两个峰的有效区分，而分辨率达到 4000 的 AMS 能够有效识别 $CHNO^+$，$C_2H_3O^+$ 以及 $C_3H_7^+$，这对于分析有机物的化学过程至关重要。此外，高定性能力能够有效提高来源解析的精度。复旦大学的杨新教授团队[19]利用 SPAMS 研究船舶排放时指出，基于金属钒（V）和钒氧化物（VO）的船舶排放特征物极易受到同等质量数的有机碎片 $C_4H_3^+$ 和 $C_5H_7^+$ 的干扰。显然，提高 V^+ 和 $C_4H_3^+$ 区分能力，对于更准确地评估船舶排放的空气质量影响至关重要，这其中最关键的就是要提高 SPAMS 的分辨率（图 2-12）。

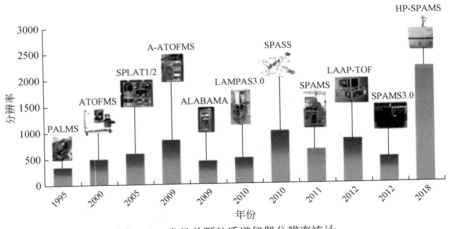

图 2-12　常见单颗粒质谱仪器分辨率统计

ATOFMS，LAMPAS3.0，LAAP-TOF，SPAMS3.0 数据来源于对应产品资料

　　SPMS 技术自 20 世纪 90 年代出现至今已有 20 多年的时间。当前，国际上有近二十个团队从事单颗粒质谱仪器研发工作[219, 220]，SPMS 相关的各种技术都获得了极大的发展。由于必须要在颗粒物解离后一次性所有离子同时分析，几乎所有 SPMS 都采用了飞行时间质量分析器技术进行离子分析。然而，SPMS 中质谱分辨率却始终无法得到有效提升，如图所示的是对一些主要的 SPMS 仪器分辨率

进行的统计[211, 221-223]，可以看出在过去的 20 多年中 SPMS 的质量分辨率普遍在 500 左右。Erdmann 等[224]利用飞行距离超过 1.2 m 的质量分析器也刚刚获得 1000 的质量分辨率。可以说，分辨率已经成为限制 SPMS 深度应用的关键瓶颈。

激光电离过程产生的离子初始速度过大的问题是影响质谱分辨率的一个最重要因素。颗粒物在飞行过程中被激光电离成离子，Vera 等[225]研究表明电离过程产生的离子云的初始方向呈现 360°发散，且速度分布跨度从 0 至 2000 m/s。而颗粒物的直径仅微米级，因此初始离子巨大的能量分散和可以忽略的空间分散使得飞行时间质谱根本无法对不同速度和方向的离子进行补偿，这也是单颗粒质谱的分辨率普遍较低的根本原因。延时引出技术是一种潜在的有效解决这一问题的方法，这一技术一般仅在表面激光解吸电离质谱中应用。然而在单颗粒质谱中，颗粒物在飞行过程中被电离，因此离子产生的方向呈爆炸状，离子的初始状态要比表面电离质谱复杂得多。最重要的是普通的脉冲延时引出技术都采用方波脉冲，因此无法实现对全质量范围的分辨率提升，极大地限制了该技术的应用。加州大学的 Kimberly 团队[28]早在十几年前就基于脉冲延时引出技术对单颗粒质谱分辨率提升尝试，然而由于没有解决全质量范围同时分辨率提升的难题，该技术并没有在实际仪器中得到应用。德国吉森大学 Hinz 团队也开展了延时引出实验，然而相关技术带来的分辨率不超过 600，仍然没有实现单颗粒质谱分辨率的突破。暨南大学团队在长期研究激光电离质谱，特别是 MALDI-TOFMS 研制[29]基础上提出了一种适用于单颗粒质谱的指数脉冲延时引出技术。该技术利用变化的电场代替变化的脉冲延时时间[221]，克服传统的方波脉冲延时引出技术无法在全质量范围上同时提高分辨率的缺点。延时引出可以提高质谱分辨率。然而对于不同质荷比的离子，所需要的延时时间不同，并且随着 m/z 的增大，所需要的延时时间越长。这是由于当 m/z 较大的离子采用比较小的延时，离子获得的能量较少，无法弥补到适当的能量，使得其在检测器处聚焦。因此，为了获得宽质量范围的分辨率提升，需要针对不同质量数的离子进行动态补偿，以使不同质量的离子获得不同的补偿能量。在单颗粒质谱延时引出系统中，不同质量数的离子都将获得相同的延时时间，无法通过延时时间来使得不同质量数的离子得到合适的能量补偿。由于小离子在获得与大离子相同能量时，其运动速度更快，在小离子逃离出离子源区后，大离子还处于离子源区。此时，增加电场强度，可以使质量大的离子获得更多的能量，从而形成动态能量补偿。因此，为了获得宽质量范围的能量补偿，需要施加一个随时间单调递增的电场，采用指数波与直流电的叠加电场（图 2-13 和图 2-14）。

采用 NaI 和 Pb（NO$_3$）$_2$ 的混合溶液产生的气溶胶测试结果表明，指数脉冲延时引出系统，能够在全质量范围上较原有仪器提高分辨率 2~3 倍，质量精度由原有的±0.5 amu 提升到±0.3 amu。此外，高质量分辨率显著增加了对峰的识别能力，有利于实现对金属离子与有机物离子的精确识别和区分。

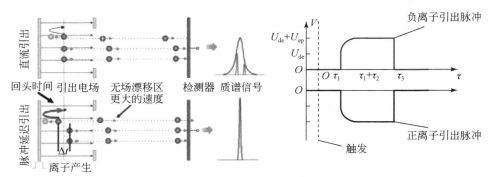

图 2-13　脉冲延时引出原理及指数脉冲波形

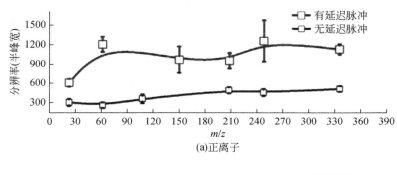

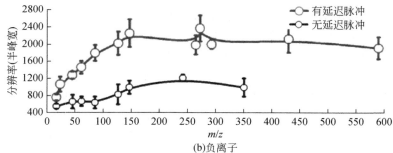

图 2-14　宽质量范围质谱分辨率测试结果

采用指数脉冲延时引出系统不仅能够提供质量分辨率，还有可能提升 SPAMS 仪器的打击效率[226]。如图 2-15 所示，利用 5 种不同粒径的 PSL 小球研究电场对于打击效率的影响。从图中可以看出，在相同直流引出电场强度下，320～1400 nm 颗粒物的打击效率逐渐增加，表明电场对小粒径的颗粒影响更加明显。采用脉冲延时引出时，颗粒物的打击效率明显增加，当电场强度超过 60 kV/m 时，740 nm 以上的颗粒物打击效率接近 100%，表明无电场的飞行路径对于颗粒物的打击效率提升至关重要。脉冲电场打击效率相比于直流电场的提升效率，从测试的初步结果看来，脉冲延时引出对各个粒径的打击效率都有提升，特别是对小粒径的打击效率提升尤为明显。

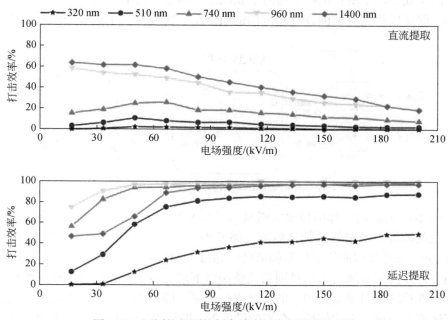

图 2-15　不同粒径颗粒打击效率随电场强度的变化

2.3.4　动态范围的提升

　　单颗粒气溶胶质谱仪能够实时对大气中气溶胶单颗粒开展分析，获取单个颗粒物的粒径与化学成分信息，具有极高的时间分辨率。大多数单颗粒气溶胶质谱采用高能量的脉冲激光将颗粒物电离，随后由质谱进行成分分析。然而，一方面由于不同的化学组成在单颗粒中的占比差异巨大，而质谱数据采集和分析系统能够分析的离子信号的响应有一定的范围，因此颗粒物中超低组分电离后产生的信号响应太小，这些信号很可能被当作噪声滤除。另一方面，激光电离过程对不同的离子的电离灵敏度存在巨大差异，特别是对于 Na、K 等相对灵敏度较高的碱金属离子，在激光作用下更易被电离。在实际环境样品分析中，单颗粒谱图中 Na、K 等碱金属离子信号经常超过质谱数据分析系统的最大量程范围，极易导致采集信号的失真甚至采集卡的损坏。

　　如图 2-16 所示，将单颗粒气溶胶质谱仪的正负离子信号分别使用功率信号分割器等分成完全相同的两路信号，并分别接入 U5309A 采集卡的四个通道。其中

A 和 B 两个通道用于正离子采集，C 和 D 两个通道用于负离子采集。设置 A 和 C 通道为低量程采集模式，设置 B 和 D 为高量程采集模式。为了进一步提高数据采集能力，根据信号检测的范围还可以在 B 和 D 通道之前增加一定倍率的衰减器。将正离子或负离子所在的两个通道上获取的不同量程的信号通过一定的算法进行叠加，即可以得到完整的高动态范围的质谱图，实现对大小信号的同时检测。

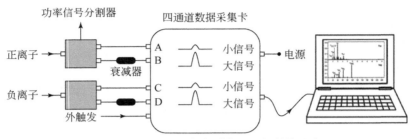

图 2-16　高动态范围数据采集原理与结构示意图

图 2-17 右边的局部信号放大图显示了采用多通道数据采集后，实际检测的两个通道的峰形以及最终叠加之后的完整峰形。从正离子谱图中可以看出，$ZnCl^+$（m/z 99）在低量程通道上信号幅值已经超过了 500 mV 的量程，因此超量程部分被削平，而高量程通道上信号则被完整保留下来。对于该类情况，在原始信号还原时软件算法将自动对被削平的信号进行还原，即采用高量程通道的信号代替低量程通道上面被削平的信号。在当前设置下，即单个通道上信号超过 500 mV 的，将使用高量程通道的信号的 2 倍进行还原。当单个通道上信号幅值小于 500 mV 时，同样以 $ZnCl^+$（m/z 101）为例，无论是高量程通道还是低量程通道均能够较好地完整记录原始信号，且两个信号峰形几乎完全一致。因此，在原始信号还原时软件算法将直接叠加两个通道检测到的信号。在当前的设置下，对于 500～100 mV 幅值范围内的信号即进行同样的这样处理。当信号幅值低至高量程通道无法检测时，以负谱图中的 m/z 61 为例。可以看出，高量程通道上几乎检测不到任何信号，而低量程通道上则能够完整记录原始的信号峰形。对于此类信号，即当信号低于 100 mV 时，软件将以两倍的低量程信号幅值进行原始信号还原。采用这一算法处理之后的谱图就能够清晰地还原原始信号的峰形状态，在一次检测中得到高动态范围的质谱图。实验证明在这一个模式下，理论上能检测到的最大信号幅值为 20 V，最小信号为 10 mV，满足常规条件下的颗粒物检测需求。

2.3.5　生物气溶胶检测

大气中的生物气溶胶通过人的呼吸进入体内，对人类健康形成潜在危害。此外，生物气溶胶还可作为云凝结核，参与云的形成，从而对气候产生重要影响。生物气溶胶在大气中的数量比例可达 30%以上，当空气中具有传染性的活性生物气溶胶达到一定浓度时，极易导致传染性疾病的大规模暴发。因此，建立快速的大气活性生物气溶胶检测与鉴定的方法极为重要。

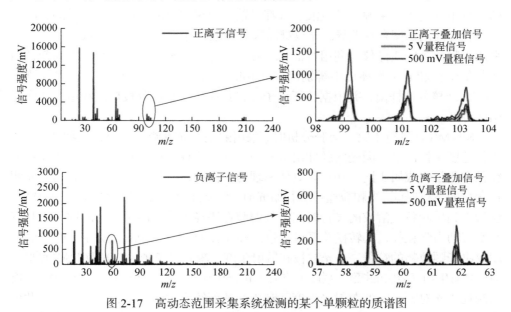

图 2-17 高动态范围采集系统检测的某个单颗粒的质谱图

常见的生物气溶胶实时在线检测方法是基于荧光检测的光学粒子计数器。由于生物体内的某些蛋白在特定波长的激光照射下会激发荧光，通过对荧光信号的检测判断颗粒物是否具有生物活性从而达到生物气溶胶的鉴别目标。然而，这种检测技术仅能通过荧光信息进行判断，一方面，不同生物气溶胶种类对激光波长的选择不一致；另一方面，基于荧光的检测易受到无机物的干扰，导致误判。研究表明，多环芳香族碳氢化合物（PAH）也具有类似生物气溶胶的荧光特性，因此，在 PAH 浓度较高的区域难以实现生物气溶胶的区分与识别。此外，卷烟烟雾等也会产生与生物细菌相类似的荧光特性。单颗粒气溶胶质谱（SPAMS）是一种能够实时分析单个气溶胶颗粒物粒径与化学组成的分析仪器，通过获取每个气溶胶颗粒物的质谱指纹图谱，即可实现气溶胶颗粒物的定性与来源分析。

近年来，国外很多研究团队都致力于开发基于 SPAMS 的生物气溶胶检测技术。荷兰 Delft 大学的团队开发了荧光预筛选单颗粒质谱仪，通过荧光法筛选出潜在的生物气溶胶颗粒，然后经过激光解离质谱进行检测。美国劳伦斯国家实验室在气溶胶飞行时间质谱仪（ATOFMS）基础上进行了结构改进，可实时在线原位检测空气病原微生物和生化战剂。麻省理工学院的 Zawadowicz 等[227]发现，此前作为生物气溶胶识别峰的 CN^-、CNO^-、PO_2^-、PO_3^- 离子峰在含磷矿物粉尘和富磷燃烧副产物的负谱图中也很常见，因此容易在鉴定时混淆，而新开发的机器学习算法可通过计算谱图中 CN^-/CNO^- 与 PO_2^-/PO_3^- 的比例较为准确地区分生物气溶胶与其他扬尘。Steele 等[228] 检测了枯草芽孢杆菌黑色变种，从获得的单颗粒谱图分析主要离子峰来源于精氨酸、吡啶二羧酸及聚谷氨酸，但由于能量的影响，单个颗粒间的谱图存在差异，导致难以区分相近的芽孢杆菌种。Fergenson 等[229] 采用生物气溶胶质谱仪，利用特征离子峰成功将苏云金芽孢杆菌和萎缩芽孢杆菌从其他生物和非生物环境中辨别出来。Tobias 等[230] 利用单颗粒质谱仪检测了H37Ra 结核分枝杆菌，并根据特征离子峰将其成功与耻垢分枝杆菌和蜡样芽孢杆菌区分开。

　　SPAMS 在进行生物气溶胶分析时，采用的是双光束测径系统，得到颗粒物的飞行速度来控制电离激光的脉冲出射时间，并从原理上保证每次获得的颗粒物的粒径和化学组成属于同一颗粒。具体原理为：由两束与其运动方向垂直的激光测量颗粒的飞行时间。当颗粒通过测径激光时，系统自动记录其散射光信号。SPAMS测量得到单颗粒气溶胶的飞行时间，气溶胶在测径系统中的飞行时间取决于其真空空气动力学粒径，其转换关系可通过已知粒径的一系列 PSLs 标定。光散射强度取决于颗粒物的粒径、激光波长和散射角度。激光波长越短，光散射强度越高。为提高对生物气溶胶的探测能力，由 532 nm（50 mW）改为 405 nm（300 mW），提高测径激光对颗粒物的散射光强度。利用椭球面镜光收集装置，来提高颗粒散色光和荧光的收集能力。将激光的聚焦点置于椭球的近焦点上，光电倍增管放置在椭球的远焦点上，颗粒在激光的作用下产生的散色光在近焦点会被重新汇聚到椭球的远焦点上，在收集荧光的 PMT1 前放置两个滤光片以滤掉散色光的干扰，增强荧光信号的收集。散色光的收集原理与之类似，如图 2-18 所示。

　　利用 SPAMS 检测到 15 株纯菌的质谱如图所示。图 2-19 为生物单颗粒的质谱叠加图，其质量数为−300～300 Da 的离子峰。每种颜色代表离子峰峰面积信号强度在全部的生物颗粒产生的每个离子峰峰面积信号强度中所占的比例。可以更直观地显示质谱峰的信号强度，大于 104 Da 的离子峰面积信号都小于 10 V，−26 Da、−42 Da、−79 Da 的离子峰面积信号在 20 V 的占总体信号强度的近一半。与国际上同类型的 SPMS 检测结果类似，都能够有效测得活性菌气溶胶的磷酸盐和有机氮离子峰以及正谱图出现的一些氨基酸去羧基离子峰。正离子谱图中除了 $^{23}Na^+$ 和 $^{39}K^+$ 金属离子峰外，还有大量氨基酸脱羧基离子峰。正离子峰主要为 $^{30}Glycine\text{-}COOH^+$、$^{59}C_3NH_9^+$、$^{70}Proline\text{-}COOH^+$、$^{72}Valine\text{-}COOH^+$、$^{74}Threonine\text{-}COOH^+$、$^{84}C_5NH_{10}^+$、$^{86}Leucine\text{-}COOH^+$、$^{110}Histidine\text{-}COOH^+$、$^{120}Phenylalanine\text{-}COOH^+$。负离子峰主要为有机氮 $^{26}CN^-$、$^{42}CNO^-$、磷酸盐 $^{63}PO_2^-$、$^{79}PO_3^-$、$^{97}H_2P_4^-$、$^{159}H(PO_3)_2^-$、$^{199}NaH_2P_2O_7^-$ 等常见生物离子峰。

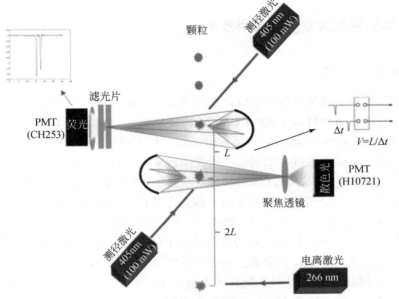

图 2-18　荧光-散色光双光束测径系统

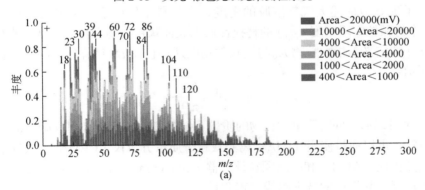

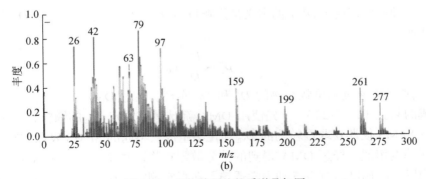

图 2-19　生物单颗粒的质谱叠加图

2.3.6　单颗粒气溶胶质谱联用技术

1. 联用密度测定

颗粒物密度 ρ 直接获得的手段是通过测量颗粒物的质量 m_p 和体积 V。m_p 能通过离心式粒子质量分析仪（centrifugal particle mass analyzer，CPMA）、气溶胶颗粒质量分析仪（aerosol particle mass analyzer，APM）等仪器实现测量，但是 V 还很难被测量。目前，通过其他间接手段能实现 ρ 的表征。比如，通过结合光学直径（D_o）和 D_a 的方法以及结合 D_m 和真空动力学粒径（D_{va}）的方法测量球形颗粒物 ρ_p。但是，大部分气溶胶颗粒物的形貌为非球性。因此这种两种方法几乎无法应用于实际大气颗粒物 ρ 的测量。Park 等[231]通过获得颗粒物 m_p 和 V 来实现非球形颗粒物 ρ_p 的测量。但是，V 的获得是基于计算所得并非实际测量所得，而且此计算方法只能获得 soot 的体积。Vaden 等[232]使用空气动力学透镜的检测效率和 D_{va} 来获得颗粒物的 ρ_p。但是此方法中的检测效率仅适用于粒径约 100 nm 的颗粒物。所以，目前并不存在有效研究手段实现大气颗粒物 ρ_p 的测量。

为了更好地描述大气气溶胶的密度，大气科学使用了三种定义的有效密度（ρ_e）作为颗粒实际密度（ρ_p）的替换性质来表征颗粒物物理特征。第一种有效密度（ρ_e^I）的定义是指颗粒物 m_p 与由颗粒物电迁移直径 D_m 计算所得的 V 之比，如公式所示：

$$\rho_e^I = \frac{6m_p}{\pi D_m^3}$$

式中，ρ_e^I 可以通过同时测量颗粒物的质量（m_p）和 D_m 实现。对于 $m_p > 1.0 \times 10^{-18}$ g 的颗粒物，可以通过使用 DMA、离心式粒子质量分析仪（CPMA） 或气溶胶颗粒质量分析仪（APM）和冷凝颗粒计数器（condensation particle counter，CPC）这三台仪器串联组成的技术路线实现测量。

第二种有效密度（ρ_e^{II}）的定义是指颗粒物真空动力学直径 D_{va} 与 D_m 之比，如公式所示：

$$\rho_e^{II} = \frac{D_{va}}{D_m} \rho_0$$

式中，ρ_e^{II} 可以通过测量颗粒物的 D_m 和 D_{va} 实现。通过 DMA 与 SPAMS 进行串联组成的装置（图 2-20），首先使用 DMA 筛选具有特定 D_m 的颗粒物，然后使用一台 SPMS 仪器获取颗粒物的 D_{va} 和化学组成。不同的 SPMS 表征颗粒物 D_{va} 的原理基本相似。经过 DMA 得到的单分散颗粒物通过微孔进入 SPAMS，然后颗粒物以相应速度通过空气动力学透镜。在真空测径区域先后经过两束激光器，从而得到颗粒物的飞行时间。D_{va} 可以通过粒径-飞行时间的校准曲线获得。该方法的最大优点是可以获取颗粒的化学成分，因此可以得到不同化学组分的颗粒物有效密度。

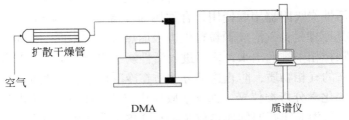

图 2-20　DMA 与 SPAMS 联用

第三种有效密度（$\rho_e^{\rm III}$）的定义是指颗粒物的实际密度 ρ_p 与形状因子 χ 之比，如公式所示：

$$\rho_e^{\rm III} = \frac{\rho_p}{\chi}$$

$\rho_e^{\rm III}$ 与实际密度 ρ_p 和形状因子 χ 相关，但目前很难对这两个参数进行直接测量。通过测量未知颗粒物的 D_a 和 D_{va} 计算出未知颗粒物的 D_{ve} 和 $\rho_e^{\rm III}$。关系如下：

$$\rho_e^{\rm III} = \frac{\rho_p}{\chi} = \frac{D_{va}}{\rho_0 D_{ve}}$$

式中，体积等效直径 D_{ve} 可以通过测量颗粒物的 D_a 和 D_{va} 计算得到。D_a 和 D_{va} 可以分别通过 AAC 和 SPAMS 测量得到。

因此，我们可以基于 D_a 和 D_{va} 获得未知粒子的 D_{ve} 和 $\rho_e^{\rm III}$。由于 AAC 和 SPAMS 具有测量 D_a 和 D_{va} 的能力，因此本研究中构建的 AAC-SPAMS 系统可用于测量未知颗粒的 D_{ve} 和 $\rho_e^{\rm III}$（图 2-21）。

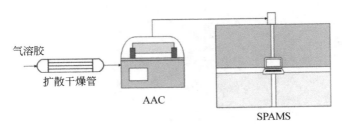

图 2-21　AAC 与 SPAMS 联用

2. 联用挥发性测量

颗粒挥发性可以在一定程度上反映颗粒的老化过程，对大气颗粒物中二次气溶胶的形成机制研究有一定的参考价值。最早气溶胶挥发性的测量和分析，被称作热分馏，主要是利用颗粒中不同物质在一定温度下会快速挥发，而该特征温度与这些物质的蒸气压、沸点和蒸发焓等密切相关。挥发性的测量目前普遍采用金属加热管与活性炭吸附器串联使用，合称热稀释器（thermodenuder，TD），如图2-22 所示，其原理是：气溶胶颗粒首先进入加热管，在不同的设定温度下，易挥发的物质从颗粒相中逃逸出来，之后进入活性炭吸附器。活性炭吸附器的作用是吸附挥发出来的气相物质，防止这部分物质在冷凝后重新和颗粒相结合。热稀释器通常与一些化学分析类仪器，如气溶胶质谱仪（AMS）、扫描电迁移颗粒分析仪（SMPS）、气溶胶飞行时间质谱仪（ATOFMS）等联用，可在线分析挥发性组分的化学组成及挥发后颗粒的粒径等信息。

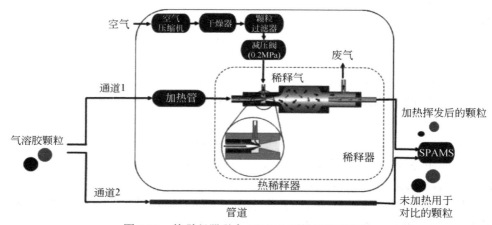

图 2-22　热稀释器联合 SPAMS 测量颗粒挥发性

第 3 章　基于单颗粒质谱的动态源解析原理及方法

　　暨南大学质谱研究所与广州禾信仪器股份有限公司周振团队研发的基于单颗粒质谱仪器可同时测得单个颗粒物的粒径信息及质谱图信息，工控机实时保存的原始数据是每个被采集颗粒物的完整信息，如何实现从采集的原始数据得到动态源解析的结果，第 3 章将着重介绍单颗粒质谱仪器存储的原始数据结构、数据的处理和分析方法、污染源谱库构建、动态源解析的算法等，来阐述基于单颗粒质谱的动态源解析的实现过程。

3.1　基础数据特征及分析应用

3.1.1　基础数据结构

　　单颗粒质谱仪器在开始采集数据前，通过禾信周振团队自主开发的专用数据采集软件"SPAMS-ANALYZE"对数据保存方式进行设置，如图 3-1 所示，共有按所有颗粒信息保存成一个文件、按颗粒数信息保存成一个文件和按时间保存成一个文件三种数据保存方式。

　　为了防止监测期间因断电等客观因素造成的数据缺失，以及考虑后续数据分析的方便，需及时保存数据，通常设置为按时间的保存方式较多，按时间保存时，一般设置为 1 小时的颗粒信息保存成一个文件。以按时间（1 小时）保存生成的数据结构为例，每小时会生成一组文件命名相同的三个文件（set、sem、pkl），文件命名默认为开始采集的日期-时间-编号组合，如图 3-2，"2022-12-01-14-05-34～0"即表示此次数据采集的起始时间为 2022 年 12 月 1 日 14 时 5 分 34 秒，"0"表示生成的第一个小时的文件编号，"1"表示生成的第二个小时的文件编号，后面每小时生成的文件依此类推。

　　生成的原始数据文件夹中共有四种类型的文件，分别是 set、sem、pkl 和 inst。set 文件用于记录被电离颗粒的粒径信息，sem 文件用于记录被测径但未被电离的颗粒的粒径信息，pkl 文件用于记录被电离颗粒的质谱峰信息，inst 是粒径转化的参数文件。用文件格式打开 set、sem、pkl、inst 文件，其中的内容示例如图 3-3。

　　（1）set 文件记录被电离的颗粒信息，其中包含的参数如下：

Count，ParticleName，ScatterDelay，Date，Time，PMT1Area，PMT2Area，

PMT1Height，PMT2Height。各参数的意义如表 3-1。

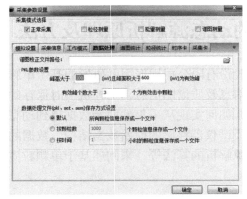

<table>
<tr><td>图 3-1　数据采集设置界面</td><td>图 3-2　原始数据的结构</td></tr>
</table>

文件　编辑　查看　　**set文件**

1,mass-1,11531,12/01/2022 12:40:34,7282,11646,383,824
2,mass-2,11347,12/01/2022 12:40:34,10197,15906,532,1099
3,mass-3,10657,12/01/2022 12:40:36,2984,4471,212,378
4,mass-4,11186,12/01/2022 12:40:37,4885,6750,275,526
5,mass-5,14170,12/01/2022 12:40:40,11643,48315,508,2051
6,mass-6,12310,12/01/2022 12:40:40,14537,32660,645,1786
7,mass-7,11226,12/01/2022 12:40:42,2430,8543,196,632
8,mass-8,11338,12/01/2022 12:40:42,3764,5651,248,437
9,mass-9,15417,12/01/2022 12:40:43,9124,30167,2042,1266
10,mass-10,13664,12/01/2022 12:40:45,5789,45686,195,2051
11,mass-11,11209,12/01/2022 12:40:45,7268,9040,433,741
12,mass-12,12292,12/01/2022 12:40:46,9025,12939,474,455
13,mass-13,12130,12/01/2022 12:40:46,11669,6113,787,414
14,mass-14,10497,12/01/2022 12:40:47,4208,7133,273,582
15,mass-15,10287,12/01/2022 12:40:47,3671,3579,283,334
16,mass-16,12699,12/01/2022 12:40:49,48037,24631,1733,1343
17,mass-17,12118,12/01/2022 12:40:50,12667,7290,235,235
18,mass-18,11224,12/01/2022 12:40:50,5999,3429,331,286
19,mass-19,11848,12/01/2022 12:40:51,8240,30875,414,1739
20,mass-20,10930,12/01/2022 12:40:51,6318,13031,356,969
21,mass-21,13050,12/01/2022 12:40:53,23821,9889,896,558
22,mass-22,12203,12/01/2022 12:40:54,11636,1999,779,188
23,mass-23,11798,12/01/2022 12:40:54,4787,3628,258,285
24,mass-24,11430,12/01/2022 12:40:55,5138,2686,213,248
25,mass-25,11458,12/01/2022 12:40:55,5214,5423,283,397
26,mass-26,11662,12/01/2022 12:40:57,14213,25430,664,1528
27,mass-27,10807,12/01/2022 12:40:59,8520,5417,482,444
28,mass-28,12159,12/01/2022 12:41:00,11422,15247,517,936
29,mass-29,11285,12/01/2022 12:41:01,13886,24930,686,1587
30,mass-30,12087,12/01/2022 12:41:01,4630,22093,217,1278

文件　编辑　查看　　**sem文件**

1,11367,12/01/2022 12:40:34,1797,6179,185,487
2,12674,12/01/2022 12:40:34,20517,7874,860,518
3,13811,12/01/2022 12:40:34,6438,8850,336,637
4,11684,12/01/2022 12:40:34,5670,5424,324,415
5,10887,12/01/2022 12:40:34,9970,4047,212,364
6,11556,12/01/2022 12:40:34,2329,6135,187,491
7,16191,12/01/2022 12:40:34,83307,4679,434,389
8,12815,12/01/2022 12:40:35,17139,20534,715,1156
9,11163,12/01/2022 12:40:35,2345,7338,180,548
10,4620,12/01/2022 12:40:35,2964,2385,198,214
11,11633,12/01/2022 12:40:35,6841,10205,394,723
12,12656,12/01/2022 12:40:35,9150,8448,434,584
13,12895,12/01/2022 12:40:35,11553,21501,493,1205
14,5762,12/01/2022 12:40:35,3416,32551,212,1662
15,15059,12/01/2022 12:40:35,2211,1969,174,219
16,13149,12/01/2022 12:40:35,8164,3916,340,1729
17,14151,12/01/2022 12:40:35,3329,10373,225,708
18,11936,12/01/2022 12:40:35,9946,4871,520,363
19,11889,12/01/2022 12:40:35,6611,11235,326,773
20,12935,12/01/2022 12:40:36,11624,29325,541,1522
21,6905,12/01/2022 12:40:36,3044,8909,199,684
22,12970,12/01/2022 12:40:36,3657,8296,190,499
23,12706,12/01/2022 12:40:36,10615,3648,479,264
24,13040,12/01/2022 12:40:36,24545,12924,1011,766
25,11482,12/01/2022 12:40:36,6288,5806,351,440
26,10835,12/01/2022 12:40:36,10997,8919,627,702
27,15615,12/01/2022 12:40:36,10857,2853,567,258
28,8513,12/01/2022 12:40:36,9594,1805,529,198
29,12013,12/01/2022 12:40:36,10738,16241,517,1061
30,12047,12/01/2022 12:40:36,8446,10935,418,751

文件　编辑　查看　　**pkl文件**

{(15.0062,117.647,0.0091,78.431,0),(27.0422,2039.215,0.1571,529.412,0),(28.0330,333.333,0.0257,117.647,0),(29.0416,392.15
7,0.0302,117.647,0),(36.0322,764.706,0.0589,196.078,0),(37.0403,1921.568,0.1480,470.588,0),(38.0430,1333.333,0.1027,352.9
41,0),(39.0590,1882.353,0.1450,450.980,0),(41.0707,196.078,0.0151,58.824,0),(42.0444,196.078,0.0151,58.824,0),(43.0502,10
19.608,0.0785,235.294,0),(60.0751,235.294,0.0181,98.039,0),(62.1166,274.510,0.0211,98.039,0),(63.1126,372.549,0.0287,117.647,0),(-41.9814
,98.039,0.0276,58.824,0),(-61.9734,1215.686,0.3426,392.157,0),(-96.9084,2205.294,0.6208,607.843,0)}
{(11.9604,254.902,0.0142,78.431,0),(26.0768,2588.235,0.1441,294.118,0),(28.9738,156.863,0.0087,58.824,0),(35.9756,2019.60
8,0.1124,490.196,0),(36.9638,2470.588,0.1376,549.020,0),(37.9048,1392.157,0.0775,333.333,0),(38.9411,4509.804,0.2511,862.
745,0),(42.0077,490.196,0.0273,137.255,0),(47.9738,313.725,0.0175,98.039,0),(48.9817,313.725,0.0175,98.039,0),(49.9778,1
294.118,0.0721,274.510,0),(58.9839,745.098,0.0415,196.078,0),(59.9775,490.196,0.0273,137.647,0),(60.9809,294.118,0.0164,7
8.431,0),(61.9926,176.471,0.0098,78.431,0),(63.0377,392.157,0.0218,98.039,0),(64.9,745.098,0.0415,196.078,0),(-42.0032,
176.471,0.1169,137.255,0),(-46.0073,235.294,0.1558,137.255,0),(-60.0064,490.196,0.3249,294.510,0),(-96.9668,392.157,0.259
7,156.863,0)}
{(38.8626,196.078,1.0000,58.824,0),(-46.0759,647.059,0.1400,215.686,0),(-62.1063,2039.216,0.4664,529.412,0),(-97.1329,160
6.274,0.3887,450.980,0)}
{(11.9812,1588.235,0.0543,450.980,0),(15.0062,313.725,0.0072,117.647,0),(23.9915,372.549,0.0085,117.647,0),(25.0038,137.2
55,0.0031,58.824,0),(26.0058,215.686,0.0049,58.824,0),(27.0259,3509.804,0.0802,705.882,0),(28.9908,705.882,0.0161,137.255
,0),(31.0071,274.510,0.0063,450.098,0),(36.0133,6862,546,0.1567,2351.941,0),(37.0020,8686.273,0.1984,2529.412,0),(38.0036,
3529.411,0.0806,705.882,0),(39.0909,4509.804,0.1030,705.882,0),(41.0881,78.431,0.0017,58.824,0),(43.0502,823.529,0.0188,
196.078,0),(48.0392,1215.686,0.0278,294.118,0),(49.0479,1274.510,0.0292,294.902,0),(50.0468,1529.412,0.0806,627.451,0),(5
1.0534,1764.706,0.0403,372.549,0),(60.0007,1607.843,0.0367,313.725,0),(61.0301,607.843,0.0139,117.647,0),(62.0670,823.529
,0.0188,176.471,0),(63.0876,1078.431,0.0246,215.686,0),(-42.0251,196.078,0.1099,98.039,0),(-46.0073,215.686,0.1207,137.25
5,0),(-62.0006,392.157,0.2198,215.686,0),(-96.9668,980.392,0.4695,490.196,0)}
{(7.0372,372.549,0.0019,156.863,0),(12.0149,9647.060,0.0482,1352.941,0),(15.0305,1137.255,0.0057,156.863,0),(17.0050,4549
.020,0.0227,607.843,0),(18.0079,7980.393,0.0398,1235.294,0),(19.0644,274.510,0.0014,58.824,0),(23.0795,4980.392,0.0249,14
81.373,0),(24.0069,1372.549,0.0069,294.118,0),(25.1141,647.059,0.0032,235.294,0),(26.1336,3882.353,0.0194,803.922,0),(27.
1405,8254.902,0.0412,1176.471,0),(28.0997,1450.980,0.0072,196.078,0),(29.1265,1941.176,0.0097,294.118,0),(30.1199,2176.47
1,0.0109,333.333,0),(31.1745,49568.637,0.2476,5000.000,0),(38.1700,17204.319,0.0869
,2117.647,0),(39.1180,29941.180,0.1495,4490.804,0),(41.1003,1784.314,0.0089,372.941,0),(43.1514,16666.667,0.0083,313.725,0
),(42.1874,490.196,0.0024,78.431,0),(43.1949,843.137,0.0042,176.471,0),(44.1724,156.863,0.0008,58.824,0),(45.1821,2039.21
6,0.0102,254.902,0),(48.2357,3509.804,0.0175,862.745,0),(49.2242,4215.687,0.0210,686.275,0),(50.1386,17568.627,0.0877,745
.098,0),(51.2539,3411.765,0.0170,254.902,0),(60.2496,4098.039,0.0205,686.275,0),(61.
166,274.510,0.0014,78.431,0),(-1.0237,235.294,0.0013,98.039,0),(-16.0421,1196.078,0.0067,392.157,0),(-17.0434,1078.431,0.
0061,392.157,0),(-24.0506,7156.863,0.0403,1529.412,0),(-25.0633,6980.393,0.0393,1352.941,0),(-38.0539,12862.745,0.0724,26
.078,0,0.0127,607.843,0),(-39.0902,764.706,0.0043,156.863,0),(-16.0469,7549.019,0.0425,1333.333,0),(-25.0795,4980.392,0.0249,14
-42.1126,1606.060,0.0056,156.863,0),(-46.0811,156.863,0.0007,431,0),(-48.0514,117.647,0.0007,58.824,0),(-49.0811,14743
.098,0.0330,2098.039,0),(-48.1127,12411.765,0.0699,1627.451,0),(-49.1240,7725.490,0.0435,1000.000,0),(-50.9980,2823.529,0
.0159,411.765,0),(-46.1287,3960.784,0.0223,588.235,0),(-62.1329,22215.688,0.1251,2166.667,0),(-96.9829,10000.000,0.0568,7
.784,0),(-64.1159,411.765,0.0023,98.039,0),(-73.1658,1411.765,0.0079,235.294,0),(-84.2292,137.255,0.0008,58.824,0),(-96.1713,5274.
510,0.0297,686.275,0),(-97.0997,54156.863,0.3040,5000.000,0),(-98.0993,549.020,0.0031,98.039,0),(-99.1041,2490.196,0.0140
,313.725,0)}}

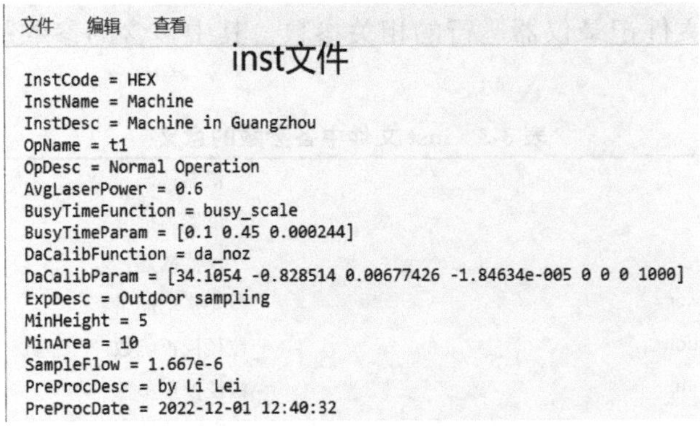

```
文件  编辑  查看
        inst文件
InstCode = HEX
InstName = Machine
InstDesc = Machine in Guangzhou
OpName = t1
OpDesc = Normal Operation
AvgLaserPower = 0.6
BusyTimeFunction = busy_scale
BusyTimeParam = [0.1 0.45 0.000244]
DaCalibFunction = da_noz
DaCalibParam = [34.1054 -0.828514 0.00677426 -1.84634e-005 0 0 0 1000]
ExpDesc = Outdoor sampling
MinHeight = 5
MinArea = 10
SampleFlow = 1.667e-6
PreProcDesc = by Li Lei
PreProcDate = 2022-12-01 12:40:32
```

图 3-3　set、sem、pkl 和 inst 文件内容示例

表 3-1　set 文件中各个参数的意义

Count	颗粒编号
ParticleName	与保存数据时文件夹命名对应的颗粒命名
ScatterDelay	颗粒在两束测径激光之间飞行的时间
Date	被电离时的日期
Time	被电离时的时间
PMT1Area	PMT1 接收颗粒散射光信号的峰面积
PMT2Area	PMT2 接收颗粒散射光信号的峰面积
PMT1Height	PMT1 接收颗粒散射光信号的峰高
PMT2Height	PMT2 接收颗粒散射光信号的峰高

（2）sem 文件记录被测径但未被电离（丢失）的颗粒信息，其中包含的参数如下：

Count，ScatterDelay，Date，Time，PMT1Area，PMT2Area，PMT1Height，PMT2Height。各参数的意义与 set 中的相同，不再赘述。

（3）pkl 文件记录被电离颗粒信息，其中包含的参数如下：

（Mass To Charge，PeakArea，RelArea，PeakHeight，Blowscale）。各参数的意义如表 3-2。

表 3-2　pkl 文件中各参数的意义

Mass To Charge	每个质谱峰的质荷比 m/z
PeakArea	峰面积
RelArea	相对峰面积（单个峰面积/此颗粒中峰面积总和）
PeakHeight	峰高
Blowscale	峰值超过仪器的动态范围为 True（为 1），否则就是 False（为 0），默认值是 0

（4）inst 文件记录仪器运行的相关参数，其中包含的参数及各参数意义如表 3-3。

表 3-3　inst 文件中各参数的意义

InstCode	仪器代码
InstName	仪器名称
InstDesc	仪器描述
AvgLaserPower	激光平均能量
DaCalibFunction	粒径校正函数
DaCalibParam	粒径校正参数
ExpDesc	实验描述
MinHeight	最小峰高（超过此值被记录）
MinArea	最小峰面积（超过此值被记录）
SampleFlow	样品流速
PreProcDesc	关于 inst 文件的描述

后续对原始数据进行离线处理分析时，需将对应分析时段的 pkl、set、sem 和 inst 文件拷贝到同一文件夹中，且同一个文件名 pkl、set 和 sem 必须同时存在。

3.1.2　数据转化

单颗粒数据的后续应用，需在原始数据的基础上进行数据处理，转化为 MATLAB 可直接应用的数据格式。利用周振团队自主开发的专业数据处理软件包，利用 MATLAB 对原始数据进行数据处理转化，包括以下步骤：

1. 数据处理包导入

第一，点选下图 3-4 中框内的图标，并选中数据处理软件存放的路径。第二，全选"当前文件夹"中的所有文件，依次点击右键—添加到路径—选定的文件夹和子文件夹（图 3-5）。

2. 软件激活

在 MATLAB 主界面左边"当前文件夹"窗口中，右键点击 SpamsMainInterface.p 程序，选择"运行"选项，程序会弹出机器码如图 3-6，基于机器码获取激活码，然后将激活码填入激活窗口进行激活。激活后，可获取登录账号与密码，1 个 tob.bin 文件，将 tob.bin 文件放到 GUI 文件夹中即可应用。tob.bin 文件需要做好保管，如有后续数据处理包版本更新，需把 tob.bin 文件放到新版本文件夹中，方能正常使用。

图 3-4　MATLAB 主界面

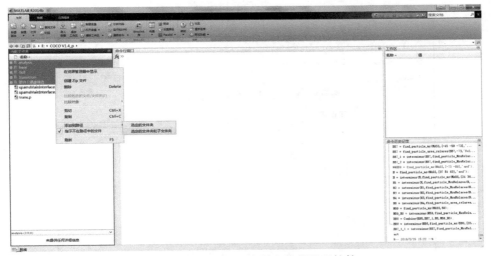

图 3-5　在 MATLAB 中导入数据处理软件

图 3-6　激活过程弹出的机器码

3. 软件登录

在 MATLAB 主界面左边"当前文件夹"窗口中，右键单击 spamsMainInterface.p 程序，选择"运行"选项，然后在新弹出的对话框中输入账号与密码进行登录（图 3-7 和图 3-8）。

图 3-7　数据处理软件登录界面

图 3-8　数据处理软件界面

4. 数据格式转换

图 3-9 至图 3-12 为数据转换的操作步骤。第一，在软件界面依次选中"数据转化—数据格式转换"，然后在新弹出的对话框中点选"打开文件"按钮（原始谱图与 PMT 数据选项无须勾选）。第二，找到预分析时段原始数据存放的路径，

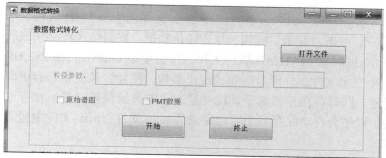

图 3-9　数据转化第一步操作

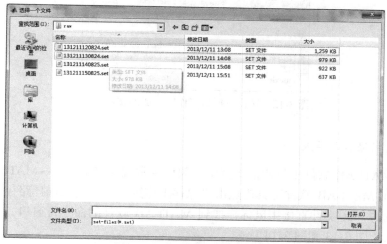

图 3-10　数据转化第二步操作

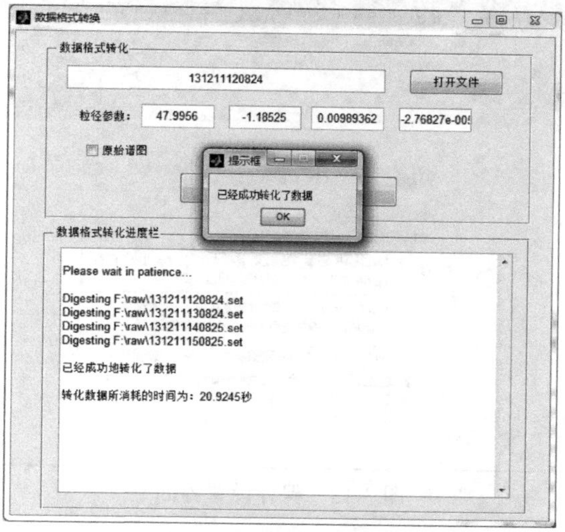

图 3-11　对原始数据转化完毕的界面

然后选中任意一个 set 文件，点击打开（注：无须选中多个 set 文件，系统会自动识别）。第三，点击"开始"按钮，开始转化数据。数据格式转换完成后的界面如图 3-12 所示，同时在 MATLAB 软件工作区中会生成 nihexishu、SIZE、HIT、MASS、No_Hit 五个变量文件，分别对应粒径校正参数，测径颗粒变量、有正离子或负离子颗粒变量、同时存在正负离子颗粒变量、未电离的颗粒变量。在存放原始数据的文件夹，程序会自动保存一个转化完成的.mat 文件，mat 文件中包含以上五个变量文件。

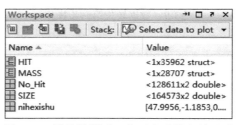

图 3-12　转换数据后工作区生成的文件显示

5. 数据保存与导入

在 MATLAB 软件工具栏依次选中"预设—常规—MAT-File—MATLAB 版本 7.3"。在 MATLAB 软件工具栏点击"保存工作区"，自定义选择路径保存。将保存完成的 mat 文件直接用鼠标拖拽到 MATLAB 软件的命令行窗口，即可实现数据导入（图 3-13 和图 3-14）。

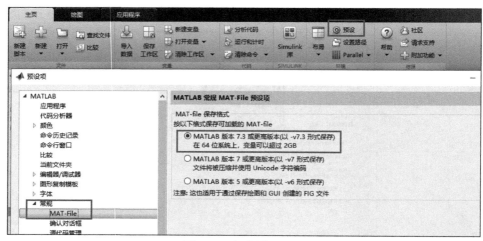

图 3-13　保存设置界面

图 3-14　数据保存方式

3.1.3　数据分析处理

1. ART-2a 分类法

单颗粒源谱数据量极大，难以通过人工手段进行分析，因此首先需要利用 ART-2a 算法对采集到各源的海量单颗粒数据进行分类，再按照颗粒物的化学组成进行合并归类，对各源的基本特征进行初步了解，以便进一步开展化学组成分析及来源解析等研究工作。

ART-2a 全称自适应共振神经网络分类方法，是一种模仿人脑认知过程而进行自组织聚类的一种非常有效的智能分类方法，利用这种方法能够根据颗粒之间的相似性进行归类。该方法不用训练数据集就可以对数据进行自动分类，并在自动分类的过程中学习新的特征信息，具有一定的人工智能。与其他分类方法相比，ART-2a 算法的优点是在不影响已有类别的情况下，能够增加新的类别，ART-2a 可以应用于单颗粒质谱采集的在线数据分析，对于单颗粒气溶胶质谱数据，ART-2a 算法的输入是每个颗粒的质谱数据，输出的是每一个颗粒所属的类别。其优点是算法简单、计算快速、空间复杂度低，具有普遍适用性，缺点是数据量大时，分类类别过多，导致人为合并工作量大[233]。但随着软件的开发升级，开发出一套自动 ART 分类的小程序，可以解决人为合并工作量大的难题。

对数据进行迭代时，依次选中"分析处理—ART-2a 分类"打开界面，然后修改参数。其中：

（1）离子极性：Polarity=0 为负离子，Polarity=1 为正离子，Polarity=2 为正负离子；

（2）最小质荷比与最大质荷比，输入每个颗粒计算的质荷比范围；

（3）相似度，一般设置在 0.5～0.9 之间，可根据具体需要改变；

（4）学习效率，默认不需要修改；

（5）最大迭代次数，默认不需要修改；

（6）对质荷比开方，对某些质荷比的信号进行开方计算后再进行相似度计算，有特殊需要才启用。

输入完成后点击"分类"开始计算，迭代完成后共生成三个变量，PIDCELL、PIDCount 和 OutWM。其中，PIDCell 为分类后每一类的颗粒变量集合，PIDCount 为分类后每一类的颗粒数目，OutWM 的每一行对应每一类的颗粒质谱信息（图 3-15）。

图 3-15　　ART-2a 分类窗口

完成数据迭代后，对颗粒物大类进一步分类，有自动 ART-2a 分类和手动分类两种方式。自动分类是将手动分类的方法嵌入软件，生成自动分类的小程序。两种分类方法各有优势，自动分类方法最大的优点是速度快，节约分类时间，但由于是按程序设置好的，分别一般得到固定的 10 个类别。而手动分类虽然工作量大耗时长，但可以对颗粒物类别进行精细划分，对于深入研究颗粒物的成分信息、污染成因分析等方面，能发挥重要作用。

1）自动 ART-2a 分类

完成数据迭代后，MATLAB 主界面左边"当前文件夹"窗口中，右键点击 autoART.p 程序，选择"运行"选项，程序即会自动对迭代完成的每一类 PIDCell 进行成分判断，运行完毕后分类结果会直接显示在命令窗口中，如图 3-16 所示。通过自动 ART-2a 分类可以得到软件设置好的 10 类颗粒物，分别是矿物质（SiO_3）、重金属（HM）、左旋葡聚糖（LEV）、富钾颗粒（K）、富钠颗粒（Na）、高分子有机物（HOC）、有机碳（OC）、元素碳（EC）、混合碳（ECOC）和其他。

2）手动 ART-2a 分类

对分类后颗粒进行统计计算。

颗粒物经过 ART-2a 分类计算，在 PIDCell 中排序靠后的变量颗粒数量少，但

PIDCell 类别较多，会影响人工分类的效率。在实际工作中，通常会将 PIDCell 排在后面的类别剔除，不做人工分类。

图 3-16　自动 ART 分类结果

依次选中"分析处理—统计大部分的颗粒类别"，在界面中输入需要提取的比例，如图 3-17，运行结果在 COCO 窗口中显示，如图 3-18，以此为例，该图表示 PIDCell 中前面 70 类所包含的颗粒数量已经占了 MASS 的 95%，即对 PIDCell 71 开始的变量可以不作分析。

图 3-17　分类后颗粒统计程序

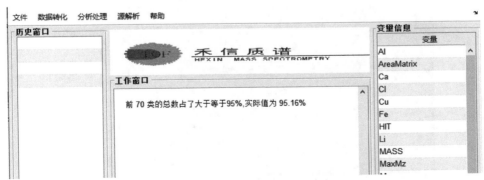

图 3-18　分类后颗粒统计结果显示

3）查看 Art-2a 分类后每类颗粒谱图及自定义合并各类颗粒物

依次点选"分析处理—颗粒类别命名"，点击"刷新"按钮，点击"类别显示"中的 PIDCell【1···n】，即可显示不同分类的颗粒平均谱图信息。观察谱图后在分类处理窗口输入需要命名的名称，按回车确定并自动跳转到下一个 PIDCell。此处命名只能用英文字母命名。常规源解析研究中，一般将颗粒物分为 9 类，分别为：元素碳颗粒、长链元素碳颗粒、有机碳颗粒、高分子有机碳颗粒、混合碳颗粒、左旋葡聚糖颗粒、富钾颗粒、重金属颗粒及矿物质颗粒。各组分类别的分类特征信息如表 3-4 所示。根据研究目标，更细化的分类可根据实际需求进行自定义。待所有 PIDCell 都命名后，点击"合并"按钮，完成分类（图 3-19）。

表 3-4　单颗粒质谱源成分分类特征信息统计表

组分类别	主要质谱峰信号
元素碳	正离子：12、36、48、60、72 负离子：-12、-24、-36、-48、-60、-46、-62
长链元素碳	正离子：12、36、48、60、72、120、132、144 负离子：-12、-24、-36、-48、-60、-120、-132、-144
有机碳	正离子：27、29、37、43、51、63、77
高分子有机碳	质荷比大于 150 出峰有机物碎片
混合碳	同时含有较为丰富的元素碳和有机碳特征
左旋葡聚糖	正离子：39 负离子：-26、-45、-59、-73
富钾	正离子：除 39 外，其余信号较弱 负离子：除-46、-62、-80、-97 外，其余信号较弱
重金属	各类金属离子，如正离子：56、63、65、206、207、208 等
矿物质	正离子：27、40、56、-76、-79 等

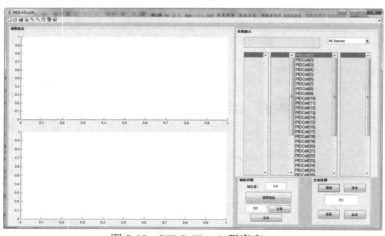

图 3-19　PIDCellLook 程序窗口

各类别合并完成后，在 MATLAB 主界面右边 "Workspace" 中会出现 "eachPIDCellName"，"mergePIDCellCount"，"mergePIDCellName"，含义分别如下：eachPIDCellName 为按自动分类的顺序列出的各类别名称，mergePIDCellName 为自定义分类的每一类颗粒名称，mergePIDCellCount 为自定义分类的每一类颗粒数。若 PIDCell 量较大，可在分类中途进行保存，点击分类处理窗口下的 "保存"。下次使用时导入保存好的 mat 文件，在分类窗口点击 "刷新"，即可继续手动分类。

基于以上分类后的数据，可根据应用者的需求开展进一步的研究分析工作。

2.特征离子法

对于特定关注组分进行分析时，可采用示踪离子命令搜索的方法，即可得到含该离子组分的颗粒。常用的搜索命令如表 3-5，以铵盐为例，其搜索命令为 "ammonium = find_particle_mz（MASS，18）"，其含义为在变量 MASS 中搜索质荷比（m/z）为 18 的颗粒即为铵盐（ammonium）。对于需要搜索两个或以上质荷比的组分，需用逻辑关系词 "and" 或 "or"，"and" 表示且的逻辑关系，"or" 表示或的逻辑关系。譬如，氯离子的搜索命令为 "Cl = find_particle_mz（MASS，[−35 −37], 'and'）"，其含义为在变量 MASS 中搜索同时含有质荷比（m/z）为 −35 和 −37 的颗粒即为含氯离子的颗粒。对于硝酸盐离子，其搜索命令为 "nitrate = find_particle_mz（MASS，[−46 −62], 'or'）"，其含义为在变量 MASS 中搜索同时含有质荷比（m/z）为 −46 或 −62 的颗粒即为含硝酸盐离子的颗粒。对于质荷比相同的离子组分，需结合其他出峰情况综合判断，是否为预搜索的离子组分，如 $m/z=24$ 的位置出峰，可能代表镁离子，也可能代表元素碳的 C_2^+，此时需要结合其他出峰情况，进一步判定，具体可根据应用者的研究需求进行搜索命令的自定义。

表 3-5　常见离子或组分的搜索命令

离子或组分	搜索命令
铵盐	ammonium = find_particle_mz（MASS，18）
氯盐	Cl = find_particle_mz（MASS，[−35 −37]，'and'）
铁	Fe = find_particle_mz（MASS，[54 56]，'and'）
硝酸盐	nitrate = find_particle_mz（MASS，[−46 −62]，'or'）
硫酸盐	sulfate = find_particle_mz（MASS，[−80 −97]，'or'）
锂	Li = find_particle_mz（MASS，7）
钙	Ca = find_particle_mz（MASS，[40 56]，'and'）
钛	Ti = find_particle_mz（MASS，[48 64]，'and'）
硅酸盐	SiO_3 = find_particle_mz（MASS，−76）
磷酸盐	PO_3 = find_particle_mz（MASS，−79）

离子或组分	搜索命令
镁	Mg = find_particle_mz（MASS，［24 25 26］，'and'）
钾	K = find_particle_mz（MASS，39）
钒	V = find_particle_mz（MASS，［51 67］，'and'）
锌	Zn = find_particle_mz（MASS，［64 66 68］，'and'）
铜	Cu = find_particle_mz（MASS，［63 65］，'and'）
钡	Ba = find_particle_mz（MASS，［137 138］，'and'）
铅	Pb = find_particle_mz（MASS，［206 207 208］，'or'）

3. 其他方法

除以上方法外，如 C-means、K-means、KNN 分类法等多种聚类算法也可用于单颗粒质谱的数据分类，在此不加赘述。

3.1.4 数据应用

基于软件转化完成得到的基础数据，通过分析统计可得到表征监测时段内气溶胶理化性质和来源的各项指标，包括颗粒物粒径分布、离子丰度、特征物种丰度、颗粒类别、颗粒来源等，各项指标综合运用，结合其他空气质量参数监测数据及气象数据等，可为污染成因分析、污染物来源解析、颗粒物理化性质及形成机制分析提供有效支撑。

1. 颗粒物粒径分布

根据实际需求，设定不同时间间隔和粒径段间隔，统计监测时段不同粒径段、不同类别颗粒物的颗粒数，可得到关注时段、化学类别的颗粒物粒径分布，以及粒径分布随时间的变化规律，指示颗粒物爆发性增长以及吸湿增长等事件。

2. 离子丰度

统计监测时段内测得的所有颗粒物中，含有每个质荷比的颗粒物占总颗粒物的比例，可指示该质荷比离子的含量和丰富程度。

3. 特征物种丰度

根据同位素及同步出现的离子或离子对，准确筛选含有关键元素及组分的颗粒物，统计监测时段内含有关键元素及组分的颗粒物占总颗粒物的比例，指示关键物种在监测时段的丰富程度及污染过程的变化（降低或富集）。主要可针对污染过程变化及来源判识有示踪意义的物种进行分析，包括颗粒物数浓度、EC、OC、NO_3^-、SO_4^{2-}、NH_4^+、Cl、Na、K、Mg、Ca、Al、Si、Ti、Cr、Fe、Mn、Cu、Zn、V 等组分。

4. 颗粒类别

依据气溶胶单粒子的化学组成（质谱图）将监测时段内采集到的所有单颗粒进行聚类，可指示监测时段内颗粒物的理化性质及可能来源，一般可将颗粒物分为有机碳颗粒、元素碳颗粒、混合碳颗粒、左旋葡聚糖颗粒、富钾颗粒、富钠颗粒、重金属颗粒、矿物质颗粒等类别，也可根据实际情况进一步细分。

5. 混合状态

气溶胶的混合状态指的是不同化学组分在单个气溶胶上的分布状态。在传统的离线研究中，通常认为每个颗粒的化学成分是一致的，得到的是气溶胶的平均化学成分。然而事实上，每个单颗粒的化学成分可能存在显著的差异。许多研究已表明混合状态在很大程度上决定了气溶胶的光学性质，因此准确估计气溶胶对能见度和气候的影响是极为重要的参数。单颗粒气溶胶因其测量单个颗粒物的方式可被用于颗粒物混合状态的研究[234-236]，对研究认识气溶胶的形成、发展和消亡、气溶胶污染的化学特征和老化过程以及识别和解析污染来源具有重要意义。基于单颗粒组分的分析，可以识别特定组分之间的混合状态，从而对污染形成机制、来源进行解析。

6. 颗粒来源

以单颗粒质谱仪监测及统计所得的各类指标为依据，通过示踪离子法、大数据聚类法、受体模型法等方法，解析监测时段内颗粒物污染贡献的行业来源及其变化过程，从而为环境管理服务。

3.2　单颗粒质谱动态来源解析方法概要

3.2.1　单颗粒质谱动态来源解析的背景

随着我国工业化和城市化的发展，环境污染问题日趋严重。在城市地区，气溶胶颗粒通常与人类活动密切相关，例如生物质燃烧、机动车尾气排放以及工业源排放等，常常造成严重的城市灰霾，引起严重的大气环境问题。此外，这些颗粒物通常还含有大量的有毒、有害物质，对人体健康造成了极大的危害。而大气颗粒物的来源解析具有导向性，能够直接为环保部门指明污染防治重点，从而采取相应的有效治理措施，其中，基于监测数据的受体模型法应用最为广泛。

传统的受体模型源解析一般采用离线方法，通过 $PM_{2.5}$ 排放源样品采集，得到源成分谱，再基于环境受体样品采集，得到环境样品的化学组成，最后基于 CMB、PMF 等受体模型，定量计算出各类源对 $PM_{2.5}$ 的贡献。这类方法历经多年发展，方法学成熟，为我国的环境管理提供了巨大支撑，然而也存在耗时长、时间分辨率低、数据相对滞后的不足。近年来随着科学技术的进步，多种在线仪器的出现使得实现 $PM_{2.5}$ 的快速源解析成为可能，主要包括在线组分观测仪器（TEOM、BAM、GAC、Xact、Sunset OCEC 分析仪）和气溶胶在线质谱（AMS、ATOFMS，SPAMS 等）两大类。在线组分监测仪器通过滤膜或溶蚀器快速采集空气中的颗粒物，利用离子色谱法、X 射线荧光法等原理分别测量颗粒物中各化学组分浓度，主要包括离子、碳组分、重金属等；气溶胶在线质谱可实时获得颗粒物质谱图，广泛应用于在线观测，其中 AMS 可提供 PM1 中非难熔气溶胶化学组分特别是有机气溶胶（OA）的质谱信息，而 ATOFMS 等单颗粒气溶胶质谱技术的出现在一定程度上弥补了 AMS 测量物种不全的缺点，并可以为在线源解析提供大量高时间分辨率数据。

自 2012 年国家发布新空气质量标准后，大气污染源解析需求迅速增长。为指导各地开展大气颗粒物来源解析工作，原环境保护部于 2013 年 8 月 14 日发布《大气颗粒物来源解析技术指南（试行）》，明确了源解析相关的技术和方法。2014 年，原环境保护部发布《关于开展第一阶段大气颗粒物来源解析研究工作的通知》（环办〔2014〕7 号），全面启动全国直辖市、省会城市（除拉萨外）、计划单列市开展环境空气颗粒物来源解析研究工作，以离线手工监测为主，获得颗粒物的组分特征。在此基础上 2015 年初又发布了《关于做好 2015 年大气污染物来源研究工作的通知》（环办〔2015〕6 号）。2016 年，为贯彻落实《大气污染防行动计划》和《加强大气污染防治科技工作支撑方案》，围绕大气联防联控技术示范，国家开展了重点研发计划"大气污染成因与控制技术研究"重点专项，针对源解析技术开展了"大气污染物多组分在线源解析集成技术"攻关研究。同时，2016 年原环境保护部启动了国家大气颗粒物组分监测网的建设，下发了《关于印发〈京津冀及周边区域颗粒物组分/光化学监测网自动监测设备联网方案〉和〈2016 年京津冀及周边区域颗粒物组分网手工监测方案〉的通知》（环办监测函〔2016〕1942 号），并于 2016 年秋冬季在京津冀及周边"2+18"城市进行颗粒物在线组分、单颗粒质谱以及激光雷达观测，大量在线观测数据大大促进了颗粒物快速动态源解析方法的发展，为污染天气的快速决策提供了数据支撑。2018 年 6 月 27 日，国务院印发《打赢蓝天保卫战三年行动计划》（国发〔2018〕22 号），要求常态化开展重点区域和城市源排放清单编制、源解析等工作，形成污染动态溯源的基础能力。《关于推进生态环境监测体系与监测能力现代化的若干意见》（环办函〔2020〕9号）要求"提升环境污染溯源解析与风险监控能力"。《生态环境监测规划纲要（2020—2035年）》要求到2025年，"针对突出环境问题或重点区域的污染溯源解析、热点监控网络加速形成"。党中央国务院高度重视大气污染防治工作，2020年作出了细颗粒物与臭氧协同控制的重要指示，生态环境部对细颗粒物与臭氧协同监测作出重要工作部署，将颗粒物源解析工作作为协同控制中一个重要组成部分。在此基础上，基于单颗粒质谱的动态源解析技术近年来得到了快速的发展，在国内监测站体系得到了广泛的应用。

3.2.2　单颗粒质谱动态来源解析的方法基础

1. 不同污染源排放颗粒物特征不同

图3-20为某地 $PM_{2.5}$ 各类典型污染源的因子谱，从图中可以看出，不同污染源排放颗粒物特征存在明显差异。不同污染源排放颗粒物特征不同，是单颗粒质谱能够开展源解析的基本前提。

机动车尾气源颗粒正、负谱图中均含有明显的 EC 信号峰，同时负谱图中还含有明显的硝酸盐信号；燃煤源颗粒正、负谱图中同样含有一些元素碳信号，同时正谱图中还存在一些 OC 信号，负谱图中存在 SO_3^-（$m/z = -80$）；扬尘源颗粒正谱图中存在明显的 Ca^+（$m/z = 40$）和 CaO^+（$m/z = 56$）信号，负谱图中含有明显的 SiO_3^-（$m/z = -76$）和 PO_3^-（$m/z = -79$）信号；工业工艺源谱图中则主要为重金属（Fe^+、Cu^+、Pb^+等）及部分高分子有机物等特征峰；生物质燃烧源谱图中主要为 K^+、弱 OC 信号以及左旋葡聚糖等特征峰；二次无机源谱图中，除 K^+、Na^+离子外，主要以二次离子如 NH_4^+、NO_2^-、NO_3^-、HSO_4^-为主；海盐颗粒因子谱，则有较为明显的 Na^+、K^+、Cl^-离子峰，以及 Na_2Cl^+等富钠离子团簇。

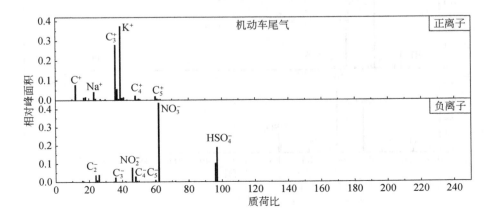

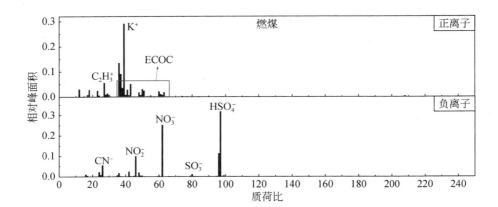

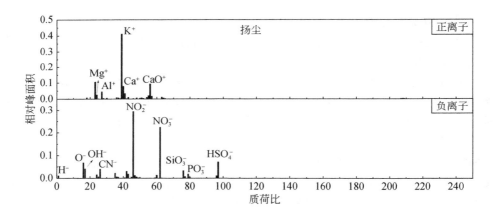

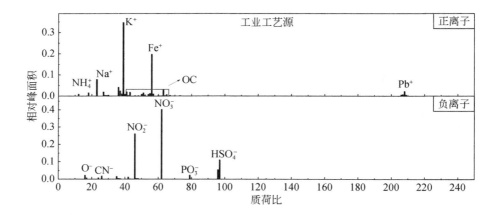

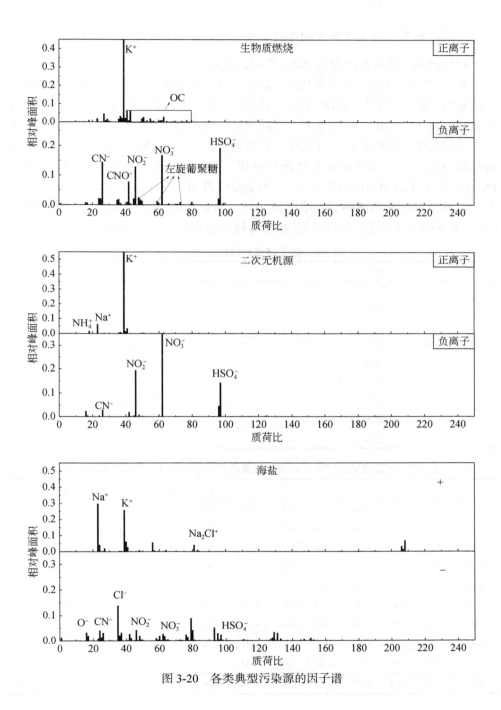

图 3-20　各类典型污染源的因子谱

2. 单颗粒质谱对于源解析相关的主要物种的监测具有较好代表性

1）SPAMS 整体数浓度与 PM$_{2.5}$ 质量浓度对比

2016 年 11 月起，京津冀及周边城市组分网正式组建运行，单颗粒质谱部署于张家口、北京、廊坊、天津、保定、沧州、石家庄、邢台、郑州九城市（表 3-6）。为充分对比不同城市、不同季节、不同设备对颗粒物检测的有效性，将正式运行以来不同污染过程的数据进行汇总，对单颗粒质谱检测 PM$_{2.5}$ 的数浓度与在线设备检测 PM$_{2.5}$ 质量浓度的相关性进行分析。各污染过程中单颗粒质谱数浓度与 PM$_{2.5}$ 质量浓度的相关性图见表 3-7，由表可以看到，在仪器正常维护及运行情况下，各城市单颗粒质谱测得数浓度与 PM$_{2.5}$ 质量浓度相关性系数 R 平均达到了 0.83，说明单颗粒质谱测得的颗粒物能够较好地代表大气颗粒物的基本情况。

表 3-6　组分网单颗粒质谱分布情况

城市	仪器放置地点
张家口	张家口环保局
保定	接待中心
石家庄	世纪公园
邢台	邢台一中
北京	中国环境科学研究院
天津	天津市站
廊坊	廊坊市环保局
沧州	沧州市站
郑州	高新区管委会

表 3-7　历次污染过程中不同城市单颗粒数浓度与 PM$_{2.5}$ 质量浓度相关性

城市	1	2	3	4	5	6	7	8	9	10	11	平均
张家口	—	0.87	0.89	0.93	0.81	0.81	0.87	0.83		0.63	—	0.83
北京	0.88	0.89	0.94	0.96	0.85	0.79	0.90	0.91	0.79	0.89	—	0.88
廊坊	0.82	0.89	0.72	0.91	0.74	0.70	0.85	0.93	0.96	—	—	0.84
天津	—	—	—	0.68	0.71	—	0.93	—	—	—	—	0.78
保定	—	—	0.76	0.90	—	—	0.79	0.77	0.80	0.65	—	0.78
沧州	0.81	0.92	0.87	0.74	0.83	0.68	0.93	0.93	—	0.90	0.81	0.84
石家庄	0.89	0.96	0.89	0.85	0.86	0.76	0.85	0.88	—	0.87	—	0.87
邢台	—	0.95	0.89	0.89	—	0.71	0.56	—	—	—	—	0.80
郑州	0.80	0.97	0.93	0.81	0.95	0.87	—	0.94	0.78	—	0.74	0.86
平均	0.84	0.92	0.86	0.85	0.82	0.76	0.84	0.88	0.83	0.79	0.77	0.83

2）SPAMS 不同粒径段数浓度与 ELPI 数浓度对比

为研究单颗粒质谱检测不同粒径段颗粒物数浓度的代表性，利用南开大学污染源谱库中的不同污染源尘样，使用再悬浮采样器悬浮后，同时用 SPAMS 和 ELPI 进行检测，对不同粒径检测的颗粒物数浓度进行对比。

以燃煤尘为例，进行了 SPAMS 和 ELPI 同步检测分析。各粒径段颗粒物数目回归的结果如图 3-21 所示。除了 0.23 μm 粒径段外（该粒径段位于单颗粒质谱检

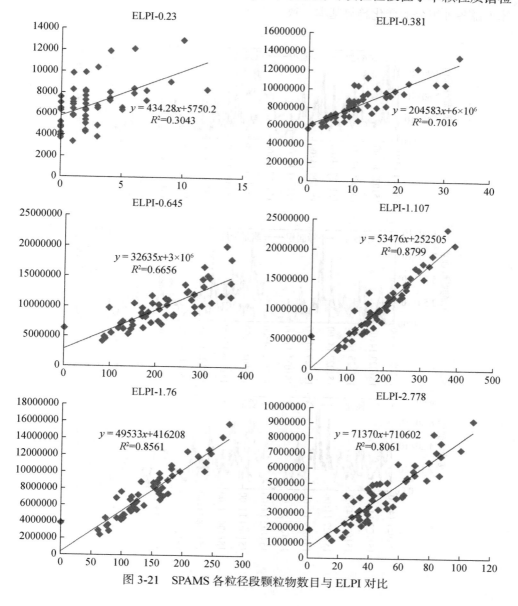

图 3-21　SPAMS 各粒径段颗粒物数目与 ELPI 对比

测粒径的下限附近），两台设备在其他粒径段具有良好相关性。

3）SPAMS 组分与在线多组分监测结果对比

利用暨南大学超站数据，研究了 SPAMS 提取各种组分与在线多组分监测结果的一致性。观测期间，除单颗粒气溶胶质谱在线观测外，同步开展了在线碳组分（OC、EC）、在线离子色谱（K^+、Na^+、Cl^-、SO_4^{2-}、NO_3^-、NH_4^+）的观测。以下对碳组分和水溶性离子组分的有效性进行分析对比。由图 3-22 可以看到，总体来说各种组分的变化趋势基本一致。

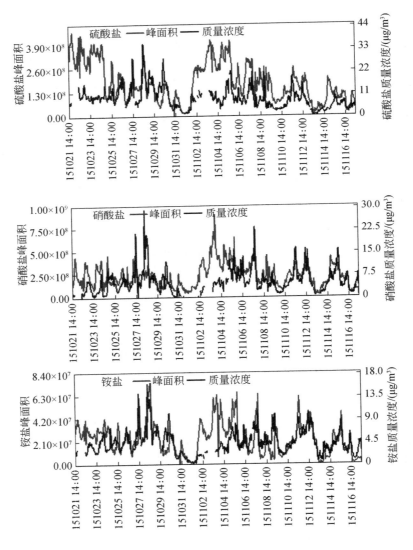

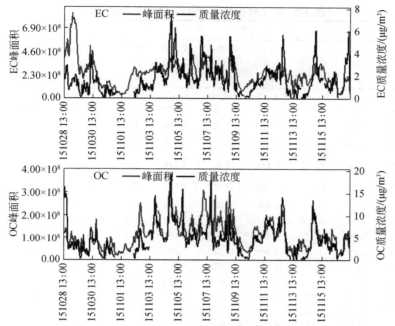

图 3-22　SPAMS 测得化学成分峰面积与对应成分质量浓度变化趋势及相关性

4）SPAMS 组分与手工滤膜采样结果对比

利用手工采样和单颗粒气溶胶质谱仪在中国环境监测总站同步开展观测，对比源解析重要化学物种的检测有效性。

离线分析项目为 $PM_{2.5}$、有机碳（OC）、元素碳（EC）、Al、Cr、Mn、Fe、Cu、Zn、Ca、Mg、Si、Ti、NO_3^-、SO_4^{2-}、Cl^-、Na^+、K^+、Mg^{2+}、Ca^{2+}、NH_4^+ 的质量浓度。

在线分析项目为 $PM_{2.5}$ 数浓度，有机碳（OC）、元素碳（EC）、Al、Cr、Mn、Fe、Cu、Zn、Ca、Mg、Si、Ti、NO_3^-、SO_4^{2-}、Cl^-、Na^+、K^+、Mg^{2+}、Ca^{2+}、NH_4^+ 的信号响应（峰面积）。

表 3-8 手工和在线方法测定 19 种组分比较结果表明，除 Si、Ti 的相关性较差外，其余组分多数都达到了中高度相关，说明单颗粒质谱对于这些组分的检测有较好的代表性。

5）SPAMS 分粒径段组分有效性

在广东省江门市鹤山市桃源镇的广东省鹤山大气超级监测站开展联合观测，在利用单颗粒质谱在线观测的同时，采用十级串联撞击式采样器开展了两个季节的同步离线样品采集，见表 3-9 和表 3-10。

表 3-8　手工和在线方法测定 19 种组分结果比较

序号	组分	传统方法				在线方法			相关性
		单位	检出限	实测最小质量浓度	实测最大质量浓度	实测质量浓度中位数	实测最小信号响应	实测最大信号响应	实测数信号响应中位数	
1	$PM_{2.5}$	$\mu g/m^3$		8.395	392.182	81.328	52222	1372714	311858	0.867
2	OC	$\mu g/m^3$		4.359	106.905	28.730	1305	42935	9544	0.878
3	EC	$\mu g/m^3$		0.918	22.620	8.150	1601	27318	9305	0.836
4	SO_4^{2-}	$\mu g/m^3$	0.002	2.177	55.573	4.619	2101	57586	14318	0.874
5	NO_3^-	$\mu g/m^3$	0.002	0.145	12.469	1.348	1738	58669	14243	0.784
6	NH_4^+	$\mu g/m^3$	0.002	0.854	33.647	4.813	593	44148	4652	0.892
7	K^+	$\mu g/m^3$	0.001	0.146	5.263	1.059	2251	59447	15511	0.871
8	Na^+	$\mu g/m^3$	0.002	0.487	4.451	1.009	1441	42026	11037	0.864
9	Cl^-	$\mu g/m^3$		0.425	24.489	4.162	1150	24577	7078	0.846
10	Si	$\mu g/m^3$	0.14	0.545	13.985	1.542	33	1436	128	0.115
11	Fe	$\mu g/m^3$	0.001	0.037	1.622	0.378	65	10100	602	0.773
12	Ca	$\mu g/m^3$		0.188	3.051	0.534	97	2517	624	0.591
13	Al	$\mu g/m^3$	0.008	0.089	0.735	0.270	27	188	87	0.800
14	Zn	$\mu g/m^3$	0.003	0.023	1.383	0.305	4	180	33	0.804
15	Ti	$\mu g/m^3$		0.064	2.907	0.714	4	74	19	0.155
16	Mg	$\mu g/m^3$		0.042	0.899	0.139	37	624	130	0.694
17	Mn	$\mu g/m^3$	0.0003	0.001	0.161	0.032	2	345	16	0.620
18	Cu	$\mu g/m^3$	0.0007	0.00	0.172	0.027	3	683	31	0.813
19	Cr	$\mu g/m^3$	0.001	0.031	0.086	0.044	1	67	3	0.655

表 3-9　夏季 EC、OC 和水溶性离子峰面积与质量浓度相关性（r）结果

组分	粒径段/μm				
	0.18~0.32	0.32~0.56	0.56~1.0	1.0~1.8	0.18~1.8
EC	0.35	0.84	0.65	0.54	0.63
OC	0.54	0.77	0.72	0.45	0.71
Na^+	0.27	0.29	0.40	0.57	0.69
NH_4^+	0.01	0.89	0.88	0.75	0.72
K^+	0.30	0.65	0.59	0.47	0.51
Mg^{2+}	0.66	0.69	0.65	0.64	0.50
Ca^{2+}	0.57	0.80	0.74	0.74	0.65
F^-	0.34	0.92	0.47	0.47	0.36
CH_3COO^-	0.55	0.72	0.36	0.43	0.51
$HCOO^-$	0.52	0.33	0.48	0.39	0.39
Cl^-	0.79	0.78	0.61	0.54	0.64
NO_3^-	0.49	0.81	0.73	0.75	0.70
SO_4^{2-}	0.53	0.85	0.82	0.80	0.73
$C_2O_4^-$	0.37	0.47	0.55	0.47	0.45

表 3-10　冬季 EC、OC 和水溶性离子峰面积与质量浓度相关性（r）结果

组分	粒径/μm				
	0.18～0.32	0.32～0.56	0.56～1.0	1.0～1.8	0.18～1.8
EC	0.60	0.78	0.72	0.62	0.70
OC	0.47	0.80	0.66	0.48	0.72
Na^+	0.70	0.35	0.76	0.36	0.56
NH_4^+	0.38	0.59	0.58	0.39	0.68
K^+	0.48	0.63	0.71	0.57	0.75
Mg^{2+}	0.40	0.83	0.87	0.56	0.64
Ca^{2+}	0.32	0.76	0.71	0.58	0.56
F^-	0.44	0.59	0.51	0.38	0.33
CH_3COO^-	0.46	0.43	0.72	0.35	0.43
$HCOO^-$	0.44	0.40	0.68	0.40	0.41
Cl^-	0.67	0.78	0.52	0.78	0.59
NO_3^-	0.77	0.77	0.79	0.53	0.64
SO_4^{2-}	0.37	0.65	0.66	0.51	0.57
$C_2O_4^-$	0.74	0.59	0.69	0.72	0.66

　　分析 0.18～1.8 μm 粒径段各组分的相关性发现，除少数几种离子峰面积与质量浓度低度相关外，其他都呈显著相关。单颗粒质谱对于不同粒径的化学组分检测有较好的代表性。

　　综合以上结果，单颗粒质谱与不同商业化仪器、不同采样方法的对比均表明，单颗粒质谱测得的颗粒物数浓度、主要化学组分具有较好的代表性，能够用于研究气溶胶特征及变化趋势，解析大气颗粒物污染来源及开展成因分析工作。

3.2.3　单颗粒质谱动态源解析技术概述

　　基于单颗粒质谱的动态源解析技术主要由三部分组成：在线质谱仪器（SPAMS）、污染源谱库和大数据分析比对模型。

　　动态源解析主要利用受体颗粒和源谱特征的对比识别污染来源，其流程和基本原理如下（图 3-23）：首先参照《大气颗粒物源解析技术指南（试行）》及《环境空气颗粒物来源解析监测方法指南（试行　第二版）》中的相关指导要求，结合本地污染特征和管理需要确定主要污染源类，并对各污染源样品进行采集，获取各类污染源排放的颗粒物质谱特征；然后借助自适应共振神经网络分类方法（ART-2a 算法）等大数据算法，对采集到的各源颗粒进行分类、筛选，得到各源的特征谱图，建立特征源谱库；最后，利用 SPAMS 进行受体颗粒物连续监测，实时测到的每个受体颗粒质谱图，与源谱库中的特征谱图进行比对，当受体颗粒

与某类污染源的相似度高于某一阈值，该颗粒物将被归到对应源中，通过该实时计算模型，可及时判断出测得的每一个颗粒物的来源，通过一定时间（如1小时）的统计，即可得到实时的源解析结果。

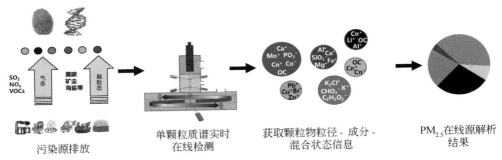

图 3-23　单颗粒质谱动态源解析技术原理示意图

基于在线单颗粒气溶胶飞行时间质谱法环境空气颗粒物（PM$_{2.5}$）源解析工作程序包括源样品采集、单颗粒质谱源成分谱库构建、环境空气受体监测、源解析模型选择、源解析结果有效性评估和源解析结果应用6个部分，具体见图3-24。

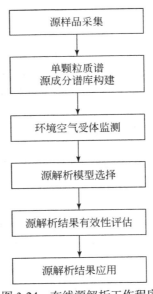

图 3-24　在线源解析工作程序

3.3　源样品采集与分析

3.3.1　PM$_{2.5}$ 源类识别

为使在线单颗粒源解析法溯源结果与常用的其他受体模型对应，参考《大气颗粒物来源解析技术指南（试行）》《环境空气颗粒物来源解析监测技术方法指南》，将污染源划分为固定源、移动源、开放源、生物质燃烧源、餐饮油烟源、海盐粒子等一次源类，其中，固定源主要包括燃煤（油）的各类电厂锅炉、民用炉灶、建材和冶金工业炉窑等颗粒物排放源，移动源主要包括机动车、船、飞机及非道路机械等颗粒物排放源，开放源通常包括土壤风沙尘、道路扬尘、施工扬尘、堆场扬尘和城市扬尘等。此外，还包括污染源排放到环境中的气态污染物（也称前体物）经过光化学氧化反应气-固转化形成的二次源类。

3.3.2　PM$_{2.5}$ 主要排放源类确定

采样前需通过深入的污染源调查，参考本地区的污染源清单，环境统计数据等基础信息，识别与本地区颗粒物来源相关的各种污染源类别，并保证进行采样的污染源能分别代表本地区各类颗粒物排放源。其中，重点企业的筛选可依据本地清单，综合考虑行业污染物排放量、代表性高排量企业、污染源与源解析点位距离及本地历史源谱情况筛选，其余原则可参考生态环境部 2020 年 5 月发布的《环境空气颗粒物来源解析监测技术方法指南》。

3.3.3　谱库建立原则

污染源谱库是源解析工作的基础和前提。单颗粒质谱源成分谱库建立过程中，应优先考虑对当地各主要污染源类均进行采样分析，建立本地化的污染源谱库。实际工作中，受工作周期和时效性限制，对于全国各地单颗粒质谱源成分特征差异较小的通用型源类，如移动源、扬尘源，可使用仪器自带的标准源谱数据（周振团队在近 10 年的单颗粒质谱来源解析研究和应用工作中，已建立了大量的污染源谱数据库，基本涵盖了主要的源类）；燃煤源、工业工艺源、生物质燃烧源等源类则应尽可能考虑建立本地化的源成分谱库。鉴于目前全国已有数十个城市构建过本地化的污染源特征谱，若本地构建单颗粒质谱源成分谱库过程中缺失某一类源的源谱，可考虑以就近原则，依据本地污染源类型，从周边城市采集过的同类型源谱中调用补充。若需开展污染源精细化解析，移动源、扬尘源也必须采集本地污染源谱。

3.3.4　样品采集

根据仪器配置、污染源种类及排放现场环境实际情况，源采样方式一般可分为在线样品采集和离线样品采集。

1. 固定源与移动源离线采样

受单颗粒气溶胶飞行时间质谱仪器体积、重量和供电要求限制，源谱采集优先使用离线采样方法。

固定源离线采样一般采用真空瓶或真空箱气袋法进行样品采集。

固定源真空瓶法离线采样步骤如下：

①预先对真空玻璃瓶抽真空；②连接采样装置：使用硅胶管将真空瓶进气口与采样枪出气口连接，采样前将真空瓶取出，在进气口装好硅胶管，并确定硅胶管无泄漏；③样品采集：参考 GB/T 16157，将采样枪从采样口探入烟囱或排气筒中心处，采样枪进气口对准气流方向，打开真空瓶阀门，真空瓶自身负压将烟气抽如气瓶，采样完成后关闭真空瓶阀门，做好标记并保存。

真空箱气袋采样装置见图 3-25。采样步骤如下：①预先用洁净空气或氮气清洗采样气袋；②连接采样系统：将铝箔气袋放入真空箱，将气袋进气口与真空箱进气口连接，并将气袋出气口拧紧，关闭真空箱，保持密封，将真空箱的进气口和出气口分别连接采样枪和真空泵；③样品采集：参考 GB/T 16157，采样位置应优先选择在垂直管段，避开烟道弯头和断面急剧变化的部位。将采样枪从采样口探入烟囱或排气筒中心处，采样枪进气口对准气流方向，打开真空泵，抽取箱内空气，产生负压从而将烟气采入气袋，采样完成后关闭气袋上的阀门，做好标记并保存。

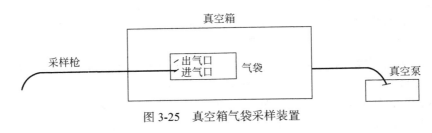

图 3-25　真空箱气袋采样装置

2. 固定源与移动源在线采样

针对排放口较低的固定源（一般不超过 10 m），包括部分民用炉灶、工业炉窑、工艺过程，移动源中采样相对便捷的机动车尾气源、餐饮油烟源等源类，在配备了车载移动式单颗粒气溶胶飞行时间质谱且存在稳定供电条件的情况下，可选用在线采样方式[237]，在线采样系统示意见图 3-26。针对排放废气温湿度较大且管路距离较长的污染源，需配备带加热功能的取样枪，视现场情况设置 1~2个缓冲瓶，防止冷凝水进入车载仪器；针对温湿度较低、管路较短冷凝不严重的污染源如餐饮油烟源，可由单颗粒质谱经采样管从污染源排放口直接取样。

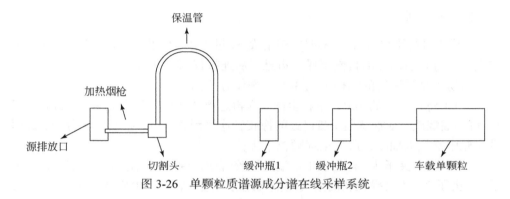

图 3-26　单颗粒质谱源成分谱在线采样系统

3. 开放源离线采样

针对扬尘源、生物质燃烧源等开放源样品，参照《环境空气颗粒物来源解析监测技术方法指南》进行源样品采集。

针对生物质燃烧，也可离线采集生物质，通过实验室燃烧炉进行生物质模拟燃烧，使用真空瓶对燃烧后气体进行采集，引入单颗粒气溶胶质谱进行分析。

3.3.5　样品分析

应用在线单颗粒气溶胶飞行时间质谱仪对采集到的污染源样品进行分析，获得各污染源排放 PM$_{2.5}$ 颗粒数、颗粒物粒径大小及颗粒物质谱特征等信息，作为单颗粒质谱源成分谱库构建的基础数据。

1. 离线样品分析

将离线采集的真空瓶或气袋样品带回仪器处，无须前处理，使用导电硅胶管将气袋或真空瓶的进气口连接至仪器进样口，由仪器自动采样分析。需注意接口处的密封性，避免空气混入。离线样品须在样品采集完成后尽快完成分析，以免颗粒聚集或黏附在气袋或瓶壁上而过多损失。

离线采样过程中，若配备有车载移动式单颗粒气溶胶飞行时间质谱，因排放口高度所限无法在线取样，可将车载仪器移至污染源附近，缩短离线样品运回时间，提高检测效果。

2. 在线样品分析

在线采集的样品通过仪器分析检测，实时给出颗粒数、粒径分布及正负谱图信息。

3. 尘样分析

尘样不进行研磨，保持采样时的初始状态，过 150 目标准筛以获取粒径<100 μm 的组分，过筛后的样品自然干燥，再悬浮后连接仪器进样口进行分析。

简易再悬浮装置的结构见图 3-27，操作方法如下：

（1）将过筛后的 100 g 左右尘样放入再悬浮装置中，闭合夹子 2，打开夹子 1，将蒸馏烧瓶（或抽滤瓶）瓶口处的橡胶管连接到真空泵，抽真空 5 分钟，此时悬浮瓶中空气被抽净，避免空气颗粒干扰；

（2）闭合夹子 1，将夹子 1 上端的橡胶管连接到仪器的进样口，依次打开夹子 1、夹子 2，不含颗粒物的空气经空气过滤器进入装置，尘样被洁净空气冲起，悬浮在瓶内，经导管进入仪器，开始样品检测；

（3）触发频率明显降低时，通过振荡抽滤瓶提高颗粒物数浓度。

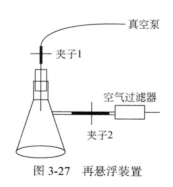

图 3-27　再悬浮装置

3.4　源成分谱库构建

源谱样品测试后得到海量的单颗粒质谱数据，需要通过一系列的分类和修正，最终得到可用于本地源解析的源成分谱，一共分为源谱数据规整、源谱数据分类、源谱数据修正以及源谱有效性评估及测试四大步骤。

3.4.1　源谱数据规整

根据本地化源谱的实际采集情况，通过标准谱库调用、周边城市同类源谱调用等方式，补充完善源特征谱库数据。

3.4.2　源谱数据分类

采用自适应共振神经网络分类方法（Art-2a），对采集到各源的海量单颗粒数据进行分类，再按照颗粒物的化学组成进行合并归类。考虑到需要基本能够囊括大气颗粒物中的主要成分，且能够更好地辅助颗粒物的溯源，一般将颗粒物分为9 类，分别为：元素碳颗粒、长链元素碳颗粒、有机碳颗粒、高分子有机碳颗粒、混合碳颗粒、左旋葡聚糖颗粒、富钾颗粒、重金属颗粒及矿物质颗粒。分类过程中使用的参数为：相似度 0.8，学习效率 0.05。

3.4.3　源谱数据修正

不同污染源之间会存在含有相似组分的情况，但同一组分在不同源中的占比存在较大差异，如矿物质颗粒主要存在于扬尘源中，在其他源中亦有出现，但占比较低。为尽可能降低源谱相互之间的共线性干扰，需针对此类特征物种进行筛选，仅在其占比较大的污染源谱中保留，从而得到修正后的单颗粒质谱源成分谱，降低源谱共线性对源解析结果的干扰。按照各类污染源排放成分的特性，划分污染源对应的组分种类，如表 3-11 所示。

表 3-11　各特征类别对应污染源类

颗粒物类别	颗粒物主要来源
元素碳、有机碳、混合碳等碳质颗粒	含碳燃料的不完全燃烧，如燃煤源、移动源、生物质燃烧、工业工艺
高分子有机碳颗粒	工业工艺、燃煤
重金属颗粒	工业工艺、燃煤
富钠颗粒	海盐
矿物质颗粒	扬尘、工业工艺
左旋葡聚糖颗粒	生物质燃烧
富钾颗粒	生物质燃烧、二次源

3.4.4　源谱有效性评估及测试

为提高在线源解析结果与当地空气污染情况的吻合度，需要对首次建立的源成分谱库进行优化，此过程类似于 CMB 模拟中的模型调优，不合适的源谱会予以剔除。调取城市的历史在线单颗粒气溶胶飞行时间质谱监测数据，置入在线源解析匹配模型进行解析，通过与当地大型治理方案、污染源有明确变化规律的特殊事件节点（如国庆、春节假期）、六参数变化规律、污染源的季节变化规律、火点分布等信息的比对，评估在线解析结果的合理性。例如，通过与 SO_2 时空规律的比对，以及燃煤源解析结果季节变化合理性的分析，评估燃煤源解析结果的合理性，SO_2 主要来自燃煤，此外北方城市冬季燃煤取暖较多，采暖季燃煤源占比会有明显升高；通过卫星火点分布的时空变化规律，评估生物质燃烧源解析结果的合理性，火点密集的时段，生物质燃烧占比贡献理应更大；通过与机动车限行时段数据的比对，评估机动车尾气源解析结果的合理性等。通过源谱的调优获取稳定合理的在线源解析结果，调优后的源成分谱库即为本地化的 $PM_{2.5}$ 单颗粒质谱源成分谱库。全时段和污染时段首控+次控异常源类组合分别见表 3-12 和表 3-13。

表 3-12　全时段首控+次控异常源类组合统计（%）

组合类型	广州市监测站	广州番禺大学城	佛山牛牯岭子站	佛山南海气象局	肇庆城中子站	东莞南城元岭	江门鹤山花果山	云浮牧羊	深圳西乡
扬尘+生物质	2.3	3.2	1.4	0.6	1.3	2.7	1.1	2.6	0.7
扬尘+尾气	3.7	3.5	3.2	3.8	4.5	3.9	4.6	1.7	3.3
扬尘+燃煤	2.8	1.1	1.9	1.4	1.9	2.2	4.1	0.7	0.5
扬尘+工业	3.4	1.6	3.1	4.8	3.6	2.6	1.6	2.3	1.6
扬尘+二次	1.8	3.0	3.0	1.4	3.0	0.9	3.1	3.8	7.2
生物质+扬尘	3.6	5.8	2.5	1.7	1.7	6.5	4.8	5.1	2.6
生物质+尾气	3.8	4.2	2.5	2.8	0.3	1.2	0.1	0.4	0.3
生物质+燃煤	1.0	2.8	2.8	2.0	4.3	0.8	1.2	1.8	0.4
生物质+工业	2.6	2.0	1.9	1.7	5.0	3.4	2.1	6.7	2.4
生物质+二次	5.4	3.6	4.7	9.3	1.1	4.6	3.8	5.9	6.7
燃煤+扬尘	1.9	0.8	2.3	1.2	3.0	3.3	7.7	0.4	1.6
燃煤+生物质	0.5	1.5	1.0	1.8	4.3	0.4	1.0	2.6	0.4
燃煤+尾气	9.7	9.5	5.4	6.9	3.7	3.2	1.7	7.0	3.0
燃煤+工业	3.6	2.6	6.3	4.5	3.7	4.9	4.6	3.9	4.8
燃煤+二次	2.6	3.3	3.3	2.0	1.9	6.1	1.9	1.0	5.8
工业+扬尘	3.4	1.4	2.6	5.5	2.2	2.7	3.2	1.7	1.8
工业+生物质	1.1	1.5	0.7	0.6	2.9	1.3	0.5	3.5	0.5
工业+尾气	3.2	3.4	2.8	3.8	1.8	3.4	3.6	1.8	3.2
工业+燃煤	6.2	4.0	5.6	3.4	3.1	5.4	3.8	3.9	1.7
工业+二次	0.7	1.2	1.8	2.4	2.4	3.0	1.5	3.6	3.1
尾气+扬尘	2.6	2.7	5.1	4.7	6.0	2.9	11.6	1.7	6.1

续表

组合类型	广州市监测站	广州番禺大学城	佛山牛牯岭子站	佛山南海气象局	肇庆城中子站	东莞南城元岭	江门鹤山花果山	云浮牧羊	深圳西乡
尾气+生物质	2.3	2.3	1.8	1.2	0.4	0.4	0.1	0.3	0.1
尾气+燃煤	7.8	9.4	8.4	4.5	4.4	4.6	1.5	14.6	1.5
尾气+工业	3.1	2.5	5.6	6.0	5.6	3.3	3.1	2.7	6.7
尾气+二次	2.0	2.4	5.4	3.1	7.6	0.7	7.3	3.0	11.9
二次+扬尘	3.7	5.0	2.9	1.7	6.5	3.6	9.0	3.7	10.8
二次+生物质	4.5	3.6	2.5	3.7	1.3	2.4	1.6	3.4	1.5
二次+尾气	4.6	6.7	3.4	5.8	4.9	2.5	6.2	3.1	4.9
二次+燃煤	5.2	4.3	3.8	2.9	2.5	10.8	1.8	2.5	1.2
二次+工业	0.9	1.0	2.3	5.0	5.0	6.3	2.0	4.3	3.9

表 3-13　污染时段首控+次控异常源类组合统计（%）

组合类型	广州市监测站	广州番禺大学城	佛山牛牯岭子站	佛山南海气象局	肇庆城中子站	东莞南城元岭	江门鹤山花果山	云浮牧羊	深圳西乡
扬尘+生物质	2.3			0.4		0.5			4.3
扬尘+尾气	2.3	1.1	6.0	2.8	0.5	1.1	4.6		
扬尘+燃煤	0.4		0.2				2.8		
扬尘+工业	2.3	0.6	5.4	5.7	1.0	0.5	0.8		
扬尘+二次	6.1	3.4	6.9	0.4	1.5	0.5	4.8	5.7	
生物质+扬尘		1.7				2.1	1.8		
生物质+尾气					1.6	0.5	0.1		
生物质+燃煤									
生物质+工业		0.6					1.1		
生物质+二次	2.3			0.2	1.6		0.8		
燃煤+扬尘	0.4					3.7	2.3		
燃煤+生物质				0.4					
燃煤+尾气	7.2	5.7	4.7	2.8			1.0	20.1	2.1
燃煤+工业	0.4		0.9	0.8		11.6	3.0		
燃煤+二次	3.0	4.0	4.2	1.2		14.3	0.3	1.3	2.1
工业+扬尘	0.8	4.0	3.6	14.2		0.5			2.1
工业+生物质		0.6			0.5				
工业+尾气	2.7	2.9	0.9	12.6	1.5	0.5	2.5		4.3
工业+燃煤	0.4	0.0	1.1	1.6	0.5	3.2	1.3		
工业+二次	0.4	3.4	3.3	3.6	0.5	4.2			

续表

组合类型	广州市监测站	广州番禺大学城	佛山牛牯岭子站	佛山南海气象局	肇庆城中子站	东莞南城元岭	江门鹤山花果山	云浮牧羊	深圳西乡
尾气+扬尘	12.9	2.3	13.2	6.9	1.0	1.1	17.3	1.9	17.0
尾气+生物质		0.6		0.4					
尾气+燃煤	12.5	11.4	4.5	0.4	1.0	0.5	1.3	28.3	
尾气+工业	13.3	18.9	5.8	16.2	13.7	2.1	2.4	3.1	31.9
尾气+二次	2.3	8.0	16.7	6.5	32.5	1.1	21.1	13.8	8.5
二次+扬尘	14.8	2.3	5.4		9.1	6.3	14.3	9.4	6.4
二次+生物质	1.9		0.7		4.1		0.3		2.1
二次+尾气	5.3	17.1	6.9	8.5	24.9	0.5	13.8	15.1	14.9
二次+燃煤	5.7	8.6	3.6	0.4	0.5	35.4	1.1	1.3	
二次+工业	0.4	2.9	5.4	11.3	7.1	9.5	0.7		4.3

1. 两个观测时段异常源类对比

1）首控异常源类分析

从两个观测时段的 PM$_{2.5}$ 首控异常源类统计结果来看：基本以移动源为首要，其中佛山南海在 2020～2021 年秋冬季移动源为首控异常源类的占比高达 39.5%；东莞在 2020～2021 年秋冬季的工业工艺源为首控异常源类的占比高于其余站点及时段；云浮的生物质及扬尘也在 2020～2021 年较高。

从污染时段来看，除东莞外的其余站点在两期观测污染时段中移动源作为首控异常源类的占比均较高；佛山南海工业工艺作为首控异常源类的占比明显高于其余站点，尤其在 2019～2020 年秋冬季；东莞在 2019～2020 年秋冬季污染时段燃煤源作为首控异常源类的占比较为突出。

2）首控异常源类+次控异常源类组合统计分析

对两个观测时段各站点的首控异常源类+次控异常源类进行组合并统计（图 3-28 和图 3-29）。

从全时段统计结果来看：①广州两站点、佛山市站及云浮在两个监测时段以"尾气+燃煤""燃煤+尾气"组合的污染类型占比稍高于其他类型；②佛山南海第 1 期中以"生物质+二次"的污染类型占比在本期监测中稍高于其他类型；③东莞第 2 期中以"二次+燃煤"的污染类型占比在本期监测中稍高于其他类型；④鹤山第 1 期和第 2 期分别以"尾气+扬尘"和"二次+扬尘"的污染类型占比在本期监测中最高；⑤深圳在第 2 期监测中以"尾气+二次"及"二次+扬尘"的占比均在10%以上。

从污染时段的统计结果来看：①各站点以移动源或二次无机源为首控异常源类与其他源的组合污染类型占比最高，其中"尾气+二次""尾气+工业""二

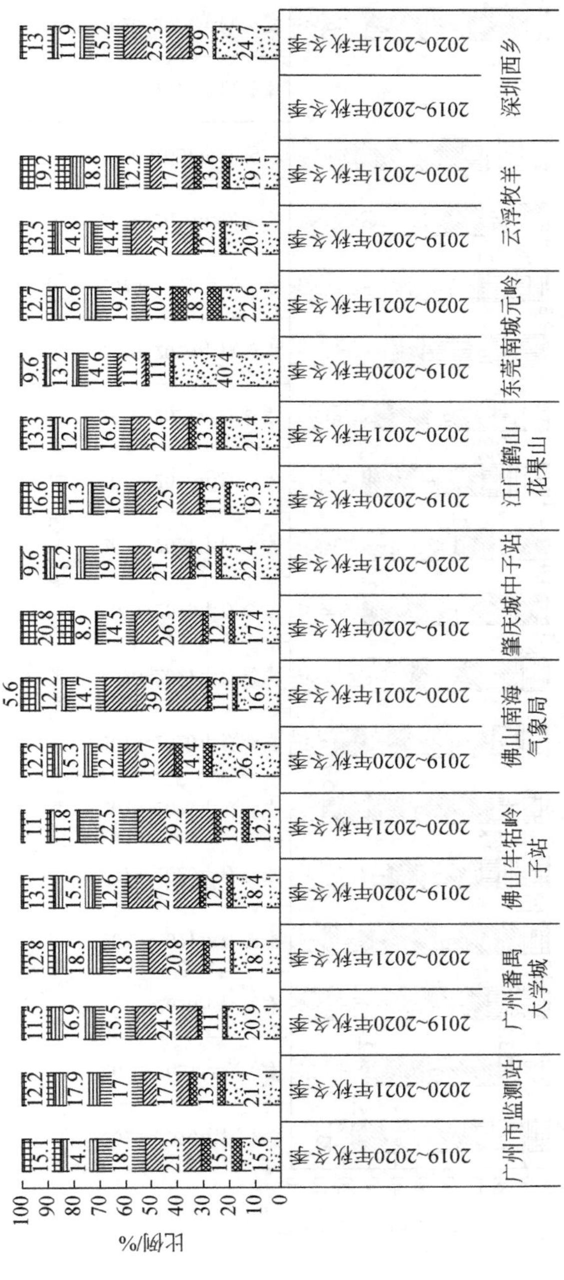

图 3-28　两个观测时段PM$_{2.5}$首控异常常源类对比

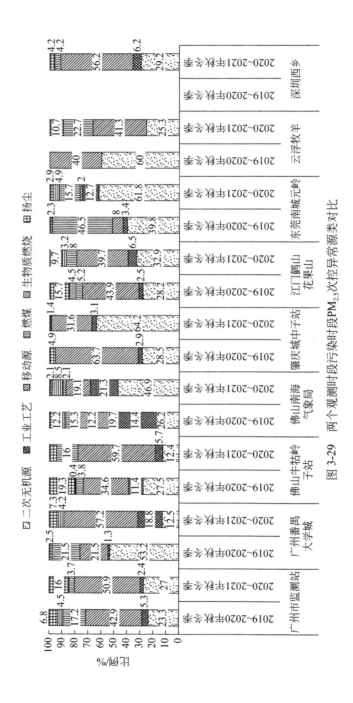

图 3-29　两个观测时段污染时段 PM$_{2.5}$ 次控异常源类对比

次+尾气"等污染类型在各站点两期监测中的污染类型占比普遍较高；②广州市站第2期、佛山市站第1期、鹤山第1期及深圳第2期监测中，以"尾气+扬尘"组合的污染类型占比均在10%以上；③云浮第2期监测中的"尾气+燃煤"和"燃煤+尾气"占比均大于20%，此外，"二次+尾气"占比也有13.2%，可见云浮市污染时段主要受到移动源、燃煤及二次污染源等影响；④佛山南海第1期监测中以"工业+扬尘""工业+尾气""尾气+工业"组合的污染类型占比均在10%以上，可见佛山南海污染过程中受工业源影响明显（表3-14和表3-15）。

表3-14　2个监测时段首控+次控异常源类组合统计（全时段，%）

组合类型	广州市监测站 第1期	广州市监测站 第2期	广州番禺大学城 第1期	广州番禺大学城 第2期	佛山牛牯岭子站 第1期	佛山牛牯岭子站 第2期	佛山南海气象局 第1期	佛山南海气象局 第2期	肇庆城中子站 第1期	肇庆城中子站 第2期	东莞南城元岭 第1期	东莞南城元岭 第2期	江门鹤山花果山 第1期	江门鹤山花果山 第2期	云浮牧羊 第1期	云浮牧羊 第2期	深圳西乡 第1期	深圳西乡 第2期
扬尘+生物质	1.0	1.2	1.3	1.9	0.7	0.7	0.5	0.2	0.7	0.6	1.4	1.4	0.6	0.5	1.0	1.7		0.7
扬尘+尾气	2.0	1.6	2.5	1.0	2.3	1.0	2.9	0.8	4.1	0.4	1.4	2.5	2.7	1.9	1.1	0.7		3.3
扬尘+燃煤	2.0	0.8	0.7	0.4	0.8	1.1	2.9	0.6	1.3	0.6	0.7	1.5	2.8	1.3	0.3	0.4		0.5
扬尘+工业	2.1	1.4	0.6	0.6	2.1	1.0			2.2	1.4	1.1	1.2	1.1	0.5	1.5	0.8		1.6
扬尘+二次	0.6	1.2	1.0		1.1	1.9	1.1		1.8	1.2	1.1	2.1	1.3	2.5				7.2
生物质+扬尘	1.0	2.6	1.6	1.6	0.9	1.5	0.8	0.9	0.8	0.9	3.0	3.5	2.1	2.7	1.6	3.5		2.6
生物质+尾气	2.0	1.7	3.0	1.1	1.5	0.9	1.3				0.1	0.0	0.1	0.0	0.1	0.3		
生物质+燃煤	0.3	0.7	1.5	1.3	1.6	1.2			0.9	2.3		0.7	0.4		1.4			0.4
生物质+工业	1.2	1.4	1.0	1.0	1.8	0.6			2.0	2.0		0.8		2.7	2.7	4.0		2.4
生物质+二次	2.7	2.7	1.6	1.2	3.0	1.2	6.8	2.5	0.5		1.4	3.2	1.3		0.9	5.0		6.7
燃煤+扬尘	1.1	0.8	0.6	0.7	1.6	0.6	0.6		1.7	1.2	1.6	1.7	3.7		0.1	0.3		1.6
燃煤+生物质	0.2	0.3	0.6	0.4	1.1	0.9	2.2	2.0			0.4		0.2	0.9	1.2	1.4		0.4
燃煤+尾气	5.3	4.4	4.2	5.3	2.1	3.3	3.7	3.2	1.4	2.4	1.4	1.8	0.6	13.9	2.4	4.6		3.0
燃煤+工业	2.0	1.6	1.0	1.6	1.6	4.7	2.1	2.3	1.7	2.1	1.9	2.9	2.4	2.1	1.2	2.7		4.8
燃煤+二次	1.0	1.6	1.7	1.7	1.4	1.9			0.6	1.4	3.2	2.9	1.1	0.8	0.6	0.4		5.8
工业+扬尘	1.6	1.8	0.8	0.7	1.8	0.6	4.2	1.3	1.2	1.0	0.7	0.4	1.3	0.8	0.9	1.8		
工业+生物质	0.5	0.7	0.7	0.7	1.8	0.6			1.4	1.0	0.6	0.4	1.8	1.8				0.5
工业+尾气	2.2	1.0	1.7	1.6	1.4	1.3	5.3	2.3			1.1	2.3	1.4	2.3	0.1	1.7		3.2
工业+燃煤	3.1	3.0	2.1	1.9	1.8	2.3	1.1	0.9	0.5	4.9	1.7	2.1	1.0	3.0				1.7
工业+二次	0.4	0.3	0.8	0.3	1.1	1.0	1.4		1.4	2.2	1.7	1.3		0.8	2.8			3.1
尾气+扬尘	1.0	1.7	1.7	1.0	3.2	1.1	3.5	1.2	4.3	1.7		2.2	0.7	4.6	0.8	0.9		6.1
尾气+生物质	1.7	0.6	1.9	0.5	1.3	0.9	0.9	0.3	0.2	0.2	0.3		0.1	0.1	0.2			0.1
尾气+燃煤	3.8	4.0	3.9	5.6	2.9	5.5	2.2	2.3	1.2	3.0	1.6		6.7	7.9				1.5
尾气+工业	2.1	0.9	0.7	1.7	2.8	2.8	3.7	2.3	3.1	2.6	2.0	1.7	1.8	0.6	2.1			6.7
尾气+二次	0.9	1.2	1.6	1.2	2.6	1.8	4.3	3.3	2.4	2.5		3.9	3.4	1.1	1.9			11.9
二次+扬尘	1.0	2.7	1.2	3.8	1.4	1.5	2.4	1.2	2.4		3.9	5.1	1.5	2.0				10.8
二次+生物质	2.5	2.0	1.9	1.7	1.9	0.5	2.7	1.0	0.7		0.8	0.9	2.0		1.5			1.5
二次+尾气	2.1	2.4	5.2	1.5	2.1	1.1	2.5	3.3	2.5		1.6	2.9	3.2	1.2	1.9			4.9
二次+燃煤	2.0	3.3	2.2	2.1	1.8	2.0	1.5	1.9	4.4	6.4	1.0		1.5	1.1	1.1			1.2
二次+工业	0.3	0.6	0.4	0.6	1.2	1.1	3.1	1.8	2.8	2.2	4.5	1.8		1.4	3.0			3.9

表 3-15　2 个监测时段首控+次控异常源类组合统计（污染时段，%）

组合类型	广州市监测站		广州番禺大学城		佛山牛牯岭子站		佛山南海气象局		肇庆城中子站		东莞南城元岭		江门鹤山花果山		云浮牧羊		深圳西乡	
	第1期	第2期	第1期	第2期	第1期	第2期	第1期	第2期	第1期	第2期	第1期	第2期	第1期	第2期	第1期	第2期	第1期	第2期
扬尘+生物质	0.4	1.9					0.4				0.5							
扬尘+尾气	1.1	1.1	0.6	0.6	3.8	2.2	2.8		0.5			1.1	3.1	1.5				4.3
扬尘+燃煤	0.4					0.2							2.8					
扬尘+工业	0.8	1.5		0.6	3.1	2.2	5.3	0.4	1.0		0.5		0.7	0.1				
扬尘+二次	0.8	5.3	0.6	2.9	5.1	1.8		0.4	1.0	0.5	0.5		2.3	2.5				5.7
生物质+扬尘				1.7								2.1	1.7	0.1				
生物质+尾气							0.8	0.8			0.5			0.1				
生物质+燃煤																		
生物质+工业				0.6									0.1	1.0				
生物质+二次	2.3					0.2	0.8	0.8					0.7	0.1				
燃煤+扬尘	0.4										3.7		1.8	0.1				
燃煤+生物质						0.4												
燃煤+尾气	7.2			5.7	1.6	3.1	2.8						0.3	0.7	20.1			2.1
燃煤+工业	0.4				0.2	0.7	0.4	0.4			6.9	4.8	0.7	2.3				
燃煤+二次	0.8	2.3	4.0		2.5	1.8	1.2				10.6	3.7	0.1	0.1		1.3		2.1
工业+扬尘		0.8	4.0		2.5	1.1	13.0	1.2					0.3	0.1				2.1
工业+生物质				0.6						0.5								
工业+尾气	2.3	0.4	0.6				10.9	1.6	1.5			0.5	0.8	1.7				4.3
工业+燃煤	0.4				0.7	0.4	1.2	0.4				0.5	3.2	0.3	1.0			
工业+二次		0.4	3.4		3.1	0.2	2.8	0.4		0.5	1.1	3.2						
尾气+扬尘	1.1	11.8	0.6	1.7	10.0	3.1	6.9		0.5	0.5		1.1	12.8	4.5	1.9			17.0
尾气+生物质				0.6			0.4											
尾气+燃煤	5.3	7.2	3.4	8.0	0.7	3.8	0.4			1.0	0.5		0.1	1.1	2.5	25.8		
尾气+工业	3.8	9.5	1.1	17.7	3.3	2.5	13.8	2.4	9.6	4.1	2.1		0.4	2.0			3.1	31.9
尾气+二次		2.3	4.6	3.4	7.4	9.4	5.3	1.2	22.8	9.6	1.1		11.4	9.7	6.3	7.5		8.5
二次+扬尘	3.8	11.0	0.6	1.7	4.2	1.1			2.5	6.6	4.2	2.1	8.3	6.0	0.6	8.8		6.4
二次+生物质	1.5	0.4			0.4	0.2				4.1			0.1	0.1				2.1
二次+尾气	1.9	3.4	14.3	2.9	2.2	2.2	3.2	4.3	6.6	18.3	0.5		6.3	7.5	1.9	13.2		14.9
二次+燃煤	4.2	1.5	8.6		2.7	0.9		0.4		0.5	11.1	24.3	1.0	0.1				1.3
二次+工业			0.4	0.6	1.3		5.1	0.2	8.1	3.2	5.6	1.5	2.6	6.9	0.6	0.6		4.3

2. 典型污染过程成因分析

整个项目观测期间，单颗粒气溶胶质谱仪分别在 2019 年 12 月～2020 年 1 月、2020 年 12 月、2021 年 1 月和 3 月捕获到多次污染过程（图 3-30）。

大部分污染过程均以移动源和二次污染源影响为主，可见移动源和二次无机源是区域内 $PM_{2.5}$ 污染主因，个别城市在部分污染时段内还受到燃煤源、工业工艺源或扬尘源等的影响。

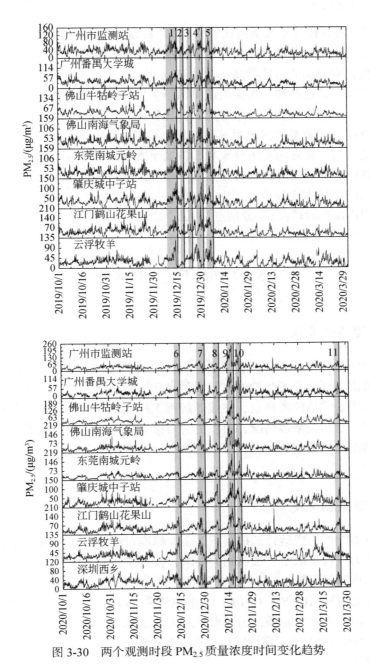

图 3-30　两个观测时段 PM$_{2.5}$ 质量浓度时间变化趋势

3. 污染成因小结

全时段：各首控异常源类占比较平均，广深佛肇江五城市的移动源占比稍高；云浮的扬尘及生物质燃烧为首控异常源类的占比为 9 站点中最高，东莞的工业工艺源为首控异常源类的占比稍高于其他点位。

污染时段：移动源和二次无机源是污染主因，佛山南海首控异常源类为工业工艺源，云浮燃煤作为首控异常源类的占比较大，广州市站、佛山市站及江门扬尘源作为首控异常源类的占比明显高于其他城市，需重点关注。

从各城市前二异常源类组合来看，各城市既有共性也有差异，可针对性开展管控预防管控。如污染时段，各站点以移动源或二次无机源为首控污染源与其他源的组合污染类型占比最高，其中"尾气+二次""尾气+工业""二次+扬尘"等组合类型占比相对较高；部分站点，如云浮"尾气+燃煤"型污染突出，深圳"尾气+工业"型污染突出。

3.5　环境空气受体监测

3.5.1　监测点位布设

环境空气颗粒物（$PM_{2.5}$）在线单颗粒气溶胶飞行时间质谱源解析监测点位的设置，一般需依托或靠近当地的空气质量自动监测站点。部分空气质量自动监测站点为空气质量评估的考核点，在线源解析工作在相应点位开展监测工作，反映考核点的颗粒物污染来源情况，可以更为直接地服务于当地空气质量的改善。同时结合自动站的气象监测数据，可以更为准确地分析出各个污染来源的空间分布规律。

3.5.2　仪器监测环境

为使仪器能够稳定运行，根据相关企业标准对仪器工作环境的温度、相对湿度、大气压力进行了限定。按照相关要求，仪器应在满足以下条件的环境开展监测工作：工作环境温度 5～35℃；相对湿度 20%～85%；大气压力 86～106 kPa；供电电源满足电压 AC220V（±10%），电源频率 50 Hz（±1 Hz）；室内清洁无尘，排放良好，附近无强电磁场，场地水平且无剧烈震动，无腐蚀性气体；仪器距离周围墙体＞500 mm 放置。室内需尽可能配置空调，以免温度波动较大，影响设备状态及数据质量。

为使监测数据达到与自动站监测数据相同的代表性，参考 HJ 655 对监测点的周边环境进行了限定。测点周围不能有高大建筑物、树木或其他障碍物阻碍环境空气流通。从监测点采样口到附近最高障碍物之间的水平距离，至少是该障碍物高出采样口垂直距离的两倍以上。

3.5.3　监测项目

基于单颗粒气溶胶飞行时间质谱的特性，监测项目有 $PM_{2.5}$ 颗粒数浓度，可与 $PM_{2.5}$ 质量浓度对比；颗粒物粒径分布，反映空气细颗粒物的粒径分布情况；单颗粒质谱特征，是颗粒物溯源与成分定性的信息基础；各类污染源的颗粒物数浓度与贡献占比，颗粒物污染来源在线监测结果，是监管部门制定治理方案的依据。

3.5.4　监测周期

为保障源解析数据对反映监测点空气质量情况的代表性，对不同需求下的监测时长进行限定。为确保监测代表性，建议监测点污染源快速摸底监测时长不少于一周；季度性污染来源解析监测时长不少于一个月；年度性的污染来源解析监测时长不少于四个月，其中每个季度采样时长不少于一个月。过短的监测时长，可能会带来较大的结果波动或误差，其结果对于反映中长尺度的实际情况的代表性可能不足。若目标为针对污染应急，重污染过程来源解析等，也可以根据实际情况规划监测周期。

3.5.5　质量控制

1. 仪器运行质控

为保障仪器数据的有效性，需对仪器日常运行期间进样压力、粒径校准、质量校准、激光冷却液进行定期维护。

1）进样口压力检查

每次采样前或采样过程中，每天查看进样口压力（低真空规 3 读数），并做好相应记录。

校准周期：①每 2 个月 1 次；②停机较长一段时间或发生较大位置移动，再次投入使用前；③响线性的维护后，如测径激光光路调节；④低真空规 3 读数偏离校准值±0.1 Torr。

维护步骤：①取出进样微孔片进行超声清洗；②多次清洗微孔片后仍无法达到正常真空度，需更换新微孔片；③更换新微孔片后仍无法达到原气压±0.1 Torr

的范围，需进行粒径校准。

2）粒径校准

①样品配置：加入 1～2 滴的 PSL 小球溶液到气溶胶发生器中，加入 50 mL 蒸馏水，混匀。PSL 小球颗粒物数浓度无须精确配制，当测试触发频率达到 2～8 即可满足实验要求。②进样系统连接：利用干燥空气作为气溶胶发生气体，气瓶减压阀调节到 0.1 MPa，发生器减压至 5 psi，发生出的气溶胶经过硅胶扩散干燥器后，进入仪器。测试不同粒径的 PSL 小球穿越两束测径激光的飞行时间。③飞行时间的确定及校正曲线的绘制：通过数据采集与分析软件的粒径参数计算功能，得到不同粒径的 PSL 小球穿越两束测径激光的飞行时间，并绘制数据采集软件校正曲线和数据处理校正曲线。④粒径校准文件要保存在特定文件夹，并在该文件夹里建一个文档用以注明粒径校准数据采集的时间、操作人员、进样口压力、温湿度、天气状况等条件，以备日后查看并调用数据。

3）质量校准

①质量偏移检查。每天采样前，先采集 5 min 的空气样品（其中有质谱信息的颗粒大于 50 个），分别查看 20 个正负离子谱图的质量偏移情况。其中，正离子以 $^{208}Pb^+$ 为统计对象，负离子以 $^{97}HSO_4^-$ 为统计对象。如果质量数偏移理论值 ±0.5 amu，需进行质量校正。若为连续采样过程，则通过查看最新采集的 20 个正负离子谱图来判断质量偏移情况。②校正标准：质量偏移范围小于±0.5 amu。

4）激光器冷却水循环系统的加水与排水

①激光器首次使用前要加水；②运输前要把激光头、储水箱及水管内的冷却水排干，以防在运输过程中冷却水泄漏，造成损坏；③激光器长期不使用时，也要把激光器内的冷却水排干，防止冷却水系统细菌的生长；④一般情况下，冷却水每使用三个月要更换一次。

2. 数据审核质控

①数据审核时，首先需分析单颗粒质谱采集颗粒数与 $PM_{2.5}$ 质量浓度的趋势一致性，明显的离群值应予以剔除；②对照仪器运维记录，仪器调试、质控参数异常及出现故障时段，采集的数据视为无效数据，应予以剔除；③统计全年源解析结果时，考虑到沙尘天气、烟花爆竹燃放、重金属污染、大型管控措施实施过程等特殊污染事件属于特殊时段的监测数据，并不能反映监测点常态化的空气质量情况，在统计源解析结果时可根据实际需要予以剔除。沙尘天气剔除时段参考《受沙尘天气过程影响城市空气质量评价补充规定》。

3.6　颗粒物在线源解析

3.6.1　示踪离子法

1. 方法原理

示踪离子法是根据采集的不同污染源源谱，提取每类污染源的典型特征（特征质荷比或质荷比的组合），以此为基础形成特定的颗粒物分类规则，对颗粒物按照其特征和来源的对应关系进行聚类的方法。该方法基于文献调研及源谱累积的经验得出的各源的示踪组分进行快速来源解析，虽准确性一定程度受限，但对于污染的快速摸底，成因的快速分析有指导意义。此外，由于示踪离子法能够完全提取含有某一特征离子的组分或源类，在特殊需求下，可以规避相似度算法中对于极低含量的特征离子忽略的情况，对于特殊源类、特殊组分的分析有其独特的优点。该方法早期一般用于无本地源谱城市的初步源解析，后随着基于源谱比对的相似度法的开发完善，该方法一般用于特殊源或组分的深入分析。

2. 计算过程

（1）根据各类污染源的源质谱特征，编制对应示踪成分的检索规则。

（2）根据不同污染源其示踪成分的特异程度，从大到小进行排序，优先检索特异性高，受其他污染源干扰程度较低的污染源类，常规检索顺序一般为：海盐—扬尘—生物质燃烧—餐饮—机动车尾气—燃煤—工业工艺源—二次无机源—其他。

（3）根据各个污染源对应的示踪离子检索规则，从所有的环境空气受体颗粒（s）中先检索出第一个源类颗粒物（a1），环境空气受体颗粒扣除已归入第一个源类的颗粒后（s-a1），检索第二个源类的颗粒（a2），以此类推直至所有源类都检索完毕。

（4）经过各个污染源的检索规则后，剩下的环境空气受体颗粒归入到"其他"类别。

3.6.2　相似度法

相似度法是以源谱中颗粒物的整体谱图特征为基础，基于自适应共振理论神经网络分类算法，将环境空气颗粒谱图与污染源谱图进行匹配，按照环境受体颗粒与源特征谱图的相似程度进行归类的方法，可基于本地化源谱，将与源谱相似度最高且满足基准阈值要求的环境受体颗粒归于对应源中，一般情况下，基准阈值设定为 0.85。业务应用过程中优先选择此方法开展解析工作，针对已构建本地化源谱的城市，可充分应用本地化污染源谱开展解析，对于产业结构类似、地理接近但未构建本地化源谱的城市，也可使用该方法，调用同类源谱进行解析。目前业务化的单颗粒在线源解析，主要采用该方法进行解析工作。

1. 方法原理

单颗粒质谱在线源解析以源谱库为基础，不同来源的颗粒物质谱特征不同。在线源解析过程中，单颗粒质谱实时获取环境受体颗粒物的质谱特征，通过调取构建好的本地污染源质谱库，计算环境受体颗粒物与源谱库中各源颗粒物质谱的相似度，依据相似度值判定受体颗粒物与各源颗粒的相似程度，将每个颗粒物实时归类于相似程度更高的源中，实现 $PM_{2.5}$ 的在线源解析。该方法以污染源谱为基础，在具有本地化源谱的前提下，能够更加准确地反映当地的实际情况。

2. 计算过程

（1）建立单颗粒质谱源成分谱库，构建每类源的特征谱图；

（2）基于点积公式，计算环境受体颗粒质谱成分与单颗粒质谱源成分谱库中每类源谱的相似度：

$$相似度 = \cos(\theta) = \frac{A \cdot B}{\| A \| \| B \|} = \frac{\sum_{i=1}^{n} A_i \times B_i}{\sqrt{\sum_{i=1}^{N} (A_i)^2} \times \sqrt{\sum_{i=1}^{N} (B_i)^2}}$$

（3）设定相似度阈值，例如，以相似度 0.85 为阈值，当颗粒物谱图与特征谱图高于 0.85 判定为相似，将相似度低于 0.85 的受体颗粒归入到"其他"类别（相应阈值可根据实际情况调整）；

（4）满足相似度阈值的情况下，以相似度值最大为匹配原则，将受体颗粒归入满足要求的污染源中。

3. 方法不确定性

利用源谱数据自验证，开展方法准确性的验证工作。准确度验证方法如下：

（1）在每类源谱中随机选取 50%构建源谱，剩下的 50%颗粒当作受体环境空气颗粒，与前 50%源谱进行匹配运算。

（2）匹配得到的颗粒集合与已知的源谱颗粒取交集，验证匹配准确颗粒的比值。

分别利用华南、华中、华北某城市及天津的数据开展了准确性验证工作，准确性验证结果如表 3-16 所示。由表中可以看到，扬尘、生物质燃烧、机动车尾气、燃煤、工业工艺五大类污染源中，扬尘、生物质燃烧、机动车尾气的源谱匹配准确性最高，燃煤和工业工艺相对较低，这可能是二者之间源谱共线性较为明显所致（很多工艺过程同样也涉及燃煤的燃烧）。

表 3-16　相似度法源谱测试准确度

源类	源谱测试准确度			
	华南某市	华中某市	华北某市	天津
扬尘	0.914	0.955	0.882	0.93
生物质燃烧	0.839	0.987	0.951	0.941
机动车尾气	0.893	0.934	0.831	0.916
燃煤	0.716	0.805	0.871	0.849
工业工艺	0.744	0.81	0.735	0.757

4. 相似度法软件界面

相似度源解析程序软件界面具体如图 3-31 和图 3-32 所示。

3.6.3　其他源解析方法

1. 深度学习之反向传播算法

多种机器学习算法均可用于单颗粒大数据的分析，较常用的如反向传播算法、K-最邻近算法等。

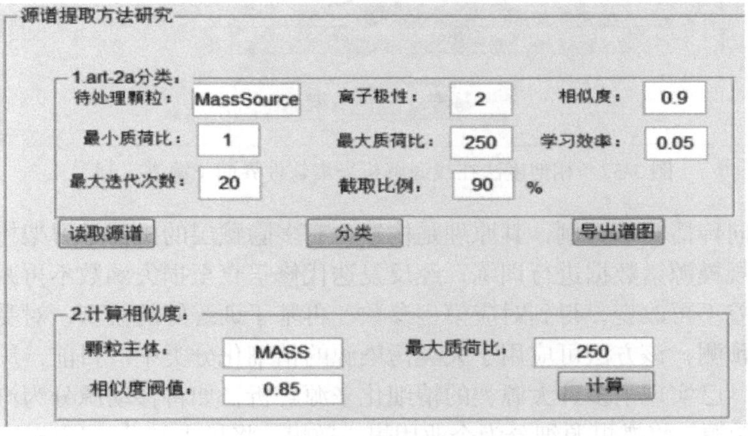

图 3-31　源谱预处理界面

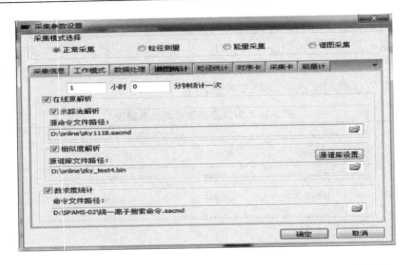

图 3-32　相似度法在线源解析采集软件界面（源谱定制）

以反向传播算法为例，其原理是构建含有多隐藏层的机器学习架构模型，通过输入大规模源谱数据进行训练，经反复迭代修正直至损失函数不再减少或权重矩阵和偏差不再改变，得到对应模型参数。再基于训练好的模型，对受体样本进行分类和预测，该方法可应用于大类污染源的精细化分类中。目前，周振团队基于该算法，已实现了多种大源类的精细化来源解析，如将移动源分为汽油车、柴油车、船舶源，将燃煤源细分为企业用煤、散煤，将扬尘细分为道路尘、建筑尘、土壤尘等，进一步为环境管理的精细化提供支撑。

2. 受体模型法

基于 PMF、CMB 等成熟受体模型，可对单颗粒数据进行因子分析，依据因子中的成分特征，判识因子所属污染源，从而实现颗粒物的来源解析，该方法可以解析出二次源的影响，目前在部分研究中也有应用。例如，单颗粒质谱数据运行 PMF 模型的原理是将大量环境受体单颗粒质谱数据进行处理并构建成受体数据集纳入 PMF 模型进行因子分解，利用各污染源类单颗粒质谱成分谱对各因子进行源识别，求解一次源和二次源对颗粒物峰面积的贡献（类似在线多组分监测数据的受体模型来源解析方法）。但由于可用于 PMF 方法的单颗粒数据类型较多，包括不同质荷比峰面积、ART-2a 分类结果、不同成分颗粒数（包括离子、金属、碳组分）等，目前一般用于研究性质工作，业务化工作中应用较少。此外，受体模型结合其他机器学习模型（如深度学习中的反向传播算法、K-最邻近算法等），也可针对单颗粒气溶胶数据开展进一步的数据挖掘应用和来源分析，如进一步判定与多个源谱相似度较高的受体颗粒归属，开展精细化源解析及二次源解析等。

第4章 动态来源解析应用案例

  截至2021年,由周振团队研发的禾信单颗粒质谱仪已经在全国300余地的颗粒物在线源解析工作中得到了应用(图4-1),从最开始的上海、广州、北京等直辖市、省会城市牵头使用,逐步推广至二三四线城市,目前已深入应用至区县级地区。其中,广州、北京、上海、四川、沈阳等市大约有80套单颗粒质谱系统是在2018年以前投入使用并进行常年连续监测,至今已积累了大量的监测数据,服务内容涵盖污染应急及过程成因分析(单点污染成因分析、区域污染成因分析、特殊事件分析等)、重大活动保障及管控措施评估、突发应急事故监测、异常点位追因溯源、固定点位的长期监测和评估。禾信单颗粒质谱仪支撑了2010年以来几乎所有重大活动/赛事保障,例如上海世博会、广州亚运会、APEC峰会、2015年抗战胜利70周年大阅兵等重大活动。本章将通过以上几个方面,选取一些典型的案例来介绍动态来源解析应用。

图4-1 由周振团队研发的禾信单颗粒质谱仪在全国各地以及2010年以来的重大活动中的颗粒物动态来源解析应用

4.1　污染应急及过程成因分析

4.1.1　单点污染成因分析

本节将通过鹤壁的重污染天气作为案例进行分析。

2018 年 12 月 28 日至 2019 年 1 月 9 日鹤壁市出现持续 $PM_{2.5}$ 污染天气，污染等级最高上升至重度污染。利用单颗粒气溶胶质谱仪（SPAMS），于鹤壁市开展连续监测，并综合运用距离监测点最近的国控点（迎宾馆站点）的常规污染物质量浓度数据，分析鹤壁市污染成因。

1. 在线监测

2018 年 12 月 28 日至 2019 年 1 月 9 日 12 时利用单颗粒气溶胶质谱仪（SPAMS），于鹤壁市环境保护局开展连续监测，监测期间 $PM_{2.5}$ 颗粒数浓度与 $PM_{2.5}$ 质量浓度的变化趋势较为一致，两者的相关系数 r 值高达 0.90，说明 SPAMS 的数浓度变化趋势对反映大气污染状况具有较强的代表性（图 4-2）。

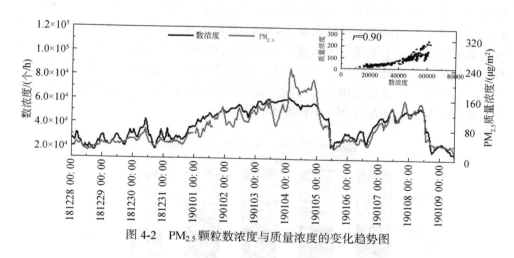

图 4-2　$PM_{2.5}$ 颗粒数浓度与质量浓度的变化趋势图

2. 结果与讨论

1）总体源解析结果

从监测期间污染源分布结果来看，当地大气主要受到燃煤、机动车尾气和工业工艺源的影响，此外扬尘、生物质燃烧及颗粒物二次反应影响也不容忽视。总的来看，该时段的当地大气 $PM_{2.5}$ 来源综合性较强，除其他外的其余六大类污染源占比均在 10%以上，六者加和占总颗粒物的 93.0%（图 4-3）。

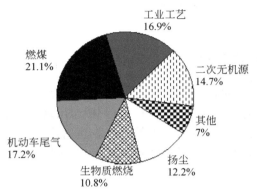

图 4-3　各类源颗粒物占总颗粒物比例饼图

2）不同 $PM_{2.5}$ 浓度等级下污染源分布

随着空气质量从优上升至重度污染级别，机动车尾气、扬尘、工业工艺及二次无机源等占比均有 3～6 个百分点的增幅。而燃煤源在不同污染级别下基本保持20%左右的贡献率。同时，随着污染级别的上升，还表现为 SO_2 和 NO_2 质量浓度的明显上升以及空气相对湿度的增加，而风速在优至中度污染级别均<1.5m/s，在重度污染下平均风速突然增大至 2.4 m/s，此时主导风向为西北风。综上，轻中度污染天气的发生主要是由于风速减少及相对湿度增加等不利于颗粒物扩散的条件，导致机动车尾气、扬尘、工业工艺、燃煤等颗粒的大量累积，再加上较强的二次反应影响。而重度污染天气可能是受到西北区域的污染传输影响，主要表现为燃煤源贡献率的增加（图 4-4 和表 4-1）。

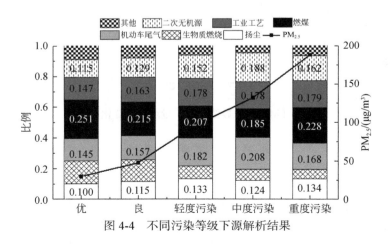

图 4-4　不同污染等级下源解析结果

表 4-1　不同污染程度污染物及气象数据统计

	PM$_{2.5}$/（μg/m³）	SO$_2$/（μg/m³）	NO$_2$/（μg/m³）	相对湿度/%	风速/（m/s）
优	29.7	14.6	43.4	33.5	1.4
良	47.6	19.0	65.4	38.7	1.2
轻度污染	96.1	32.2	85.3	47.4	1.4
中度污染	131.6	35.8	105.4	51.6	1.3
重度污染	187.8	51.6	127.4	50.8	2.4

3）污染源随时间变化趋势

监测期间鹤壁市连续出现两次明显的污染过程，峰值时段的污染级别均达到重度污染水平，根据风速风向及污染源分布结果，以 2019 年 1 月 4 日 0 时为节点，可将该次监测时段分为两个阶段（图 4-5）。

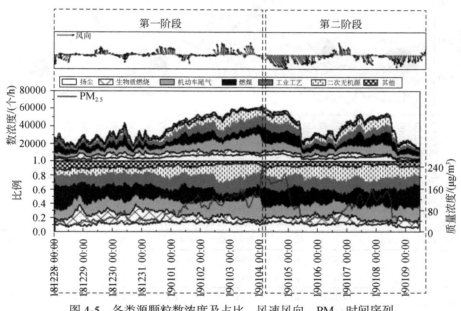

图 4-5　各类源颗粒数浓度及占比、风速风向、PM$_{2.5}$时间序列

2018 年 12 月 28 日至 2019 年 1 月 4 日 0 时总体风速较弱，主导风以南风为主，空气相对湿度较大。从 12 月 28 日开始，随着 PM$_{2.5}$ 质量浓度逐渐上升，其间主要表现为机动车尾气、二次无机源、工业工艺源和扬尘源颗粒的大幅度增加，PM$_{2.5}$ 高值时段 3 与低值时段 1 的机动车尾气、二次无机源、工业工艺源及扬尘的数浓度比值分别为 2.6、2.2、1.9 和 1.7，比例比值分别为 1.9、1.6、1.4 和 1.3。此外，高值时段 3 的主要污染源分别为机动车尾气 29.8%、工业工艺源 19.1%、二次无机源 17.5%、燃煤 13.3%和扬尘 12.7%。该时段的污染天气主要是静稳高湿的

天气条件下当地颗粒物共同累积所致，其中以机动车尾气的累积影响为主，工业工艺源、燃煤、扬尘及颗粒物间较强的二次反应也不容忽视。

　　2019 年 1 月 4 日 0 时至 1 月 9 日 12 时明显受到北或西北风的影响，重污染时段的小时风速达到 3 ~ 4 m/s。污染源方面，从时段 3 至时段 4，燃煤源占比从 13.3% 增加至 23.8%，增加了 10.5 个百分点，此外扬尘源也增加了 1.4 个百分点。此后，时段 5 至时段 7，燃煤源均保持在 20% 以上，而机动车尾气占比下降至 20% 以下。该时段的重污染天气主要是受到北或西北区域的污染传输影响，主要表现为燃煤源、扬尘等污染源贡献率的增加（图 4-6 和表 4-2）。

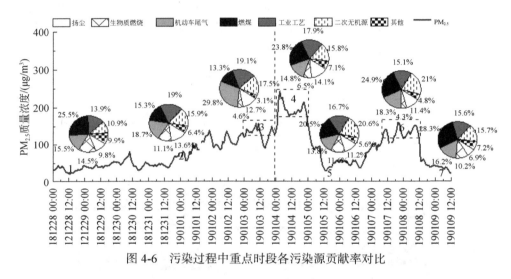

图 4-6　污染过程中重点时段各污染源贡献率对比

表 4-2　高峰时段与低谷时段各类污染源数浓度和比例的比值

高峰/低谷	PM₂.₅		扬尘	生物质燃烧	机动车尾气	燃煤	工业工艺	二次无机
时段 3/时段 1	5.3	数浓度	**1.7**	0.4	**2.6**	0.7	**1.9**	**2.2**
		比例	**1.3**	0.3	**1.9**	0.5	**1.4**	**1.6**
时段 4/时段 5	5.5	数浓度	**1.5**	0.7	**1.3**	**1.4**	**1.3**	0.9
		比例	**1.3**	0.6	**1.1**	**1.2**	**1.1**	0.8

注：>1.0 为增加，<1.0 为减少

3. 结论

　　（1）2018 年 12 月 28 日至 2019 年 1 月 9 日期间当地大气 PM₂.₅ 来源综合性较强，其中以燃煤、机动车尾气和工业工艺源的影响为主。

　　（2）受静稳高湿的天气条件以及受到区域传输污染影响，鹤壁市出现了持续时间长、污染程度高的污染天气。以 2019 年 1 月 4 日 0 时为节点将该次污染过程分为两个阶段，其中，2018 年 12 月 28 日至 2019 年 1 月 4 日 0 时期间总体风速较弱，主导风以南风为主，空气相对湿度较大，在静稳高湿的天气条件下，当地颗粒物共同累积导致污染天气的发生，以机动车尾气的累积影响为主，工业工艺源、燃煤、扬尘及颗粒物间较强的二次反应也不容忽视；2019 年 1 月 4 日 0 时至 1 月 9 日 12 时期间明显受到北或西北风的影响，重污染时段的小时风速达到 3～4 m/s，重污染天气主要是受到北或西北区域的污染传输影响，主要表现为燃煤源、扬尘源等污染源贡献率的增加。

4.1.2　区域污染成因分析

本小节中将会以河北省和广东省为案例，展示应用单颗粒质谱仪开展的多城市联防联控。

1. 河北省区域污染成因分析

1）单颗粒仪器的部署和监测信息

监测地点为张家口市、廊坊市、保定市、沧州市、石家庄市、邢台市（表 4-3），监测时间为 2016 年 11 月 15 日至 2017 年 3 月 5 日。

表 4-3　监测地点

城市	仪器放置地点
张家口	张家口环保局
保定	接待中心
石家庄	世纪公园
廊坊	廊坊市环保局
沧州	沧州市站
邢台	邢台一中

2）污染过程的划分

图 4-7 为 2016 年 11 月至 2017 年 3 月的污染过程持续天数统计，表 4-4 为具体时段统计，5 个月度的监测过程共捕捉到 10 次污染过程，其中 12 月与 1 月污染过程次数及持续时间均高于其余月份，其中 1 月份更发生了两次持续 11 天的污染过程。

3）总体污染分布

表 4-5 为监测区域内六城市 10 次污染过程总体源解析结果，由表可见，六城市首要污染源均是燃煤源，其中张家口、廊坊、沧州、邢台四城市主要污染源为燃煤源与机动车尾气源，保定与石家庄二市主要污染源为燃煤与工业工艺源。

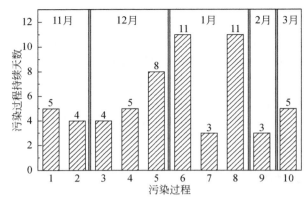

图 4-7　污染过程持续天数统计

表 4-4　污染过程时段统计

污染过程	开始日期	终止日期	持续时间/天
1	2016/11/15	2016/11/19	5
2	2016/11/22	2016/11/25	4
3	2016/12/1	2016/12/4	4
4	2016/12/8	2016/12/12	5
5	2016/12/15	2016/12/22	8
6	2016/12/29	2017/1/8	11
7	2017/1/15	2017/1/17	3
8	2017/1/23	2017/2/2	11
9	2017/2/25	2017/2/27	3
10	2017/3/1	2017/3/5	5

表 4-5　各城市总体污染源分布（%）

城市	扬尘	生物质燃烧	机动车尾气	燃煤	工业工艺	二次无机	其他
张家口	4.6	5.4	27.2	32.2	13.0	11.5	6.1
保定	5.2	8.9	16.9	37.8	22.4	3.8	5.0
石家庄	2.5	1.3	19.5	43.8	23.5	6.6	2.8
廊坊	6.0	8.4	21.0	32.9	9.3	9.9	12.5
沧州	3.4	10.0	25.1	31.4	15.6	8.9	5.6
邢台	3.1	1.1	27.4	36.9	16.4	12.2	2.9

　　图 4-8 为各城市源解析堆叠图，其中上半部分为各污染源贡献浓度堆叠结果，下半部分为前三污染源贡献浓度堆叠结果。由图可见，石家庄总体质量浓度高达 243 $\mu g/m^3$，远高于其余各城市。前三污染源贡献浓度变化趋势与总体贡献浓度变化趋势较为一致，说明各城市污染颗粒主要集中在前三污染源中。除廊坊前三污染源为燃煤、机动车尾气与其他外，其余五城市前三污染源均是燃煤、机动车尾气与工业工艺源，总体来看燃煤、机动车尾气与工业工艺源排放问题尤为严重。

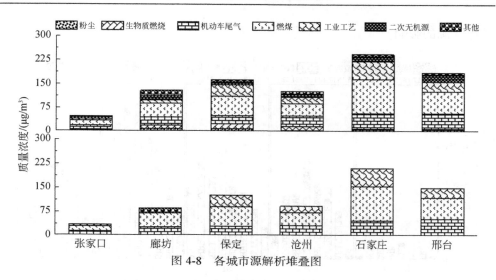

图 4-8　各城市源解析堆叠图

4）重污染过程分析

2016 年 12 月 15～22 日监测期间，京津冀地区出现了严重的污染天气，河北省内多个城市均发生了持续 6 天以上的持续性污染，其中廊坊、保定、石家庄、邢台更达到了严重污染等级，环保部对该次污染过程向媒体发布了京津冀地区空气污染特征分析结果，下面为单颗粒质谱方面的分析结果。

从表 4-6 可见，该次污染过程中，张家口、廊坊、邢台三城市主要污染源为燃煤与机动车尾气；石家庄与保定主要污染源为燃煤与工业工艺源。

表 4-6　各城市污染源分布（12 月 15～22 日）（%）

城市	扬尘	生物质燃烧	机动车尾气	燃煤	工业工艺	二次无机	其他
张家口	3.6	6	27.9	24.0	21.1	8.9	8.5
保定	2.2	2.3	18.5	37.5	27.0	5.4	7.1
石家庄	2.0	0.3	18.2	46.5	22.8	8.0	2.2
廊坊	5.0	5.5	25.4	29.8	8.4	11.7	14.2
邢台	2.1	0.6	26.9	41.9	15.1	11.3	2.1

图 4-9 为各城市每日污染来源对比结果，由图可见，该次污染过程中，15～20 日 $PM_{2.5}$ 逐步累积，21～22 日污染物开始逐步扩散。石家庄 $PM_{2.5}$ 贡献浓度尤为突出，15 日开始 $PM_{2.5}$ 已持续维持在重度污染以上的等级，其中 19～20 日 $PM_{2.5}$ 质量浓度均超过 600 μg/m³，除张家口维持在优良天气外，廊坊、保定、邢台三城市同样达到了严重污染等级。从 $PM_{2.5}$ 质量浓度上看，15～22 日出现的污染过程中各城市污染程度：石家庄>保定>邢台>廊坊；污染期间各城市燃煤源贡献情况为：石家庄>保定>邢台>廊坊；说明河北省五市 $PM_{2.5}$ 质量浓度的增大主要

受燃煤源的影响。

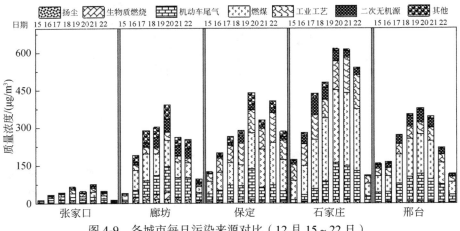

图 4-9　各城市每日污染来源对比（12 月 15～22 日）

5）小结

2015～2017 年冬季监测期间，河北省多城市细颗粒物中主要污染源为燃煤源、机动车尾气源和工业工艺源，随着 PM$_{2.5}$ 质量浓度的升高，燃煤源的占比也随之增大，说明河北省多城市冬季 PM$_{2.5}$ 污染程度的增大主要受燃煤源的影响。

2. 广东省区域污染成因分析案例

本小节中将会以广东省 7 个城市 9 个点位［广州市（2 个）、东莞市、佛山市（2 个）、肇庆市、江门市（鹤山超级站）、云浮市、深圳市］，监测时段为 2019 年 10 月至 2020 年 3 月及 2020 年 10 月至 2021 年 3 月，共 12 个月的监测数据为案例，展示应用单颗粒质谱仪开展的多城市区域污染分析。

1）PM$_{2.5}$ 源解析特征雷达图方法建立

基于单颗粒气溶胶质谱仪技术，得到的扬尘、生物质燃烧、机动车尾气、燃煤及工业工艺源等不同 PM$_{2.5}$ 污染源在颗粒数浓度和占比变化在数量级上存在差别，导致这些数据进行分析时微小的特征变化被掩盖于相对占比较大的污染源变化之下，无法分辨污染特征在时间序列或空间上的差异性。为更好地利用基于单颗粒质谱获取的 PM$_{2.5}$ 污染源数据进行污染成因分析，参考段菁春等[359]特征雷达图的设计思路，以单颗粒气溶胶质谱仪（SPAMS）获取的扬尘、生物质燃烧、机动车尾气、燃煤及工业工艺源为分析因子，通过对各污染源颗粒物占比进行归一化处理，扣除污染源占比在数值上存在数量级的差异，并通过污染源特征雷达图的方式直接表现 PM$_{2.5}$ 污染源在时间序列或空间上发生的变化特征，如图 4-10 所示。

（1）基线（黑色实线），呈正五边形，为一定时期（本研究为过去 1 个月）污染源占比特征标准值，为无量纲数，数值为 1；

（2）高值控制线（橙色虚线），呈不特定的五边形，为一定时段（本研究为过去 1 个月）污染源特征上限值，为无量纲数，数值大于 1（Max），即 1+离散系数（过去 1 个月）；

（3）低值控制线（蓝色虚线），呈不特定的五边形，为一定时段（本研究为过去 1 个月）污染源特征下限值，为无量纲数，数据小于 1（Min），即 1-离散系数（过去 1 个月）；

（4）实际值（红色实线），呈不特定的五边形，为特定时间（本研究为过去 1 个月）污染源特征值，实际值=当前小时值÷过去一个月均值，并剔除污染源本身比例数值大小的影响。

当特定时间某污染源特征值明显高于污染源特征值上下限之间时，表明该源在该时段发生了明显变化（相对正常值具有较大的变化率），需重点关注。该方法可对污染过程重点管控源类进行补充，除首要污染源外，还需关注变幅较大的源类（异常污染源）。如示例图中扬尘源贡献率变幅最大，需重点关注（下文中称之为首要异常控制源，简称首控异常源；第二异常控制源，简称次控异常源）。

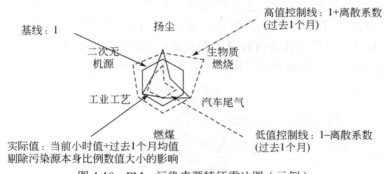

图 4-10　PM$_{2.5}$ 污染来源特征雷达图（示例）

2）全时段异常源类分析

A. 首控异常源类分析

从整个观测时段（2019~2021 年秋冬季）的 PM$_{2.5}$ 首控异常源类统计结果来看（图 4-11），9 个站点秋冬季，首控异常源类较为平均，各类源占比基本在 10%~20%。其中，广州大学城、佛山、肇庆、江门及深圳的移动源为首控异常源类的比例均大于 20%，云浮的扬尘及生物质燃烧为首控异常源类的占比为 9 个站点中最高，东莞的工业工艺源为首控异常源类的占比稍高于其他点位。

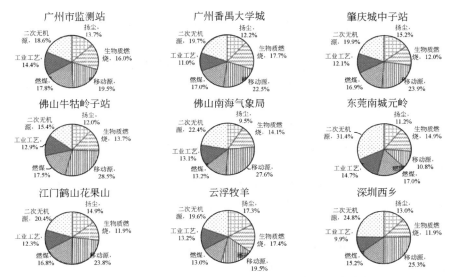

图 4-11　2019～2021 年秋冬季 PM$_{2.5}$ 首控异常源类统计分布

从污染时段的 PM$_{2.5}$ 首控异常源类统计结果来看（图 4-12），除佛山南海及东莞外，其余站点污染时段移动源为首控异常源类的占比均为最大，超过 40%。佛山南海首控异常源类为工业工艺及移动源，东莞首控异常源类为燃煤（东莞市燃煤总体占比较低，在 5%～7%，但从此结果看，污染时段存在一定波动，可进一步关注），此外云浮燃煤作为首控异常源类的占比较大，广州市站、佛山市站及江门扬尘源作为首控异常源类的占比明显高于其他城市，需重点关注。

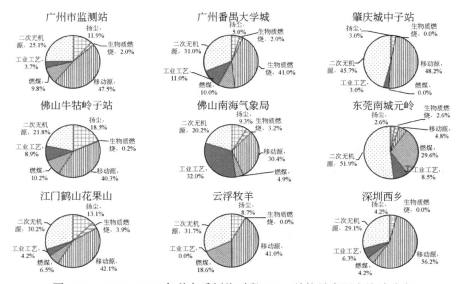

图 4-12　2019～2021 年秋冬季污染时段 PM$_{2.5}$ 首控异常源类统计分布

B. 首控+次控异常源类组合统计分析

对各站点的首控+次控异常源类进行组合并统计（表 4-7 和表 4-8，扬尘为首控异常源类，生物质燃煤为次控异常源类，组合简称"扬尘+生物质"；移动源为首控异常源类，扬尘为次控异常源类，组合简称"尾气+扬尘"；其他组合命名以此类推）。

表 4-7　全时段首控+次控异常源类组合统计（%）

组合类型	广州市监测站	广州番禺大学城	佛山牛牯岭子站	佛山南海气象局	肇庆城中子站	东莞南城元岭	江门鹤山花果山	云浮牧羊	深圳西乡
扬尘+生物质	2.3	3.2	1.4	0.6	1.3	2.7	1.1	2.6	0.7
扬尘+尾气	3.7	3.5	3.2	3.8	4.5	3.9	4.6	1.7	3.3
扬尘+燃煤	2.8	1.1	1.9	1.4	1.9	2.2	4.1	0.7	0.5
扬尘+工业	3.4	1.6	3.1	4.8	3.6	2.6	1.6	2.3	1.6
扬尘+二次	1.8	3.0	3.0	1.4	3.0	0.9	3.1	3.8	7.2
生物质+扬尘	3.6	5.8	2.5	1.7	1.7	6.5	4.8	5.1	2.6
生物质+尾气	3.8	4.2	2.5	2.8	0.3	1.2	0.1	0.4	0.3
生物质+燃煤	1.0	2.8	2.8	2.0	4.3	0.8	1.2	1.8	0.4
生物质+工业	2.6	2.0	1.9	1.7	5.0	3.4	2.1	6.7	2.4
生物质+二次	5.4	3.6	4.7	9.3	1.1	4.6	3.8	5.9	6.7
燃煤+扬尘	1.9	0.8	2.3	1.2	3.0	3.3	7.7	0.4	1.6
燃煤+生物质	0.5	1.5	1.0	1.8	4.3	0.1	1.0	2.6	0.4
燃煤+尾气	9.7	9.5	5.4	6.9	3.7	3.2	1.7	7.0	3.0
燃煤+工业	3.6	2.6	6.3	4.5	3.7	4.9	4.6	3.9	4.8
燃煤+二次	2.6%	3.3%	3.3%	2.0%	1.9%	6.1%	1.9%	1.0%	5.8%
工业+扬尘	3.4	1.4	2.6	5.5	2.2	2.7	3.2	1.7	1.8
工业+生物质	1.1	1.5	0.7	0.6	2.9	1.3	0.5	3.5	0.5
工业+尾气	3.2	3.4	2.4	3.8	1.8	3.4	3.6	1.8	3.2
工业+燃煤	6.2	4.0	5.6	3.4	3.1	5.4	3.8	3.9	1.7
工业+二次	0.7	1.2	1.8	2.4	2.4	3.0	1.5	3.6	3.1
尾气+扬尘	2.6	2.7	5.1	4.7	6.0	2.9	11.6	1.7	6.1
尾气+生物质	2.3	2.3	1.8	1.2	0.4	0.4	0.1	0.3	0.1
尾气+燃煤	7.8	9.4	8.4	4.5	4.4	4.6	1.5	14.6	1.5
尾气+工业	3.1	2.5	5.6	6.0	5.6	3.3	3.1	2.7	6.7
尾气+二次	2.0	2.4	5.4	3.1	7.6	0.7	7.3	3.0	11.9
二次+扬尘	3.7	5.0	2.9	1.7	6.5	3.6	9.0	3.7	10.8
二次+生物质	4.5	3.6	2.5	3.7	1.3	2.4	1.6	3.4	1.5
二次+尾气	4.6	6.7	3.4	5.8	4.9	2.5	6.2	3.1	4.9
二次+燃煤	5.2	4.3	3.8	2.9	2.5	10.8	1.8	2.5	1.2
二次+工业	0.9	1.0	2.3	5.0	5.0	6.3	2.0	4.3	3.9

表 4-8　污染时段首控+次控异常源类组合统计（%）

组合类型	广州市监测站	广州番禺大学城	佛山牛牯岭子站	佛山南海气象局	肇庆城中子站	东莞南城元岭	江门鹤山花果山	云浮牧羊	深圳西乡
扬尘+生物质	2.3			0.4		0.5			4.3
扬尘+尾气	2.3	1.1	6.0	2.8	0.5	1.1	4.6		
扬尘+燃煤	0.4		0.2				2.8		
扬尘+工业	2.3	0.6	5.4	5.7	1.0	0.5	0.8		
扬尘+二次	6.1	3.4	6.9	0.4	1.5	0.5	4.8	5.7	
生物质+扬尘		1.7				2.1	1.8		
生物质+尾气				1.6		0.5	0.1		
生物质+燃煤									
生物质+工业		0.6					1.1		
生物质+二次	2.3		0.2	1.6			0.8		
燃煤+扬尘	0.4					3.7	2.3		
燃煤+生物质			0.4						
燃煤+尾气	7.2	5.7	4.7	2.8			1.0	20.1	2.1
燃煤+工业	0.4		0.9	0.8		11.6	3.0		
燃煤+二次	3.0	4.0	4.2	1.2		14.3	0.3	1.3	2.1
工业+扬尘	0.8	4.0	3.6	14.2		0.5	0.4		2.1
工业+生物质		0.6			0.5				
工业+尾气	2.7	2.9	0.9	12.6	1.5	0.5	2.5		4.3
工业+燃煤	0.4	0.0	1.1	1.6	0.5	3.2	1.3		
工业+二次	0.4	3.4	3.3	3.6	0.5	4.2			
尾气+扬尘	12.9	2.3	13.2	6.9	1.0	1.1	17.3	1.9	17.0
尾气+生物质		0.6		0.4					
尾气+燃煤	12.5	11.4	4.5	0.4	1.0	0.5	1.3	28.3	
尾气+工业	13.3	18.9	5.8	16.2	13.7	2.1	2.4	3.1	31.9
尾气+二次	2.3	8.0	16.7	6.5	32.5	1.1	21.1	13.8	8.5
二次+扬尘	14.8	2.3	5.4		9.1	6.3	14.3	9.4	6.4
二次+生物质	1.9		0.7		4.1		0.3		2.1
二次+尾气	5.3	17.1	6.9	8.5	24.9	0.5	13.8	15.1	14.9

组合类型	广州市监测站	广州番禺大学城	佛山牛牯岭子站	佛山南海气象局	肇庆城中子站	东莞南城元岭	江门鹤山花果山	云浮牧羊	深圳西乡
二次+燃煤	5.7	8.6	3.6	0.4	0.5	35.4	1.1	1.3	
二次+工业	0.4	2.9	5.4	11.3	7.1	9.5	0.7		4.3

从全时段统计结果来看：①各站点各污染源组分类型均有分布，说明整个观测时段受到各类源的综合影响。②其中，广州 2 站点、佛山市站及云浮以"尾气+燃煤"或"燃煤+尾气"污染类型的占比稍高；佛山南海以"生物质+二次"的污染类型最高；肇庆以"尾气+二次""尾气+扬尘""二次+扬尘"的污染类型稍高；东莞以"二次+燃煤"污染类型最高；鹤山以"尾气+扬尘"及"二次+扬尘"占比较高；深圳以"尾气+二次"及"二次+扬尘"的污染类型占比较高。

从污染时段的统计结果来看：①各站点以移动源或二次无机源为首控异常源类与其他源的组合污染类型占比最高，其中"尾气+二次""尾气+工业""二次+扬尘""二次+尾气"等组合类型占比相对较高。②部分站点，如云浮以"尾气+燃煤"及"燃煤+尾气"的污染类型占比在 20%以上，"尾气+二次"或"二次+尾气"的污染类型占比在 13%～16%；东莞以"二次+燃煤"的组合类型占比高达35.4%，深圳以"尾气+工业"的组合类型占比高达 31.9%。③各站点以生物质为首控异常源类的污染组合类型占比最小。

3）两个观测时段异常源类对比

A. 首控异常源类分析

从 2 个观测时段的 $PM_{2.5}$ 首控异常源类统计结果来看（图 4-13），基本以移动源为首要，其中佛山南海在 2020～2021 年秋冬季移动源为首控异常源类的占比高达 39.5%；东莞在 2020～2021 年秋冬季的工业工艺源为首控异常源类的占比高于其余站点及时段；云浮的生物质及扬尘也在 2020～2021 年较高。

从污染时段来看（图 4-14），除东莞外的其余站点在两期观测污染时段中移动源作为首控异常源类的占比均较高；佛山南海工业工艺作为首控异常源类的占比明显高于其余站点，尤其在 2019～2020 年秋冬季；东莞在 2019～2020 年秋冬季污染时段燃煤源作为首控异常源类的占比较为突出。

B. 首控异常源类+次控异常源类组合统计分析

对两个观测时段各站点的首控异常源类+次控异常源类进行组合并统计。

从全时段统计结果来看（表 4-9）：①广州 2 站点、佛山市站及云浮在两个监测时段以"尾气+燃煤""燃煤+尾气"组合的污染类型占比稍高于其他类型；②佛山南海第 1 期中以"生物质+二次"的污染类型占比在本期监测中稍高于其他类型；

③东莞第 2 期中以"二次+燃煤"的污染类型占比在本期监测中稍高于其他类型；④鹤山第 1 期和第 2 期分别以"尾气+扬尘"和"二次+扬尘"的污染类型占比在本期监测中最高；⑤深圳在第 2 期监测中以"尾气+二次"及"二次+扬尘"的占比均在 10%以上。

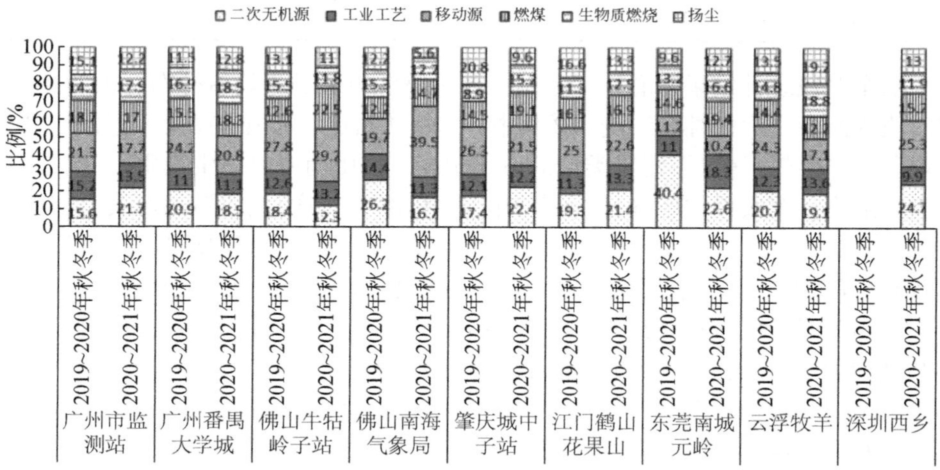

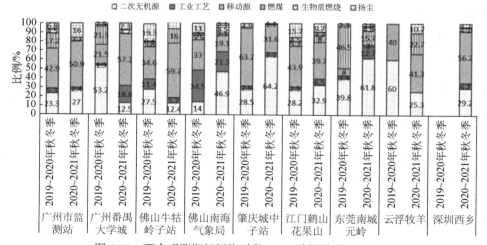

图 4-13　两个观测时段 PM$_{2.5}$ 首控异常源类对比

图 4-14　两个观测期间污染时段 PM$_{2.5}$ 首控异常源类对比

从污染时段的统计结果来看（表 4-10）：①各站点以移动源或二次无机源为首控异常源类与其他源的组合污染类型占比最高，其中"尾气+二次""尾气+工业""二次+尾气"等污染类型在各站点两期监测中的污染类型占比普遍较高；②广州

表 4-9　两个监测时段首控+次控异常类组合统计（全时段）

组合类型	广州市监测站		广州番禺大学城		佛山牛牯岭子站		佛山南海气象局		肇庆城中子站		东莞莲城沙碌		江门鹤山龙果山		云浮牧羊		深圳西乡	
	第1期	第2期	第1期	第2期	第1期	第2期	第1期	第2期	第1期	第2期	第1期	第2期	第1期	第2期	第1期	第2期	第1期	第2期
扬尘+生物质	1.0%	1.2%	1.3%	1.9%	0.7%	0.7%	0.5%	0.2%	0.7%	0.6%	1.4%	1.4%	0.6%	0.5%	1.0%	1.7%		0.7%
扬尘+尾气	2.0%	1.6%	2.5%	1.0%	2.3%	1.0%	2.9%	0.8%	4.1%	0.4%	1.4%	2.5%	2.7%	1.9%	1.1%	0.7%		3.3%
扬尘+燃煤	2.0%	0.8%	0.7%	0.4%	0.8%	1.1%	0.8%	0.6%	1.3%	0.6%	0.7%	1.5%	2.8%	1.3%	0.3%	0.4%		0.5%
扬尘+工业	2.1%	1.4%	0.6%	1.0%	2.1%	1.0%	3.9%	0.9%	2.2%	1.4%	1.4%	1.2%	1.1%	0.5%	1.5%	0.8%		1.6%
扬尘+二次	0.6%	1.2%	1.0%	2.1%	1.1%	1.9%	1.1%	0.4%	1.8%	1.2%	0.5%	0.4%	1.1%	2.1%	1.3%	2.5%		7.2%
生物质+扬尘	1.0%	2.6%	1.6%	4.2%	0.9%	1.5%	1.2%	0.5%	0.8%	0.9%	3.0%	3.5%	2.1%	2.7%	1.6%	3.5%		2.6%
生物质+尾气	2.0%	1.7%	3.0%	1.2%	1.5%	0.9%	1.9%	1.0%	0.1%	0.2%	0.2%	1.0%	0.1%	0.1%	0.1%	0.3%		0.3%
生物质+燃煤	0.3%	0.7%	1.5%	1.3%	1.6%	1.2%	1.0%	1.1%	1.2%	3.1%	0.1%	0.7%	0.3%	0.9%	0.4%	1.4%		0.4%
生物质+工业	1.2%	1.4%	1.0%	1.0%	0.9%	0.9%	0.6%	1.1%	2.0%	3.0%	2.7%	0.7%	1.4%	0.7%	2.7%	4.0%		2.4%
生物质+二次	2.7%	2.7%	1.6%	2.0%	3.0%	1.7%	6.8%	2.5%	0.5%	0.6%	1.4%	3.2%	1.9%	1.9%	0.9%	5.0%		6.7%
燃煤+扬尘	1.1%	0.8%	0.6%	0.3%	0.7%	1.6%	0.6%	0.6%	1.7%	1.2%	1.6%	1.7%	4.0%	3.7%	0.1%	0.3%		1.6%
燃煤+生物质	0.2%	0.3%	0.7%	0.9%	0.6%	0.4%	1.1%	0.7%	2.2%	2.0%		0.4%	0.2%	0.8%	1.2%	1.4%		0.4%
燃煤+尾气	5.3%	4.4%	4.2%	5.3%	2.1%	3.3%	3.7%	3.2%	1.4%	2.4%	1.4%	1.8%	0.6%	1.1%	2.4%	4.6%		3.0%
燃煤+工业	2.0%	1.6%	1.0%	1.6%	1.6%	4.7%	2.1%	2.3%	1.7%	2.1%	1.9%	2.9%	2.4%	2.1%	1.2%	2.7%		4.8%
燃煤+二次	1.0%	1.6%	1.7%	1.6%	1.4%	1.9%	1.5%	0.4%	0.6%	1.4%	3.2%	2.9%	1.1%	0.8%	0.6%	0.4%		5.8%
工业+扬尘	1.6%	1.8%	0.8%	0.7%	1.8%	0.8%	4.2%	1.3%	1.2%	1.0%	1.4%	1.3%	1.9%	1.3%	0.8%	0.9%		1.8%
工业+生物质	0.5%	0.7%	0.7%	0.7%	0.4%	0.3%	0.3%	0.3%	1.4%	1.5%	1.0%	0.3%	0.4%	0.1%	1.8%	1.8%		0.5%
工业+尾气	2.2%	1.0%	1.7%	1.7%	1.4%	1.3%	2.5%	1.3%	1.2%	0.6%	1.1%	2.3%	1.3%	2.3%	0.1%	1.7%		3.2%
工业+燃煤	3.1%	3.0%	2.1%	1.9%	1.8%	3.8%	2.3%	1.1%	1.1%	2.0%	0.5%	4.9%	1.7%	2.1%	1.0%	3.0%		1.7%
工业+二次	0.4%	0.3%	0.4%	0.8%	1.1%	0.7%	1.4%	1.0%	1.4%	1.1%	1.7%	1.3%	0.5%	1.0%	0.8%	2.8%		3.1%
尾气+扬尘	1.0%	1.7%	1.7%	1.0%	3.2%	1.9%	3.5%	1.2%	4.3%	1.7%	0.7%	2.2%	7.0%	4.6%	0.8%	0.9%		6.1%
尾气+生物质	1.7%	0.6%	1.9%	0.5%	1.3%	0.6%	0.9%	0.3%	0.2%	0.2%	0.1%	0.3%			0.1%	0.2%		0.1%
尾气+燃煤	3.8%	4.0%	3.9%	5.6%	2.9%	5.5%	2.2%	2.3%	1.2%	3.2%	3.0%	1.6%	0.5%	0.1%	6.7%	7.9%		1.5%
尾气+工业	2.1%	0.9%	0.7%	1.7%	2.8%	2.8%	3.7%	2.6%	3.1%	2.6%	2.0%	1.4%	1.3%	1.8%	0.6%	2.1%		6.7%
尾气+二次	0.9%	1.2%	1.6%	0.9%	2.6%	2.7%	1.8%	1.4%	4.3%	3.3%	0.4%	0.3%	3.9%	3.4%	1.1%	1.9%		11.9%
二次+扬尘	1.0%	2.7%	1.2%	3.8%	1.4%	1.5%	1.4%	0.3%	2.2%	4.3%	2.4%	1.1%	3.9%	5.1%	1.5%	2.2%		10.8%
二次+生物质	2.5%	2.0%	1.9%	1.7%	1.9%	0.5%	2.7%	1.0%	0.7%	0.5%	0.9%	1.5%	0.7%	0.9%	0.9%	2.5%		1.5%
二次+尾气	2.1%	2.4%	5.2%	1.5%	2.1%	1.3%	2.5%	3.3%	2.5%	2.5%	0.9%	1.6%	2.9%	3.2%	1.2%	1.9%		4.9%
二次+燃煤	2.0%	3.3%	2.2%	2.1%	1.8%	2.0%	1.5%	1.5%	0.6%	1.9%	4.4%	6.4%	1.3%	0.5%	1.5%	1.1%		1.2%
二次+工业	0.3%	0.6%	0.4%	0.6%	1.2%	1.1%	3.1%	1.8%	2.8%	2.2%	4.5%	1.8%	0.9%	1.1%	1.4%	3.0%		3.9%

表 4-10 两个监测时段首控+次控异常类源常类组合统计（污染时段）

组合类型	广州市监测站 第1期	广州市监测站 第2期	广州番禺大学城 第1期	广州番禺大学城 第2期	佛山牛轭岭子站 第1期	佛山牛轭岭子站 第2期	佛山南海气象局 第1期	佛山南海气象局 第2期	肇庆城中子站 第1期	肇庆城中子站 第2期	东莞南城元岭 第1期	东莞南城元岭 第2期	江门鹤山花果山 第1期	江门鹤山花果山 第2期	云浮牧羊 第1期	云浮牧羊 第2期	深圳西乡 第1期	深圳西乡 第2期
扬尘+生物质	0.4%	1.9%					0.4%					0.5%						
扬尘+尾气	1.1%	1.1%	0.6%	0.6%	3.8%	2.2%	2.8%		0.5%			1.1%	3.1%	1.5%				4.3%
扬尘+燃煤	0.4%			0.2%	3.1%	0.2%	5.3%	0.4%	1.0%				2.8%	0.1%				
扬尘+工业	0.8%	1.5%	0.6%	0.6%	5.1%	2.2%	0.4%		1.0%		0.5%		0.7%	2.5%		5.7%		
扬尘+二次	0.8%	5.3%		2.9%		1.8%				0.5%	0.5%		1.7%	0.1%	6.3%			
生物质+扬尘				1.7%														
生物质+尾气										0.5%								
生物质+燃煤																		
生物质+工业	2.3%						0.8%	0.8%			3.7%		0.1%	0.1%				
生物质+二次	0.4%		0.2%	0.6%	0.2%						0.7%							
燃煤+扬尘						0.4%												
燃煤+生物质		0.6%																
燃煤+尾气	7.2%		5.7%		1.6%	3.1%	2.8%		6.9%	4.8%	6.9%	4.8%	0.3%	0.7%		20.1%		2.1%
燃煤+工业	0.4%		0.4%	0.7%	0.2%	0.7%	0.4%		10.6%	3.7%	10.6%	3.7%	0.7%	2.3%	6.3%	1.3%		
燃煤+二次	0.8%	2.3%	0.8%		2.5%	1.8%	0.5%	0.4%			0.5%		0.3%	0.1%	0.6%			2.1%
工业+扬尘				0.6%	2.5%		13.0%	1.2%	2.5%				0.4%					2.1%
工业+生物质	2.3%	2.3%	0.9%		0.9%	1.1%	10.9%	1.6%	1.5%		1.1%	1.0%	0.8%	1.7%				
工业+尾气	0.4%		0.7%	0.4%	0.7%	0.4%	1.2%	0.4%		4.1%			0.3%	1.0%		0.5%		
工业+燃煤	0.4%	3.4%	3.1%	0.2%	3.1%	0.4%	2.8%	0.8%		9.6%	1.1%	3.2%				0.5%		
工业+二次		1.7%	10.0%	3.1%	10.0%	3.1%	6.9%	0.5%	0.5%	6.6%	1.1%		12.8%	4.5%		1.9%		4.3%
尾气+扬尘	1.1%	0.6%	0.7%	3.8%	0.7%	3.8%	0.4%	1.0%			0.5%	0.5%	0.1%	1.1%	2.5%			
尾气+生物质	5.3%	8.0%	3.3%	2.5%	3.3%	2.5%	0.4%	4.1%	9.6%	2.1%	2.1%	2.1%	0.4%	2.0%		3.1%		
尾气+燃煤	3.8%	17.7%	7.4%	9.4%	7.4%	9.4%	13.8%	9.6%	22.8%	9.6%	1.1%	1.1%	11.4%	9.7%	6.3%	7.5%	31.9%	
尾气+工业	3.8%	3.4%	4.2%	1.1%	4.2%	1.1%	5.3%	6.6%	2.5%	4.2%	1.1%	2.1%	8.3%	6.0%	0.6%	8.8%	8.5%	
尾气+二次	1.5%	11.0%	0.4%	0.2%	0.4%	0.2%		4.1%			0.5%		0.1%	0.1%	1.9%	25.8%	6.4%	17.0%
二次+扬尘	1.9%	0.4%	4.7%	2.9%	4.7%	2.2%	3.2%	5.3%	6.6%	18.3%	0.5%		6.3%	7.5%		13.2%	14.9%	31.9%
二次+生物质	14.3%	3.4%	2.7%	0.9%	2.7%	0.9%	3.2%	5.3%			6.3%	11.1%	1.0%	0.1%	1.9%	1.3%		8.5%
二次+尾气	8.6%	1.5%	8.6%					0.5%			1.0%	24.3%						14.9%
二次+燃煤	4.2%	1.5%					11.1%	0.5%	11.1%	0.5%	11.1%	24.3%	1.0%	0.1%		1.3%		6.4%
二次+工业	0.4%	2.3%	0.6%	2.3%	5.1%	0.2%	8.1%	3.2%	5.6%	1.5%	2.6%	6.9%	0.6%	0.6%		4.3%		4.3%

市站第 2 期、佛山市站第 1 期、鹤山第 1 期及深圳第 2 期监测中,以"尾气+扬尘"组合的污染类型占比均在 10%以上;③云浮第 2 期监测中的"尾气+燃煤"和"燃煤+尾气"占比均大于 20%,此外,"二次+尾气"占比也有 13.2%,可见云浮市污染时段主要受到移动源、燃煤及二次污染源等影响;④佛山南海第 1 期监测中以"工业+扬尘"、"工业+尾气"及"尾气+工业"组合的污染类型占比均在 10%以上,可见佛山南海污染过程中受工业源影响明显。

4)典型污染过程成因分析

整个项目观测期间,单颗粒气溶胶质谱仪分别在 2019 年 12 月至 2020 年 1 月、2020 年 12 月、2021 年 1 月和 3 月捕获到多次污染过程。

大部分污染过程均以移动源和二次无机污染源影响为主,可见移动源和二次无机源是区域内 $PM_{2.5}$ 污染主因,个别城市在部分污染时段内还受到燃煤源、工业工艺源或扬尘源等的影响。

5)污染成因小结

全时段:各首控异常源类占比较平均,广深佛肇江五城市的移动源占比稍高;云浮的扬尘及生物质燃烧为首控异常源类的占比为 9 站点中最高,东莞的工业工艺源为首控异常源类的占比稍高于其他点位(图 4-15)。

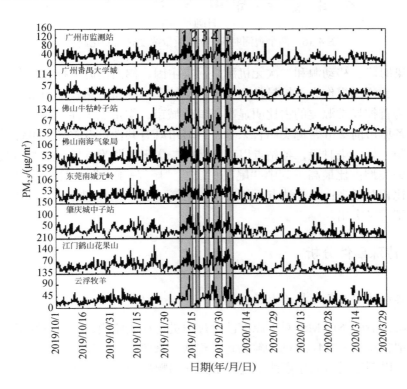

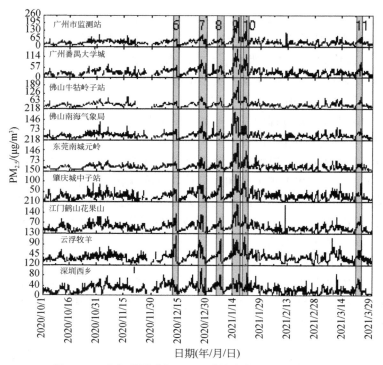

图 4-15　两个观测时段 PM$_{2.5}$ 质量浓度时间变化趋势

污染时段：移动源和二次无机源是污染主因，佛山南海首控异常源类为工业工艺源，云浮燃煤作为首控异常源类的占比较大，广州市站、佛山市站及江门扬尘源作为首控异常源类的占比明显高于其他城市，需重点关注。

从各城市前 2 异常源类组合来看，各城市既有共性也有差异，可针对性开展管控预防。如污染时段，各站点以移动源或二次无机源为首控污染源与其他源的组合污染类型占比最高，其中"尾气+二次""尾气+工业""二次+扬尘"等组合类型占比相对较高；部分站点，如云浮"尾气+燃煤"型污染突出，深圳"尾气+工业"型污染突出。

4.1.3　特殊事件分析

1. 典型沙尘天气分析（太原）

本研究借助 SPAMS 对太原市沙尘过程进行在线监测，重点研究了沙尘天气过程中细颗粒物（PM$_{2.5}$）的颗粒物化学组成、来源，并且与非沙尘天气进行了对比分析，以期通过对太原市沙尘过程中大气细颗粒物的理化特征及来源探究，为有效防范沙尘天气对太原市环境空气质量的影响及制定科学的防治措施提供科学依据。

1）站点信息与方法

采样基本信息监测点位于太原市环境监测中心站（37.8757°N，112.5495°E）三楼楼顶，靠近桃园三巷道路，距滨河东路 300 m。以监测站为中心半径 15 km 范围内，多为居民区及商业区。监测仪器为在线单颗粒气溶胶飞行时间质谱仪（简称 SPAMS，型号 SPAMS 0515）。采样时间为 2017 年 4 月 26 日 01：00 至 5 月 5 日 20：00。大气颗粒物经 $PM_{2.5}$ 切割头后进入 SPAMS 连续监测。监测期间共采集到 210 837 个包含正、负质谱信息的颗粒（MASS）。

2）SPAMS 源解析原理及数据分析方法

SPAMS 获取的颗粒物质谱信息将利用自适应共振神经网络算法（ART-2a）对颗粒物进行聚类，算法使用参数的相似度为 0.7，学习效率为 0.05。利用 ART-2a 的方法依据质谱特征的相似度进行分类，将颗粒物主要分为若干类别，如含碳类物质，包括元素碳（EC）、混合碳（ECOC）、有机碳（OC）、高分子有机物（HOC）、左旋葡聚糖（LEV）；金属类物质如富钾（rich-K）、重金属（HM）以及矿物质（MD）等。通过 SPAMS 源解析算法并依据各类污染源谱特征谱图，与环境空气颗粒物在线质谱测量结果进行比对，判别颗粒物来源，从而获取源成分饼图。参考《大气颗粒物来源解析技术指南（试行）》并根据太原市实际情况，将颗粒物的来源分为扬尘源、机动车尾气源、燃煤源、工业工艺源、生物质燃烧源、其他源等六大类，其中，扬尘源主要包括土壤尘、道路扬尘、建筑扬尘等；机动车尾气源等主要包括汽油车、柴油车、各类非道路移动源等；燃煤源主要包括燃煤电厂、锅炉及散煤等；工业工艺源包括冶金、建材、化工等行业；生物质燃烧源包括生物质露天焚烧及生物质锅炉排放等；其他源是指未包含在上述源类以及未被识别的颗粒物。

3）质量控制和质量保证

为保证最终数据的可靠性，需进行严格的质量控制和质量保证。采样前需对仪器进行粒径校正，具体实验方法是将具有标准粒径大小（0.20 μm、0.30 μm、0.50 μm、0.72 μm、1.00 μm、1.30 μm 和 2.00 μm）的聚苯乙烯小球（polystyrene latex spheres，PSLs）滴入 100mL 蒸馏水中，利用气溶胶发生器产生标准气溶胶，通入气溶胶质谱进行粒径检测，实现颗粒物粒径校正，校准系数 $R^2 > 0.99$。利用 10 mg/mL 的 NaI 标准溶液气溶胶对仪器的质荷比进行质量数的校正，以确保仪器分析的准确性。为避免进样口小孔片堵塞从而影响大气的进样量和数据有效性，监测期间每天清洗维护仪器进样处的小孔片，以保证进样处的压力变化范围不超过±6.66 Pa。

4）结果与讨论

A. 监测期间空气质量情况和气象条件

从 2017 年 4 月 14 日开始，中国内蒙古中西部、甘肃西部、宁夏北部、华北北部以及新疆南疆盆地等局部出现沙尘暴天气。沙尘入境时，通常会使得 PM_{10} 的浓度急剧上升且 $PM_{2.5}/PM_{10}$ 比值显著下降。

图 4-16 为沙尘过程中监测点颗粒物浓度及气象条件变化。为了更好分析沙尘过程对空气质量的影响和颗粒物理化特征，选择了采样期间三个典型时期进行研究。沙尘前（4 月 26 日 00：00 至 5 月 4 日 02：00）：沙尘前锋尚未到达观测点上空，相对湿度夜间高，白天低，PM_{10} 和 $PM_{2.5}$ 质量浓度未有大幅度递增且变化趋势较为一致，$PM_{2.5}$ 在 PM_{10} 中占比为 40.1%；沙尘中（5 月 4 日 03：00 至 5 日 09：00）相对湿度明显降低，PM_{10} 浓度迅速飙升，最高小时浓度达到 1317 $\mu g/m^3$，PM_{10} 和 $PM_{2.5}$ 小时浓度均值分别为 609 $\mu g/m^3$、187 $\mu g/m^3$，$PM_{2.5}/PM_{10}$ 比值下降至 30.7%；沙尘后：（5 月 5 日 10：00 至 5 日 20：00），PM_{10} 和 $PM_{2.5}$ 小时均值分别迅速下降至 215 $\mu g/m^3$ 和 56 $\mu g/m^3$。观测期间平均风速为 1.6 m/s，最大风速为 3.6 m/s，风向以偏南风为主。气温范围为 6.6～25.1℃，相对湿度为 10%～83%。观测期间没有降雨天气。

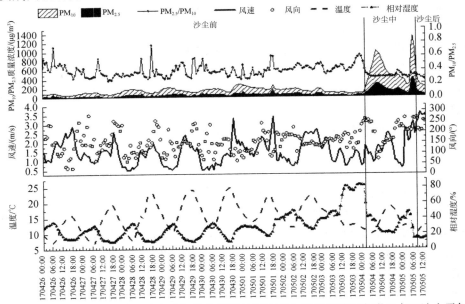

图 4-16　PM_{10} 和 $PM_{2.5}$ 质量浓度及气象参数随时间的变化趋势信号强度明显大于沙尘天气

B. 沙尘天气对颗粒物化学成分的影响

将沙尘天气与非沙尘天气采集到的颗粒物平均质谱图中每个质荷比对应的峰信号强度进行差分计算，如图 4-17，从图中可知沙尘天气颗粒物中的 $^{23}Na^+$、$^{24}Mg^+$、

$^{76}SiO_3^-$、$^{79}PO_3^-$等地壳元素质谱信号峰较非沙尘天气更为明显，而非沙尘天气的 $^{12}C^+$、$^{18}NH_4^+$、$^{36}C_3^+$、$^{39}K^+$、$^{206,207,208}Pb^+$及$^{62}NO_3^-$、$^{97}HSO_4^-$等二次离子的信号强度明显大于沙尘天气。

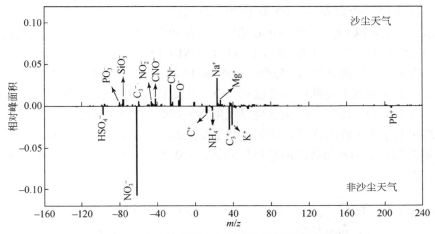

图 4-17　沙尘及非沙尘天气颗粒质谱峰强度差异

由沙尘天气和非沙尘天气各类颗粒数量和百分比的时间序列图（图 4-18）可以看出，沙尘天气前以 EC、OC 和 rich-K 颗粒为主，沙尘天气时矿物质颗粒占比含量明显升高。沙尘天气期间出现了两个比例高峰，小时峰值达到 47.5%。沙尘天气期间，MD 颗粒占比与 $PM_{2.5}$ 质量浓度的变化趋势较为一致。沙尘天气结束后矿物质占比明显降低，OC、EC 和 rich-K 颗粒等成分占比再次升高，其他成分变化相对不明显。

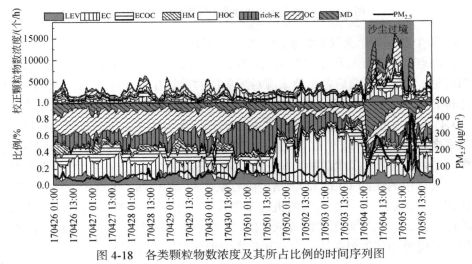

图 4-18　各类颗粒物数浓度及其所占比例的时间序列图

　　太原市沙尘天气前后基于颗粒物的成分分类结果如图 4-19 所示，从图中可见沙尘天气与非沙尘天气主要成分占比差异明显。非沙尘天气的颗粒类别以 EC、OC、rich-K 和 ECOC 为主；沙尘天气的颗粒类别以 OC、ECOC、EC 和 MD 为主。通过对比发现，沙尘天气 MD 颗粒物平均占比（14.2%）明显高于非沙尘天气（8.8%）。另外 ECOC、OC、HOC 和 LEV 在沙尘天气的占比也不同程度地高于非沙尘天气；非沙尘天气的 EC（26.4%）、HM（4.6%）和 rich-K（15.3%）明显高于沙尘天气（比例分别为 15.9%、2.8% 和 11.4%）。另外，颗粒物的组成也能在一定程度上反映其主要的污染排放源。EC 主要来源于燃烧源的排放，而 ECOC 主要来源于机动车尾气、燃煤燃烧以及生物质燃烧的排放，OC 颗粒主要来源于燃煤源和工业工艺源的排放，MD 颗粒主要来源于扬尘源的排放，rich-K 颗粒和 LEV 颗粒都是生物质燃烧源的排放标志物，工业生产过程则可能是 HM 颗粒的主要排放源。

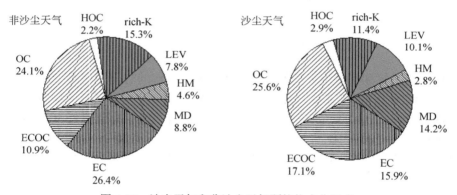

图 4-19　沙尘天气和非沙尘天气颗粒物成分组成

　　C. 沙尘及非沙尘天气颗粒物的主要来源对比

　　监测点位沙尘天气和非沙尘天气颗粒物的主要来源贡献情况如图 4-20 所示。由图可见，沙尘天气前后各污染来源对颗粒物的贡献有明显差别。在非沙尘天气，占比排名前三位的污染源分别为机动车尾气、工业工艺源和燃煤，贡献率之和高达 71.4%，沙尘天气占比最高的三类污染源则依次为燃煤、机动车尾气和扬尘，贡献率之和高达 70.3%。由此可见监测期间本地大气颗粒物主要受到机动车尾气、燃煤、工业工艺源和扬尘源的影响。沙尘天气燃煤的贡献比例（27.4%）明显高于非沙尘天气中的比例（13.7%），扬尘源贡献比例（20.5%）也高于非沙尘天气中的比例（12.3%）。非沙尘天气的机动车尾气贡献比例（34.4%）远大于沙尘天气中的比例（22.4%），工业工艺源贡献比例（23.3%）大于沙尘天气中的比例（16.1%）。生物质燃烧源和其他源在沙尘天气和非沙尘天气占比差异不明显。沙尘天气下，燃煤源贡献上升最为明显，甚至超过了扬尘源的上升比例，这可能与西北地区燃煤燃烧较多有直接关系。这与刘文彬等研究的广州市沙尘颗粒结果存在差异，其研究发现沙尘天气燃煤和移动源的贡献率出现大幅下降，与此同时伴随着扬尘和生物质燃烧源的贡献率大幅增加，其中扬尘的贡献率增加最为显著。对比研究结果也说明我国南北方的大气颗粒物的来源存在较大差异。

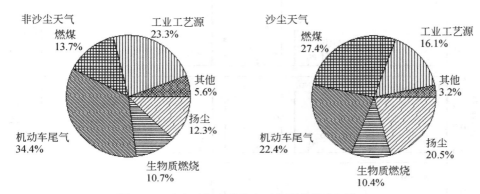

图 4-20　沙尘天气和非沙尘天气颗粒物来源构成

　　利用人工智能聚类算法（ART-2a）分类方法，并以质谱图中出现的矿尘特征因子作为分类和命名依据，将非沙尘天气时段和沙尘天气时段的扬尘源颗粒分为扬尘-铝（Dust-Al）、扬尘-钙（Dust-Ca）、扬尘-铁-锰（Dust-Fe-Mn）、扬尘-镁（Dust-Mg）、扬尘-硅（Dust-Si）和其他（Other）6 个子类别。图 4-21 为主要扬尘颗粒类别的平均质谱图，Dust-Al 主要是扬尘颗粒上所有地壳元素（铝、钙、铁、锰、镁、硅等）中铝的质谱信号（以相对峰面积表征）最强的颗粒，Dust-Ca 主要是扬尘颗粒上所有地壳元素中钙的质谱信号峰最强的颗粒，Dust-Fe-Mn 主要是扬尘颗粒上所有地壳元素中铁的质谱信号峰最强且含有锰离子信号的颗粒，Dust-Mg 主要是扬尘颗粒上所有地壳元素中镁的质谱信号峰最强的颗粒，Dust-Si 主要是扬尘颗粒上所有地壳元素中硅的质谱信号峰最强的颗粒，Other 为未进行分类的颗粒。

　　从图 4-22 中可知 6 个子类别中占比最大的是 Dust-Si，比例为 45.0%，与李思思等研究的张家口市沙尘颗粒的结果不同。张家口市沙尘分类中，Dust-Al 占比最高，为 26.4%，Dust-Si 占比为 25.7%，仅次于 Dust-Al，而本研究中 Dust-Al 类颗粒的占比仅有 5.3%。沙尘天气时段，Dust-Al、Dust-Mg、Dust-Si 三类颗粒占比明显高于非沙尘天气时段，其中 Dust-Si 颗粒物在沙尘天气时段比例增加最大，增加了 17.6%。Dust-Ca、Dust-Fe-Mn 和 Other 三类颗粒占比在沙尘天气时段比例低于非沙尘天气，其中 Dust-Fe-Mn 颗粒在沙尘天气中比例下降最大，下降了 16.8%。

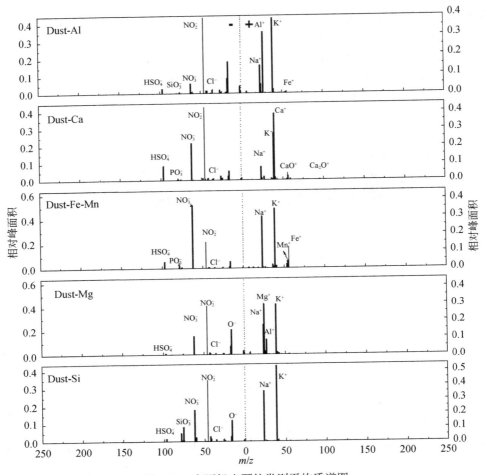

图 4-21　主要扬尘颗粒类别平均质谱图

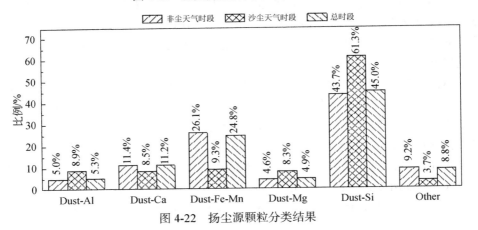

图 4-22　扬尘源颗粒分类结果

5）结论

（1）利用在线单颗粒气溶胶飞行时间质谱仪（SPAMS）对 2017 年 4 月 26 日至 5 月 5 日太原市沙尘和非沙尘天气的细颗粒物污染特征及来源进行了分析研究。沙尘天气期间颗粒物中的 $^{23}Na^+$、$^{24}Mg^+$、$^{76}SiO_3^-$ 等地壳元素质谱信号峰较非沙尘天气更为明显，而非沙尘天气的元素碳（$^{12}C^+$、$^{36}C_3^+$）、金属离子（$^{39}K^+$、$^{206,207,208}Pb^+$）以及 $^{18}NH_4^+$、$^{62}NO_3^-$、$^{97}HSO_4^-$ 等二次离子的信号强度明显大于沙尘天气。

（2）沙尘天气矿物质颗粒物占比明显高于非沙尘天气，比例高出 5.4%；有机碳类物质（包括 OC、LEV 以及 HOC、ECOC 等）占比也均高于非沙尘天气；非沙尘天气的元素碳、重金属和富钾颗粒明显高于沙尘天气，分别高出 9.3%、1.8% 和 3.9%。

（3）监测期间当地大气颗粒物主要受到机动车尾气、燃煤、工业工艺源和扬尘源的影响。沙尘天气的燃煤贡献比例（27.4%）明显高于非沙尘天气（13.7%），扬尘源贡献比例（20.5%）也高于非沙尘天气（12.3%）。结合气团后向轨迹数据分析，沙尘气溶胶主要来自中国西北地区。

（4）将扬尘颗粒分为 Dust-Al、Dust-Ca、Dust-Fe-Mn、Dust-Mg、Dust-Si 和其他 6 个子类别，其中占比最大的是 Dust-Si，比例为 45.0%。沙尘天气时段，Dust-Al、Dust-Mg 和 Dust-Si 三类颗粒占比明显高于非沙尘天气时段，与非沙尘天气相比，Dust-Si 颗粒物在沙尘天气时段比例增加最大。

2. 典型烟花爆竹分析（泉州）

春节假期是我国人口大幅度迁移扩散的主要时间，大部分城区往往因为企业的停产、机动车的锐减和建筑工地的停工等因素在空气质量上表现出良好的趋势。但春节期间民俗活动燃放的烟花爆竹，在短时间内向大气中排放了大量的二氧化硫、氮氧化物、重金属、有机物及烟尘颗粒，导致空气质量迅速恶化，已有的研究结果表明，烟花爆竹燃放会在短时间内引起大气细颗粒物浓度的急剧升高，严重影响城区空气环境质量，在集中燃放时间段出现极度的空气质量超标现象。另一方面，燃放烟花爆竹显著影响了大气细颗粒物的化学组分，在有机碳、硝酸盐、硫酸盐和氯化物等化学成分，Ba、K、Mg、Al、Sr、Cr 等元素含量以及有毒有害物质如多环芳烃浓度等方面表现出大幅度的升高，对春节假期颗粒物污染有较大的贡献，给城区居民身体健康带来极大的潜在风险，也给春季期间大气环境污染防治工作带来较大挑战。因此，如何缓解烟花爆竹集中燃放对大气环境质量影响，是春节期间大气污染防治的首要工作，也是保障春节假期居民身心健康的重要一环。鉴于此，拟采用单颗粒在线气溶胶质谱仪（SPAMS）研究春节期间泉州市区大气细颗粒物的污染物谱，通过解析烟花爆竹燃放过程大气细颗粒的化学组成成分的动态特征，以期为特征污染源的大气污染源解析提供方法论，也为烟花爆竹集中燃放的大气污染防治提供理论基础和参考依据。

1）采样点设置

大气细颗粒物浓度监测点位于泉州城区涂山街（118° 34′55″E, 24° 54′42″N），为国控点；颗粒物化学组分及理化性质监测地点位于该国控点的直线距离 1 km 内，点位选取符合国家相关规范要求，且两点间无明显的工业污染源，认为两点监测结果代表同一区域的大气细颗粒物环境存在状况。

2）监测仪器及分析方法

大气细颗粒物质量浓度采用 5030-SHARP 型 $PM_{2.5}$ 分析仪（美国 Thermo Fisher Scientific 公司）在线监测。

大气细颗粒物化学组分及理化性质分析采用 SPAMS-0515 型在线单颗粒气溶胶质谱仪。

SO_2、NO_2、CO、O_3 分析仪均采用美国 Thermo Fisher Scientific 公司的仪器。

3）样品分析

2017 年 1 月 27 日 0：00～2017 年 2 月 2 日 23：00，利用单颗粒气溶胶质谱仪（SPAMS）和其他多种环境监测仪器对大气污染现象进行高时间分辨的长期连续监测。共采集到具有测径信息的颗粒物（SIZE）375 335 个，同时具有正、负谱图的颗粒（MASS）108 589 个。SPAMS 捕获的细颗粒物数浓度与 $PM_{2.5}$ 分析仪测得的质量浓度随时间变化的趋势基本一致，相关系数 r 为 0.72，说明颗粒物的个数在一定程度上也能反映细颗粒物的污染程度（图 4-23）。

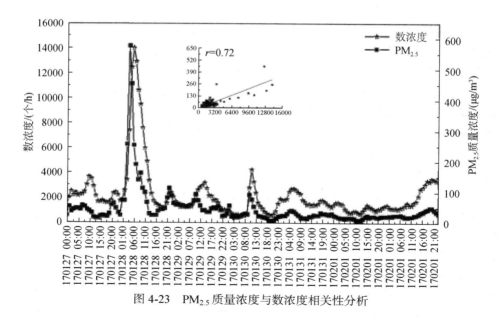

图 4-23　$PM_{2.5}$ 质量浓度与数浓度相关性分析

4）结果与讨论

A. 烟花爆竹集中燃放期间的大气环境质量分析

一般而言，春节期间我国大部分主城区大部分企业停产和半停产、机动车数量骤减、建筑工地几乎全部停工，特征污染源排放量大幅下降，城区的大气环境质量将得到有效的改善。但是，春节期间如大年初一往往为全国各地区烟花爆竹集中燃放的时段，给大气环境质量带来较大的影响。如表 4-11 所示，春节期间，泉州城区大年初一各项大气环境质量指标均大于正常时间段的大气环境质量，其中颗粒物浓度（PM_{10}、$PM_{2.5}$）是年均值的 3~5 倍，以细颗粒物的浓度升高最为显著，均值可达 0.130 mg/m³，说明此期间大气环境受明显的特征污染源的影响。张小玲等分析了不同气象条件下烟花爆竹燃放对空气质量的影响研究，结果表明春节燃放烟花爆竹对城市空气质量有一定的影响，对颗粒物浓度的影响要远高于对污染气体（SO_2 和 NO_2）的影响，特别是除夕和元宵节集中燃放时段 PM_{10} 明显增加，$PM_{2.5}$ 浓度增加更为显著。潘本锋等针对春节期间燃放烟花爆竹对我国城市空气质量影响进行了分析，结果表明集中燃放烟花爆竹对我国城市环境空气质量造成了严重影响，大部分城市在集中燃放日出现空气质量超标现象，燃放烟花爆竹可以导致空气中 PM_{10}、$PM_{2.5}$ 等污染物浓度显著上升。因此，烟花爆竹的集中燃放可能是春节期间城区大气环境质量恶化的重要原因。

表 4-11　泉州城区 2017 春节期间大气环境质量

时间	O_3 /（mg/m³）	NO_2 /（mg/m³）	SO_2 /（mg/m³）	CO /（mg/m³）	PM_{10} /（mg/m³）	$PM_{2.5}$ /（mg/m³）	AQI
大年初一	0.076	0.036	0.018	0.610	0.135	0.13	0.172
春节期间	0.057	0.031	0.01	0.644	0.052	0.047	0.065
2016 年均值	0.074	0.028	0.012	0.600	0.05	0.031	—

B. 整体细颗粒物成分分析

烟花爆竹燃放产生的细颗粒物与春节期间大气细颗粒物的成分谱如图 4-24 所示，从中可以看出，大气成分谱正负谱图中含有较为明显的元素碳离子（$m/z=\pm12n$，$n\geq1$），还有金属离子 K^+、Mg^+、Al^+、Fe^+、Cu^+、Pb^+ 的信号峰，其他离子 NH_4^+、Na^+、K_2Cl^+、NO_2^-、NO_3^-、HSO_4^-、CN^-、CNO^- 也较为明显。烟花爆竹的平均质谱图含有 Na^+、K^+、Mg^+、Al^+、Fe^+、Cu^+、Sr^+、Ba^+ 等金属离子，还有金属离子的氧化物 Al_2O^+、BaO^+，以及金属离子的氯物 K_2Cl^+、KCl_2^-、$SbCl^-$ 等离子峰。从图中可以看，两者谱图较为相似，存在共同的特征金属离子出峰 Na^+、K^+、Mg^+、Al^+、Fe^+、Cu^+、Sr^+、Ba^+ 等说明两者具有共源属性，只是峰强弱有所差异，这可能与大气扩散和稀释有关，烟花爆竹的集中燃放可能是大气环境恶化的主要原因。

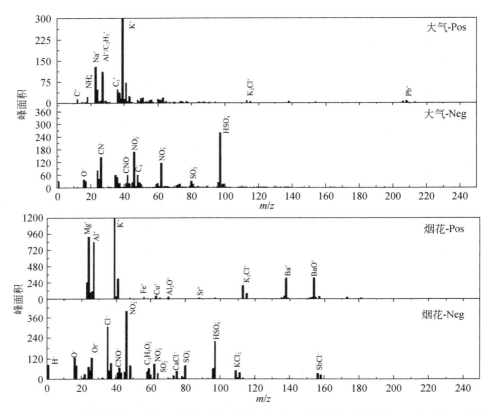

图 4-24　烟花爆竹燃放产生的细颗粒物与春节期间大气细颗粒物的成分谱（Pos 为质谱正谱图，Neg 为质谱负谱图）

C. 燃放高峰期特征金属离子分析

有研究指出，烟花爆竹的主要成分是黑火药，含有硫磺、木炭粉、硝酸钾和氯酸钾，为了达到闪光的效果还要加入铝、铁、锑等金属粉末以及其他金属类火焰着色物如钡盐、锶盐、铜盐等无机盐类，当烟花爆竹点燃后，木炭粉、硫磺粉、金属粉末等在氧化剂的作用下迅速燃烧，产生含碳、氮、硫等的气体及金属氧化物的粉尘，同时产生大量光和热。根据烟花爆竹的成分及其成分谱图，选取烟花爆竹的燃放高峰期间（2017 年 1 月 28 日 02：00 ~ 09：00）与整个监测期间的几种烟花爆竹的特征金属离子 Al^+、Mg^+、Ba^+、Cu^+、Sr^+ 占所有电离颗粒的比率进行对比分析，结果如图 4-25 所示，从中可以看出，燃放高峰期间各金属离子的占比基本是整个监测期间的 2 倍以上，其中 Cu^+ 和 Ba^+ 的占比更高，达整个监测期间的 3 倍以上。对主要特征金属离子 Al^+、Mg^+、Ba^+、Cu^+、Sr^+ 燃放高峰期小时数浓度的相关性进行分析，结果如表 4-12 和图 4-25 所示，从中可知，燃放高峰期间，除了 Sr^+ 外，其余金属离子之间的数浓度的相关系数范围为 0.80 ~ 0.98，属于高度相关，特别是 Al^+、Mg^+、Cu^+ 三者间的相关系数更是超过 0.96，达显著性相关。Sr^+ 与其他离子的相关性较差可能是由于各个厂家生产的烟火所添加的金属类火焰着色物有所差异。燃放高峰期细颗粒物中 Al、Mg、Ba、Cu、Sr 等元素占比的迅速上升及 Al^+、Mg^+、Ba^+、Cu^+ 小时数浓度间的高度相关性，表明 $PM_{2.5}$ 浓度的明显上升主要来自于烟花爆竹的集中燃放。

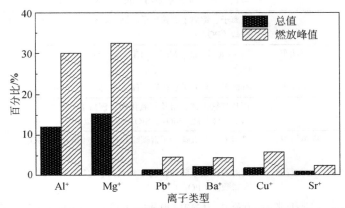

图 4-25　燃放高峰期间与整体监测期间 $PM_{2.5}$ 中金属离子百分比对比图

表 4-12　主要特征金属离子燃放高峰期小时数浓度的相关系数

	Al^+	Mg^+	Ba^+	Sr^+	Cu^+
Al^+	—	0.98	0.89	0.26	0.98
Mg^+	0.98	—	0.91	0.41	0.96
Ba^+	0.89	0.91	—	0.57	0.80
Sr^+	0.26	0.41	0.57	—	0.17
Cu^+	0.98	0.96	0.80	0.17	—

D. 本地化源谱构建

参考环境保护部发布的大气颗粒物来源解析技术指南，结合当地行业分布特征，通过对当地典型排放源进行采样分析，建立了泉州市典型排放源谱库。根据分析得到的排放源谱特征，得到春节期间主要污染来源烟花爆竹、海盐、生物质燃烧、扬尘、机动车尾气、燃煤、工业工艺源等的特征离子库，详见表 4-13。从表中可知，烟花源的主要特征离子为镁离子、铝离子、铜离子、锶离子、钡离子、氧化二铝、氧化钡和氯化锑（$SbCl^-$）等。

表 4-13　泉州市各类污染源特征离子

污染源种类		特征离子
烟花		镁离子、铝离子、铜离子、锶离子、钡离子、氧化铝、氧化钡和氯化锑（$SbCl^-$）
海盐		钠离子、氯离子和氯化钠（Na_2Cl^+、$NaCl^-$ 和 $NaCl_2^-$）
生物质燃烧		钾离子、氰根离子、有机碎片峰、左旋葡聚糖碎片峰（m/z 为 -45、-59、-71、-73）、m/z 为 -66 和 m/z 为 $+83$ 特征峰
扬尘源		镁离子、铝离子、铁离子、钙及其氧化物、硅酸盐（SiO_2^-、SiO_3^-）和磷酸盐（PO_3^-）
机动车尾气	汽油车	钙（Ca^+）、锰（Mn^+）、硝酸盐（NO_2^-、NO_3^-）、磷酸盐（PO_3^-）和元素碳簇
	柴油车	有机碳、高分子有机碳（HOC）、硝酸盐（NO_2^-、NO_3^-）和元素碳簇
燃煤		钙及其氧化物、铬及其氧化物、锂离子、镁离子、铝离子、铁离子、铅离子、硅酸盐（SiO_2^-、SiO_3^-）、磷酸盐（PO_3^-）和硫酸盐（SO_3^-、HSO_4^-）
工业工艺	皮革纺织行业	铅离子、有机碳、元素碳簇和硫酸盐（SO_3^-、HSO_4^-）
	建材行业	镁离子、铝离子、铁离子、钙及其氧化物、铅离子、硅酸盐（SiO_2^-、SiO_3^-）和磷酸盐（PO_3^-）
	制陶行业	锂离子、镁离子、铝离子、铁离子、钙及其氧化物、铬及其氧化物、铅离子、元素碳簇、硅酸盐（SiO_2^-、SiO_3^-）和磷酸盐（PO_3^-）
	垃圾焚烧	铝离子、铁离子、钙及其氧化物、铬及其氧化物、氯离子、氰根离子、硅酸盐（SiO_2^-、SiO_3^-）、硝酸盐（NO_2^-）、磷酸盐（PO_3^-）、硫酸盐（HSO_4^-）、元素碳簇和混合碳
	石油化工	镁离子、铝离子、钙及其氧化物、铬及其氧化物、硝酸盐（NO_2^-）和硫酸盐（HSO_4^-）

E. 大气细颗粒物来源解析

根据烟花爆竹的谱图，结合泉州的本地化源谱，利用示踪离子法把 SPAMS 捕获的细颗粒物分为烟花爆竹、海盐、生物质燃烧、扬尘、机动车尾气、燃煤、工业工艺源、二次无机源、其他等九大类，各污染源贡献比率见图 4-26。从中可以看出，监测期间首要污染源是烟花爆竹，占总颗粒物的 30%，其次是生物质燃烧，占 21.1%，这两类来源占了总数的一半，这与春节期间主要污染来源是烟花爆竹的燃放以及民俗祭拜活动中香、金纸等生物质燃料的燃烧相一致；第三位是机动车尾气，占 12.4%；燃煤和工业工艺源的比例相对较低，都在 10% 以下，这与春节期间工厂停工的情况相一致。污染源贡献比率从另一个侧面验证了春节期间细颗粒物主要来源为烟花爆竹的集中燃放的推论。

F. 监测期间大气细颗粒物污染来源数浓度变化情况

图 4-27 为监测期间 SPAMS 捕获的大气细颗粒物，各类源数浓度随时间变化情况，从中可以看出，监测时间内 $PM_{2.5}$ 的质量浓度在 $0.008 \sim 0.578\ mg/m^3$，初一

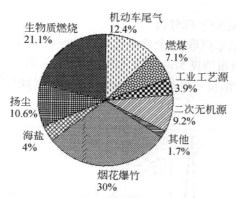

图 4-26　各污染源贡献比率

凌晨 PM$_{2.5}$ 的质量浓度迅速飙升，最高达 0.578 mg/m^3，约为年均值（0.028 mg/m^3）的 21 倍，空气质量达到爆表水平（AQI＞500）。1 月 28 日凌晨（跨年夜），烟花爆竹集中燃放，PM$_{2.5}$ 的质量浓度迅速增长，各类污染源中数浓度增大最为明显的是烟花源和扬尘源，说明春节期间燃放烟花爆竹造成大量细颗粒物的排放，同时燃放过程易造成尘土飞扬的现象，导致扬尘源引起的细颗粒物的质量浓度也急剧上升，两者叠加，造成集中燃放时空气质量的急剧恶化。集中燃放后，烟花源和扬尘源的数浓度迅速降低，PM$_{2.5}$ 质量浓度回到优良状态。数浓度与细颗粒物质量浓度的变化趋势的趋同性进一步表明烟花爆竹集中燃放是造成春节期间空气质量恶化的主要来源。

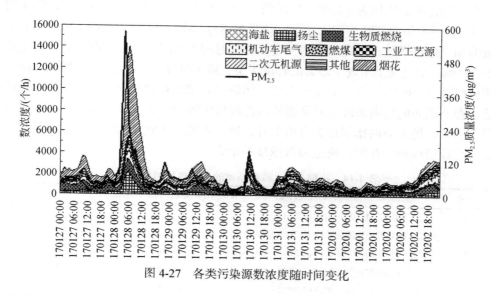

图 4-27　各类污染源数浓度随时间变化

G. 污染过程细颗粒物来源分析

根据 PM$_{2.5}$ 监测结果抓取 5 个具有代表性的时段来分析整个监测期间的污染过程，分别为 PM$_{2.5}$ 质量浓度高峰时段（时段 2、4），低谷时段（时段 1、3、5），5 个时段中 PM$_{2.5}$ 质量浓度最低均值为 0.011 mg/m^3，最高均值是 0.292 mg/m^3，监测结果如图 4-28 所示。

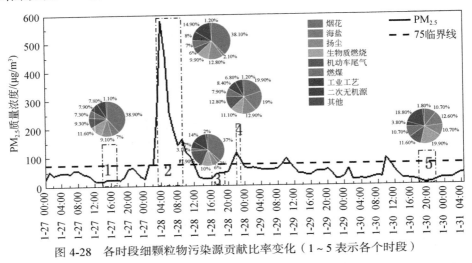

图 4-28　各时段细颗粒物污染源贡献比率变化（1～5 表示各个时段）

表 4-14 是各时段细颗粒物污染源贡献比率变化。从中可以看出，时段 2（跨年夜）烟花源的比例为 58.3%，比时段 1（除夕下午）高出 30 个百分点，到了时段 3（初一下午至傍晚）该比率迅速降至 20.8%，时段 4（初一夜间）也许又有少量的烟花爆竹燃放，但是燃放的强度及持续时间不及时段 2。烟花源的比例上涨至 39.9%，空气质量出现了短暂的轻度污染，到了时段 5（初三晚上）烟花源的比例已经降至 10.3%，空气质量变为优。污染过程细颗粒物来源变化更进一步地验证了春节期间的污染来源主要是燃放烟花爆竹所致。同时，在每次出现污染时（时段 2、4），扬尘源的比例也会有所上升，进一步说明了此期间的污染主要是烟花爆竹燃放造成的烟花源、扬尘源数浓度的增大所致。

表 4-14　根据 PM$_{2.5}$ 监测结果的污染过程时段划分

编号	低谷时段 1、3、5；高峰时段 2、4	PM$_{2.5}$ 小时浓度均值/（mg/m^3）	污染情况
1	2017.01.27 14：00 ~ 2017.01.27 17：00	0.023	优
2	2017.01.28 03：00 ~ 2017.01.28 09：00	0.292	重度污染
3	2015.01.28 16：00 ~ 2017.01.28 19：00	0.039	良
4	2017.01.28 22：00 ~ 2017.01.28 23：00	0.102	轻度污染
5	2017.01.30 18：00 ~ 2017.01.30 22：00	0.011	优

注：低谷时段 1、3、5，高峰时段 2、4

5）结论

（1）泉州城区大年初一各项大气环境质量指标均大于正常时间段的大气环境质量，以细颗粒物的浓度升高更为显著，特别是烟花爆竹集中燃放时段的细颗粒物浓度的升高极为显著，说明此期间大气环境受特别污染源的影响。

（2）烟花爆竹燃放高峰期细颗粒物中烟花爆竹的特征金属离子 Al^+、Mg^+、Ba^+、Cu^+、Sr^+ 等的占比基本是整个监测期间的 2 倍以上，其中 Cu^+ 和 Ba^+ 更是达到 3 倍以上；Al^+、Mg^+、Ba^+、Cu^+ 四者的小时数浓度相关系数超过 0.80，属于高度相关，而 Al^+、Mg^+、Cu^+ 三者的相关系数更是超过 0.96，达显著性相关，表明燃放期间 $PM_{2.5}$ 浓度的明显上升主要是烟花爆竹集中燃放所致。

（3）监测期间泉州城区主要污染源是烟花和生物质燃烧，贡献占总颗粒物的一半以上，燃煤和工业工艺源的比例相对较低，都在 10.0% 以下，这与春节期间工厂停工，污染主要来源于烟花爆竹燃放的情况相一致。

（4）烟花爆竹集中燃放时段，大气细颗粒物 $PM_{2.5}$ 浓度（0.578 mg/m³）急速升高，约为年均值（0.028 mg/m³）的 21 倍，此时细颗粒物中烟花源所占比例也升至 58.2%。监测期间，$PM_{2.5}$ 浓度与烟花源的占比、数浓度的变化有趋同性，进一步表明烟花爆竹的集中燃放是春节期间大气环境恶化的主要原因。

4.2　重大活动保障及管控措施评估

本节将通过广州市大气污染防治工作效果评估及 G20 杭州峰会保障监测评估为案例进行分析。

4.2.1　广州市大气污染防治工作效果评估专报

近年来，我国区域性复合型空气污染问题尤为突出，跨越省级行政区域的超大面积的区域性重灰霾污染过程时有发生，已经成为经济社会发展，特别是城市群区域发展的严重环境污染问题，其危害性业已受到各级政府、社会团体和广大居民的高度重视。环境空气 $PM_{2.5}$ 污染综合整治，已经成为全国性大气污染防治的重点工作。2017 年广州市空气质量改善取得明显成绩，$PM_{2.5}$ 首次达标，但广州市大气污染防治进入瓶颈期，下降难度很大且有反弹危险。

为贯彻落实国家、省委省政府、市委市政府空气质量改善考核目标的工作要求，确保完成大气污染防治年度考核目标，根据十九大关于打赢蓝天保卫战的战略部署、广东省大气污染防治工作会议的工作要求。

本项目应用国产单颗粒气溶胶质谱仪（SPAMS），基于市监测站从 2014 年至今已有 8 年单颗粒质谱连续监测数据及广州市空气质量国控点基础监测数据，开展广州市"十三五"至今大气污染防治工作效果评估研究，通过快速评估，分析哪些措施有效，哪些措施需要加强，同时也反馈需要强化哪些监测，及时为污染防治决策提供污染源信息，明确优先治理对象，加强污染治理措施的针对性，有效提高大气污染综合整治效果，降低社会成本。

1. 控车措施效果评估

1）纯电动公交车运营措施成效评估

从 2016 年开始，广州市逐渐投放运营纯电动公交车，用以替换传统燃油公交车，截至 2018 年 11 月 20 日累计已上牌纯电动公交车 9726 辆，接近 2018 年广州市十件民生实事所明确的全市推广使用纯电动公交车超过 1 万辆的工作目标，纯电动公交车投入规模和数量位居全国前列。据市环保部门测算，相比传统燃料公交车，全市应用纯电动公交车超过 1 万辆可实现年度减排氮氧化物约 1.94 万吨。表 4-15 为纯电动公交车阶段累计统计结果，以表中的 5 个统计阶段为节点，将 2016 年 1 月 1 日至今划分为 6 个时段，另将 2018 年的几个时段合并得出 2018 年全年结果，通过对比 7 个时段的 PM$_{2.5}$ 来源变化，评估纯电动公交车替换传统燃料公交车这一措施的实施效果。

表 4-15　纯电动公交车阶段累计统计表

年份	统计日期	历年累计已上牌数量/台
2016	12 月 31 日	445
2017	12 月 31 日	2872
2018	6 月 30 日	3472
2018	9 月 30 日	6336
2018	11 月 20 日	9726

纯电动公交车运营总车辆数为 9726 辆，相较于 300 万辆广州市机动车总量体量较小，未对空气质量改善产生显著影响，有待进一步推广。具体结果如下：

图 4-29、图 4-30 和表 4-16 分别为 2016 年 1 月 1 日至 2018 年 12 月 20 日期间 7 个时段的 PM$_{2.5}$ 颗粒组分和污染源比例分布，以及每个时段的污染物均值。

对比图 4-29（a）～（c）及图 4-30（a）～（c），从污染源来看，2016～2018 年的机动车尾气年度平均占比均在 25%～30%，其中 2016 年和 2017 年的占比接近，分别为 25.4% 和 25.3%，2018 年为 29.9%，稍高于前两年。

结合污染物浓度及组分变化来看，2017 年的 PM$_{2.5}$ 和 SO$_2$ 浓度相较于 2016 年的下降 2～3 μg/m^3，而 NO$_2$ 上升 4 μg/m^3，升幅约 6.6%。机动车尾气占比基本持平。2018 年（统计至 12 月 20 日）的 PM$_{10}$、NO$_2$、SO$_2$ 平均浓度相较于 2017 年均有不同程度的下降，降幅分别为 4.8%、10.8%、18.2%，颗粒组分方面表现出硝酸盐比例的明显下降，而机动车尾气占比从 2017 年至 2018 年出现了上升，从

25.3%上升至 29.9%，上升了 4.6%。其中，SO_2 的降幅明显大于 NO_2，主要由于 2018 年将全市行政区域划定为高污染燃料禁燃区，并关停广州发电厂、旺隆电厂 7 台燃煤机组等相关减煤政策的实施。

另一方面，广州当地机动车保有量较大，截至 2018 年 12 月 2 日广州机动车保有量已超 300 万辆，相较于 2017 年的 234 万辆大幅增加，增幅大于 28.2%，而纯电动公交车在 2018 年度增加 6854 辆，较庞大的燃油机动车尾气排放量使得纯电动公交车对本地机动车减排效果未能凸显。

对比图 4-29（d）~（g）及图 4-30（d）~（g）的 2018 年四个时段的颗粒组分及污染源分布。组分方面，可能来源于机动车尾气排放的 EC 比例呈逐渐下降趋势，而硝酸盐在 2018 年下半年的比例也明显低于 2018 年上半年。污染源方面，四个时段的机动车尾气占比波动较大。

2018 年上半年的机动车尾气占比明显较高，且相较于 2017 年平均占比增加了 6.7 个百分点。结合污染物浓度变化来看，相较于 2017 年，2018 年上半年的 $PM_{2.5}$ 和 PM_{10} 浓度均有不同程度上升，上升幅度分别为 21.2%和 1.6%，其中 $PM_{2.5}$ 的上升幅度最大。由于 $PM_{2.5}$ 颗粒中首要污染源为机动车尾气，2018 年上半年 $PM_{2.5}$ 浓度大幅上升，机动车尾气贡献率也随之上升。

7~9 月以及 10 月至 11 月 20 日两个时段的机动车尾气占比及各污染物浓度均大幅下降，原因可能有三个方面：一是与该时段内气象扩散条件较好有关，当地产生的机动车尾气源颗粒迅速扩散，未造成明显累积现象；二是广州市从 2018 年 7 月 1 日开始试行机动车"开四停四"管理措施，对非广州市籍中小客车（含临时号牌车辆）实行驶入管控区域连续行驶时间最长不得超过 4 天的规定，7~9 月以及 10 月至 11 月 20 日两个时段的机动车尾气占比下降与"开四停四"措施的实行有较大关系；三是纯电动公交车继续推广应用所带来的影响。

11 月 21 日至 12 月 20 日时段的机动车尾气占比、$PM_{2.5}$ 和 PM_{10} 浓度相较于 10 月 1 日至 11 月 20 日时段分别上升 5.0%和 3.1%，而 NO_2、SO_2 浓度下降 5.0% 和 16.7%，该变化规律与 2018 年上半年相较于 2017 年的类似，即随着 $PM_{2.5}$ 上升，机动车尾气贡献率上升。

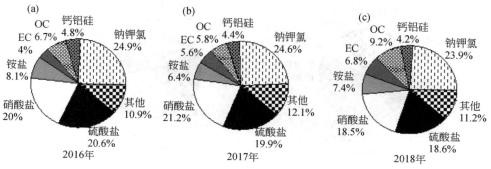

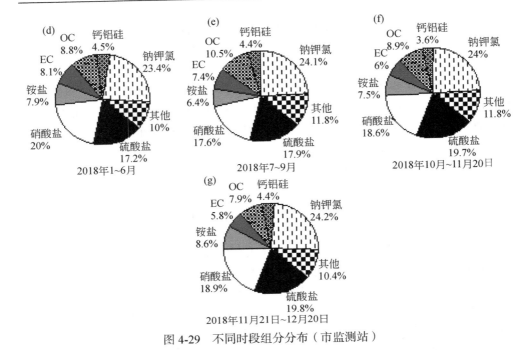

图 4-29　不同时段组分分布（市监测站）

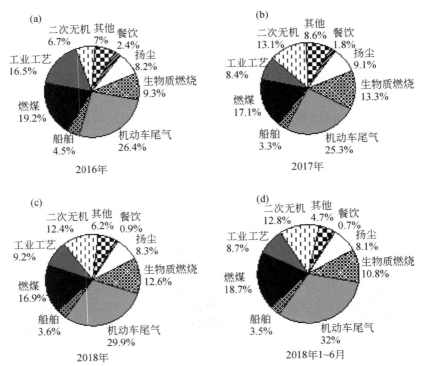

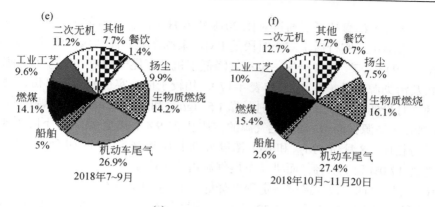

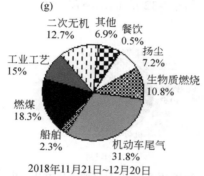

图 4-30　不同时段源解析分布（市监测站）

表 4-16　2016 ~ 2018 年 7 个时段污染物均值（CO 单位为 mg/m³，其余为 μg/m³）

时段	机动车尾气占比/%	PM₂.₅	PM₁₀	NO₂	SO₂	O₃-8h-90per	CO-95per
2016 年	25.4	35	54	61	8	139	1.6
2017 年	25.3	33	62	65	11	157	1.4
2018 年（至 12/20）	29.9	37	59	58	9	160	1.3
2018/1/1 ~ 6/30	32.0	40	63	61	12	157	1.4
2018/7/1 ~ 9/30	26.9	26	44	50	4	167	1.2
2018/10/1 ~ 11/20	27.4	40	65	60	6	174	1.2
2018/11/21 ~ 12/20	31.8	42	67	57	5	106	1.5

注：污染源为吉祥路站点数据，污染物数据来自广州市环境监测站国控点

2）"开四停四"管理措施成效评估

广州市从 2018 年 7 月 1 日开始试行机动车"开四停四"管理措施，对非广州市籍中小客车（含临时号牌车辆）实行驶入管控区域连续行驶时间最长不得超过 4 天，再次驶入须间隔 4 天以上的规定。措施过渡期为一个月，8 月 1 日起正式实行。"开四停四"措施覆盖范围较大，几乎将广州市所有主要功能区（教育、医疗、

商贸、居住等）都囊括了。通过对比 2018 年 6 月（措施实行前）、7 月（过渡期）及 8 月（措施正式实行后）三个时段的 $PM_{2.5}$ 来源变化，评估该措施的实施效果。

A. "开四停四" 管理措施一定程度降低了机动车尾气源对 $PM_{2.5}$ 的贡献。从污染物及污染源来看（图 4-31 和表 4-17），相较于措施实行前的 6 月份，处于过渡期的 7 月份的 $PM_{2.5}$ 和 NO_2 分别下降 1.5 $\mu g/m^3$ 和 6.6 $\mu g/m^3$，下降幅度为 6.8% 和 13.7%，污染源方面，机动车尾气源的占比从 27.9% 下降至 23.1%，下降了 4.8%。与 6 月份相比，8 月份 $PM_{2.5}$ 和 NO_2 浓度分别上升至 26.5 $\mu g/m^3$ 和 56.6 $\mu g/m^3$，上升幅度为 17.0% 和 17.7%，而机动车尾气源占比下降了 0.9%。

B. "开四停四" 管理措施一定程度降低了 $PM_{2.5}$ 中的 EC 浓度。2018 年 5-8 月 EC 占比呈逐月下降趋势（图 4-32），而硝酸盐在 6 月和 7 月的占比差别不大，8 月稍有下降。

图 4-31　2018 年 5 ~ 8 月月度源解析分布（市监测站）

图 4-32　2018 年 5 ~ 8 月月度组分分布（市监测站）

表 4-17　2018 年 5 ~ 8 月污染物均值及相较于 6 月的变化幅度（CO 单位为 mg/m^3，其余为 $\mu g/m^3$）

时段	机动车尾气占比/%	$PM_{2.5}$	PM_{10}	SO_2	NO_2	O_3-8h	CO
6 月	27.9	22.6	34.1	9.7	48.1	97.1	0.8
7 月	23.1	21.1	35.4	4.1	41.5	92.0	0.7
8 月	27.0	26.5	44.9	3.9	56.6	105.0	0.9
7 月变幅	-17.2%	-6.8%	4.0%	-57.5%	-13.7%	-5.3%	-4.2%
8 月变幅	-3.2%	17.0%	31.9%	-59.9%	17.7%	8.1%	13.5%

注：污染源为吉祥路站点数据，污染物数据来自广州市环境监测站国控点

2.降尘措施效果评估

2018 年 10 月出台了"路面保湿"举措，从 10 月 20 日开始加大道路路面洒水抑尘力度。以此为时间节点，将分析时段划分为洒水措施前（10 月 1 ~ 19 日）及实行洒水措施后（10 月 20 ~ 31 日、11 月 1 ~ 30 日、12 月 1 ~ 31 日）等四个时段进行对比分析。

图 4-33 为 10 月 1 日至 12 月 31 日扬尘比例、PM$_{2.5}$、PM$_{10}$、相对湿度及风力随时间变化分布图，图中虚线框为加大洒水抑尘措施的时间节点。表 4-18 为四个时段的基本信息统计（数据来源：污染源为吉祥路站点数据，污染物及气象数据来自市监测站国控点）。

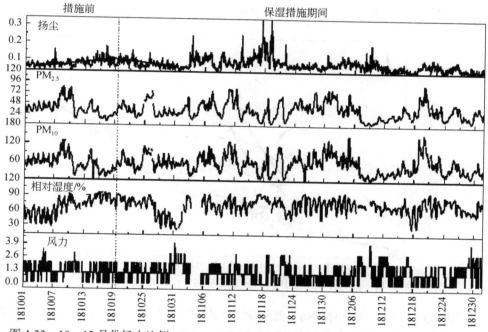

图 4-33　10 ~ 12 月份扬尘比例、PM$_{2.5}$、PM$_{10}$、相对湿度及风力时间序列图（市监测站）

10 月 1 ~ 19 日扬尘源比例呈逐渐上升趋势，10 月 20 日加大道路洒水力度之后，扬尘源小时比例明显下降。且结合表 4-18 信息可知，10 月 20 ~ 31 日时段内虽 PM$_{10}$ 质量浓度稍高于 20 日之前，但 PM$_{2.5}$ 质量浓度、扬尘源比例均值和比例峰值均有不同程度下降，其中扬尘源比例均值下降 0.1 个百分点，下降幅度不大，而比例峰值下降了 2.4 个百分点，下降幅度明显。

11 月份相较于洒水措施前时段的扬尘源比例不降反升，且小时比例峰值高达

42.0%。图 4-34 为 11 月份的后向轨迹聚类分布，该月份大部分时段为东北风，扬尘源的比例增加可能受到东北区域的污染传输影响（11 月份华北华东地区出现大范围沙尘污染天气）。

12 月份的扬尘源的小时比例峰值虽也达到 19.5%，但总体比例处于较低水平，平均比例只有 6.5%，且相较于其他三个时段的 PM$_{2.5}$ 和 PM$_{10}$ 质量浓度也有所下降。

表 4-18 2018 年四个不同时段信息统计（市监测站）

时段	扬尘比例均值/%	扬尘小时比例峰值/%	PM$_{2.5}$ /（μg/m³）	PM$_{10}$ /（μg/m³）	气温/℃	湿度/%	风力/级
10/1 ~ 10/19	7.5	17.5	39.8	64.3	23.0	66.4	1.14
10/20 ~ 10/31	7.4↓	15.1↓	38.8↓	74.8↑	23.0	63.4	1.15
11/1 ~ 11/30	9.2↑	42.0↑	43.9↑	68.1↑	20.5	73.4	0.97
12/1 ~ 12/31	6.5↓	19.3↑	36.9↓	55.5↓	16.0	71.2	1.21

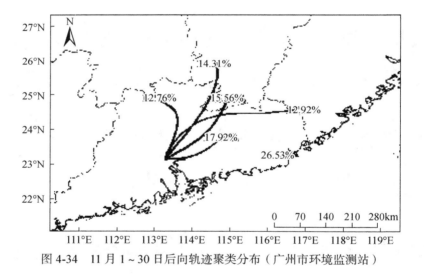

图 4-34 11 月 1 ~ 30 日后向轨迹聚类分布（广州市环境监测站）

图 4-35 分别为四个时段扬尘源比例、PM$_{2.5}$ 质量浓度及 PM$_{10}$ 质量浓度 24 小时变化分布。可见，四个时段的 PM$_{2.5}$ 和 PM$_{10}$ 的 24 小时变化趋势基本一致，但扬尘源比例有明显区别：10 月 1 ~ 19 日（措施前）和 11 月 1 ~ 30 日两个时段的 4 ~ 12 时及 15 ~ 19 时均出现明显的扬尘源比例高峰；10 月 20 ~ 31 日的 4 ~ 12 时出现比例高峰；12 月 1 ~ 31 日则全日均保持在较低水平，未出现明显比例高峰。结合表 5-16 来看，相较于洒水措施前的 10 月 1 ~ 19 日时段，只有午后高峰消失的 10 月 20 ~ 31 日时段的扬尘源比例稍微下降了 0.1 个百分点，而 4 ~ 12 时及 15 ~ 19 时两个比例高峰均消失的 12 月份，其扬尘源比例明显下降至 6.5%。可见，在 4 ~ 12 时及 15 ~ 19 日加大洒水措施力度，可降低整体扬尘源贡献。

综上,2018 年 10 月 20 日之后实行的"路面保湿"举措对扬尘治理效果显著,建议继续保持并将洒水重点时段放在 4~12 时及 15~19 时。

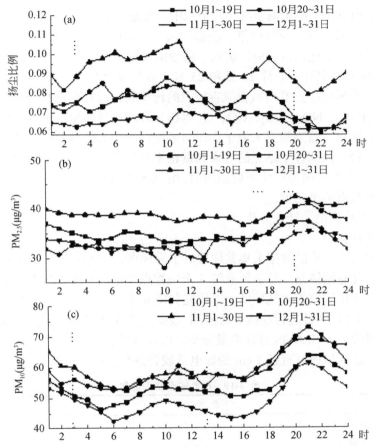

图 4-35　四个时段扬尘比例(a)、PM$_{2.5}$质量浓度(b)和 PM$_{10}$质量浓度(c)24 小时变化

3. 应急减排策略效果评估

1)广州市 2020 年春节期间烟花爆竹燃放对空气质量的影响研究

本研究利用广州市 21 个国控点污染物及市监测站、大学城、八十六中、九龙镇镇龙、花都师范、增城 6 个单颗粒气溶胶质谱仪(SPAMS,广州禾信仪器股份有限公司)监测站点数据,对广州市 2020 年春节期间的空气质量及大气颗粒物进行监测研究,通过对比烟花集中燃放时段与非燃放时段的污染物浓度、大气颗粒物质谱特征、特征离子数浓度及成分类别变化情况,探讨烟花爆竹燃放对空气质量的影响,为广州市制定科学化大气污染防治政策提供数据支撑。

A. 采样与分析

a）污染物及气象数据来源

广州市 11 区共布设了 21 个环境空气质量监测国控点，包括市监测站、麓湖、广雅中学、市五中、广东商学院、八十六中、九龙镇镇龙、萝岗科学城、体育西、白云嘉禾、白云竹料、花都师范、花都梯面、番禺中学、大学城、帽峰山森林公园、从化良口、从化街口、南沙黄阁、南沙街及增城荔城。本研究选取了 1 月 21 日~1 月 28 日（其中，1 月 24 日和 25 日为农历除夕及正月初一）连续 8 天 21 个环境空气质量国控点及增城石滩省控点的污染物浓度数据进行分析，污染物包括 $PM_{2.5}$、PM_{10}、NO_2、SO_2、CO、O_3 等国家环境空气质量标准规定的六项空气污染物基本项目。监测数据来源于广州市环境监测中心站内部使用的广州市空气质量监控平台，同期各个站点的气象数据也来自该监控平台。下文分析涉及的全市 11 区数据为各区国控点监测数据均值，增城区采用增城荔城国控点和增城石滩省控点监测数据的平均值。

b）单颗粒质谱采样及分析

i. 数据采集

单颗粒气溶胶质谱数据采集共设置 6 个采样点，分别位于市监测站、大学城、八十六中、九龙镇镇龙、花都师范等 5 个国控点及增城石滩省控点站房旁，监测结果可代表所在区域的大气环境。本研究利用 6 个站点的单颗粒气溶胶质谱仪对 1 月 21 日~1 月 28 日进行连续 8 天监测。设备放置在站房内，大气颗粒物经 $PM_{2.5}$ 切割头切割后进入 SPAMS 直接测量分析，$PM_{2.5}$ 切割头放置在各站房的顶层，切割头与设备进样口通过直径 1 cm 的导电硅胶管进行连接。采样信息见表 4-19。

表 4-19　6 个站点监测信息

站点	监测时段	采集颗粒数/个
市监测站		570242
大学城		498542
八十六中	2020/1/24 00：00 ~ 2020/1/28 24：00	472874
九龙镇镇龙	（8 天）	639836
花都师范		597251
增城石滩		700249

ii. 数据分析

采集到的单颗粒质谱数据导入到基于 MATLAB 平台的数据处理软件 COCO V_1.4P（广州禾信仪器股份有限公司）进行质谱特征及颗粒物类别分析。其中，类别分析是通过自适应共振神经网络算法（ART-2a）对颗粒物进行自动算法分类，分类过程中使用的参数为：相似度 0.75，学习效率 0.05，迭代次数为 20。ART-2a

分类后根据颗粒质谱特征，将颗粒物类别进一步合并为富钾、左旋葡聚糖、矿物质、重金属、元素碳、有机碳、混合碳、其他等类别。其中，富钾颗粒主要指从单颗粒谱图来看，除 K^+ 外，只含有二次无机组分（硫酸盐、硝酸盐等）的颗粒，此类颗粒物中的硫酸盐、硝酸盐等二次组分主要是在高湿条件下由大气中的二氧化硫、二氧化氮等气态污染物转化而成；左旋葡聚糖颗粒主要含有较强的 K^+、有机碎片、左旋葡聚糖碎片（$C_3H_7O^-$、$C_4H_9O^-$）及 K_2Cl^+ 等特征；重金属颗粒主要含 Fe^+、Cu^+、Zn^+、Pb^+ 等金属离子及含金属化合物。

B. 结果与讨论

a）气象条件分析

1 月 21 日～24 日（春节前）广州市平均风速较低，主导风向为东南风，平均气温在 20℃左右，天气以阴天和多云为主。1 月 25～28 日（春节期间）风速明显增大，主导风转为东北/西北风，且出现明显降雨，平均气温降至 20℃以下（表 4-20）。图 4-36 为其中 3 个典型国控点（九龙镇镇龙、市监测站及南沙街国控点分别分布在市区偏北面、市区中心及南面）的气象参数时间序列变化，可见，三个国控点的总体气象条件变化与全市均值变化一致。总体来看，春节前的污染物扩散条件较差，春节期间的污染物扩散条件明显好转。

表 4-20　观测期间气象要素

项目	1/21	1/22	1/23	1/24	1/25	1/26	1/27	1/28
平均风速/（m/s）	1.1	0.8	1.0	0.9	1.7	2.3	2.4	2.1
主导风向	东南	东南	东南	东南	东北	西北	西北	东北
平均气温/℃	18.0	20.4	22.9	22.2	17.1	11.5	10.3	10.7
平均相对湿度/%	65.9	68.4	67.9	72.7	72.6	72.6	57.0	50.1
天气情况	阴/多云	多云	多云	阴/小雨	阴/大雨	中雨/多云	多云	阴/多云

b）空气质量分析

i. 监测期间全市六参数随时间变化趋势

图 4-37 为 2020 年 1 月 21 日 0 时至 1 月 28 日 24 时大气六项常规污染物全市小时平均浓度随时间变化趋势。1 月 21～25 日 $PM_{2.5}$、PM_{10}、NO_2 及 O_3 等浓度明显大于 1 月 25～28 日，从气象条件分析可知春节期间气象条件有利于污染物扩散，使得总体污染物浓度明显下降。此外，在 24 日晚至 25 日凌晨烟花爆竹集中燃放时段，$PM_{2.5}$、PM_{10} 及 SO_2 浓度均出现明显上升，其中 SO_2 浓度的上升幅度最大，从 25 日之前的平均浓度 5 $\mu g/m^3$ 上升至 25 日 1 时的 19 $\mu g/m^3$，升幅达到 2.8 倍，$PM_{2.5}$ 和 PM_{10} 的浓度升幅分别为 82.1% 和 71.4%。

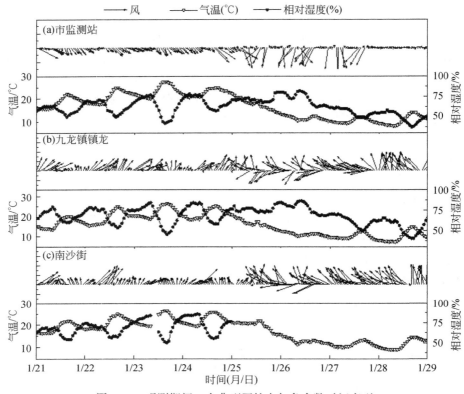

图 4-36　观测期间 3 个典型国控点气象参数时间序列

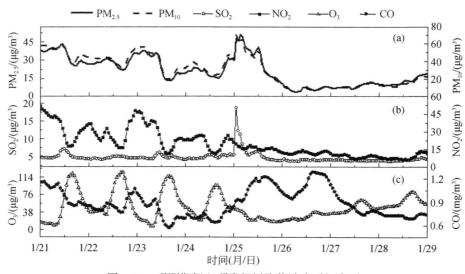

图 4-37　观测期间六项常规污染物浓度时间序列

ii. 除夕到初一全市 11 区六参数空间分布及小时浓度变化分析

图 4-38 为全市 11 区除夕及年初一六参数浓度分布。其中，除夕至初一全市 11 区 $PM_{2.5}$ 和 PM_{10} 浓度最高均为增城区，浓度分别为 40.5 $\mu g/m^3$ 和 52.3 $\mu g/m^3$。其次为荔湾区、黄埔区、白云区及越秀区，浓度最低的均为南沙区，$PM_{2.5}$ 和 PM_{10} 浓度分别为 21.9 $\mu g/m^3$ 和 32.1 $\mu g/m^3$。越秀区、荔湾区、天河区、海珠区等区域在除夕至初一这两天的 NO_2 平均浓度较高，而增城区明显较低。CO 和 SO_2 在各区的浓度均值差别不大，其中荔湾区、越秀区、天河区、南沙区和增城区的 SO_2 浓度稍高，从化区的 CO 第 95 百分位数浓度值稍高。番禺区、海珠区、黄埔区及南沙区的 O_3 浓度稍高，O_3 日最大 8 小时平均第 90 百分位数浓度在 90 $\mu g/m^3$ 左右，从化区和增城区的较低，浓度分别为 61.4 $\mu g/m^3$ 和 58.2 $\mu g/m^3$。

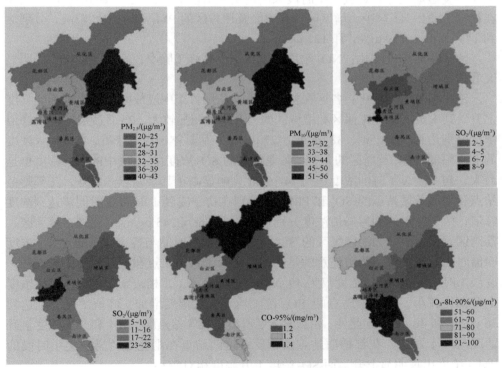

图 4-38 全市 11 区除夕及年初一六项常规污染物浓度分布

从除夕晚到初一，全市 11 区经历了一轮 $PM_{2.5}$ 上升过程。各区在除夕（1 月 24 日）的 $PM_{2.5}$ 浓度日均值均在 30 $\mu g/m^3$ 以下，其中南沙区平均浓度最低，为 16.6 $\mu g/m^3$，除黄埔区、白云区、花都区和从化区有部分时刻 $PM_{2.5}$ 质量浓度高于 35 $\mu g/m^3$ 以外，其余各区 $PM_{2.5}$ 空气质量等级均为优。从除夕（1 月 24 日）

晚至初一（1月25日）凌晨，除南沙区外的其余区域 $PM_{2.5}$ 质量浓度均有不同程度上升，部分区域在初一凌晨时段出现了 $PM_{2.5}$ 浓度污染峰值。其中，黄埔区、白云区、花都区、从化区和海珠区在25日1时达到峰值，特别是黄埔区的九龙镇镇龙点位，1时 $PM_{2.5}$ 浓度是各站点中最大；天河区在25日2时达到峰值；越秀区、荔湾区、番禺区和增城区在25日4时达到峰值。南沙区在25日凌晨 $PM_{2.5}$ 浓度未出现峰值，直至中午才明显上升。

PM_{10} 小时浓度变化：各区在除夕夜间至初一凌晨时段也先后出现不同程度上升，浓度峰值出现时间与 $PM_{2.5}$ 的基本一致，其中花都区、黄埔区、白云区、从化区、番禺区及海珠区的浓度峰值在初一1时，天河区的浓度峰值出现在初一2时，增城区、荔湾区及越秀区的浓度峰值出现在初一4时，南沙区 PM_{10} 在除夕晚至初一凌晨烟花爆竹燃放集中时段未出现明显浓度上升，该区域的浓度高值出现在初一12时。11区中，增城区、荔湾区及越秀区的 PM_{10} 峰值浓度较高，分别达到 $140\ \mu g/m^3$、$139\ \mu g/m^3$ 和 $121\ \mu g/m^3$。

NO_2 小时浓度变化：NO_2 浓度在烟花燃放高峰（除夕夜至初一凌晨）无明显突升现象。

SO_2 小时浓度变化：各区在初一凌晨烟花爆竹集中燃放时段也出现不同程度上升，其中黄埔区、花都区和增城区的上升幅度明显较大，25日凌晨时段的峰值浓度分别达到 $41\ \mu g/m^3$、$38\ \mu g/m^3$、$27\ \mu g/m^3$。从具体国控点来看，与 $PM_{2.5}$ 浓度的上升幅度一样，黄埔区的九龙镇镇龙站点的 SO_2 浓度在11区中的上升幅度也是最大，初一凌晨1时的浓度达到 $74\ \mu g/m^3$，明显高于其余站点。此外，花都师范站点和增城荔城站点的 SO_2 和 $PM_{2.5}$ 也分别在初一凌晨1时和3时同步达到浓度峰值，两个站点的 SO_2 峰值浓度分别达到 $36\ \mu g/m^3$ 和 $45\ \mu g/m^3$。此外，越秀区、荔湾区、从化区、天河区等区的 SO_2 浓度峰值出现时间与各自站点的 $PM_{2.5}$ 浓度峰值时间基本一致。值得注意的是，黄埔区八十六中站点和花都梯面站点在初一凌晨1时的 $PM_{2.5}$ 峰值浓度仅为 $49\ \mu g/m^3$ 和 $44\ \mu g/m^3$，相较于除夕低值时段浓度上升幅度较小，但这两站点的 SO_2 浓度均有较大幅度增加，峰值浓度分别达到 $36\ \mu g/m^3$ 和 $40\ \mu g/m^3$。此外，白云嘉禾、增城石滩等站点的 $PM_{2.5}$ 和 SO_2 浓度上升情况与八十六中、花都梯面站点的相反，这两站点在烟花爆竹燃放集中时段的 $PM_{2.5}$ 浓度出现明显上升，而 SO_2 浓度上升幅度相对较小。

总的来看，烟花爆竹燃放对 $PM_{2.5}$、PM_{10} 和 SO_2 等污染物浓度上升均有明显影响，但各个区受到的影响程度不一。其中，黄埔区、增城区、花都区、越秀区、荔湾区等区域污染物浓度烟花爆竹燃放影响较为明显。

iii. 除夕到初一烟花爆竹燃放高峰时段对 $PM_{2.5}$ 的影响分析

根据全市11区污染物小时浓度变化规律，将初一（1月25日）1~6时划分为烟花集中燃放时段，将除夕（1月24日）1~6时划分为非燃放时段。利用集中

燃放时段 $PM_{2.5}$ 最大小时浓度与非燃放时段 $PM_{2.5}$ 浓度均值对比分析，评估全市 11 区烟花爆竹燃放对 $PM_{2.5}$ 的最大小时贡献（图 4-39）。

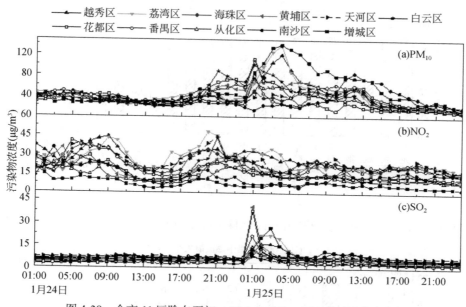

图 4-39　全市 11 区除夕至初一 PM_{10}、NO_2、SO_2 小时浓度变化

图 4-40 为全市 21 个国控点及增城石滩省控点在除夕至初一烟花爆竹燃放对 $PM_{2.5}$ 最大小时贡献。可见，九龙镇镇龙和增城荔城点位 $PM_{2.5}$ 受到烟花爆竹燃放贡献最高，均达到 86%，增城石滩、广雅中学、麓湖、大学城、帽峰山森林公园、花都师范、白云嘉禾及市监测站等点位 $PM_{2.5}$ 受到的贡献在 70% ~ 76%，市五中、从化街口和番禺中学点位受到的烟花爆竹贡献稍低，分别为 44%、42% 和 33%。此外，由于南沙街和南沙黄阁点位在烟花集中燃放时段的 $PM_{2.5}$ 浓度未出现上升，可认为这两个点位在烟花爆竹集中燃放时段未受到明显的烟花爆竹燃放影响。

图 4-41 为全市 11 区除夕至初一烟花爆竹燃放对 $PM_{2.5}$ 最大小时贡献。数据显示，全市（11 区平均值）烟花爆竹集中燃放时段（初一 1 ~ 6 时）对 $PM_{2.5}$ 的平均贡献为 57%。除南沙区外，其余 10 区 $PM_{2.5}$ 受烟花爆竹燃放影响的最大小时贡献在 39% ~ 80%，其中，增城区的烟花爆竹燃放对 $PM_{2.5}$ 的贡献最大，小时贡献率达到 80%，荔湾区、黄埔区、越秀区、花都区等最大小时贡献率在 68% ~ 76% 之间，海珠区的最大小时贡献率明显较低，为 39%，南沙区的最大小时贡献率为 0。

结合各站点和各区的结果可见，增城区、荔湾区、黄埔区、越秀区、花都区等在烟花爆竹集中燃放时段的禁燃管控力度相对较差，尤其是黄埔区的九龙镇镇龙站点和增城区的增城荔城站点所在区域受到烟花爆竹燃放影响高于其他站点，而海珠区和南沙区的相对较好，尤其是南沙区在烟花爆竹集中燃放时段 PM$_{2.5}$ 未受到明显的烟花爆竹燃放影响。

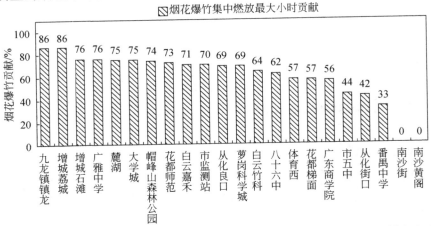

图 4-40　全市 21 个国控点及增城石滩省控点除夕至初一烟花爆竹燃放对 PM$_{2.5}$ 最大小时贡献

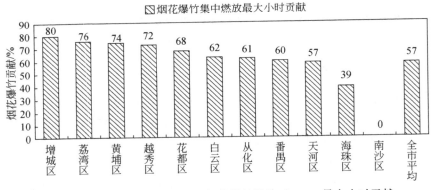

图 4-41　全市 11 区除夕至初一烟花爆竹燃放对 PM$_{2.5}$ 最大小时贡献

c）单颗粒质谱监测数据分析

i. 利用单颗粒监测的烟花质谱特征分析

图 4-42 为市监测站、大学城、八十六中、九龙镇镇龙、花都师范及增城 6 个单颗粒质谱监测站点在烟花集中燃放时段（1 月 25 日 1～6 时）和非燃放时段（1 月 24 日 1～6 时）的颗粒物差分质谱图（将质谱图上每个质谱峰的相对峰面积通过差值计算得到）。从图可以看到，相较于非燃放时段，6 个站点的烟花集中燃放时段颗粒物的谱图中有明显的 Al$^+$、Mg$^+$、K$^+$、K$_2$Cl$^+$、Ba$^+$、Cl$^-$、NO$_2^-$ 及左旋葡聚糖碎片（C$_3$H$_7$O$^-$、C$_4$H$_9$O$^-$）等离子峰信号，此外，八十六中、九龙镇镇龙、花都师范及增城 4 个站点在烟花集中燃放时段的颗粒物负谱图中还有质荷比为 -109 和 -111 的离子峰，这些成分可看作烟花燃放的质谱特征离子。

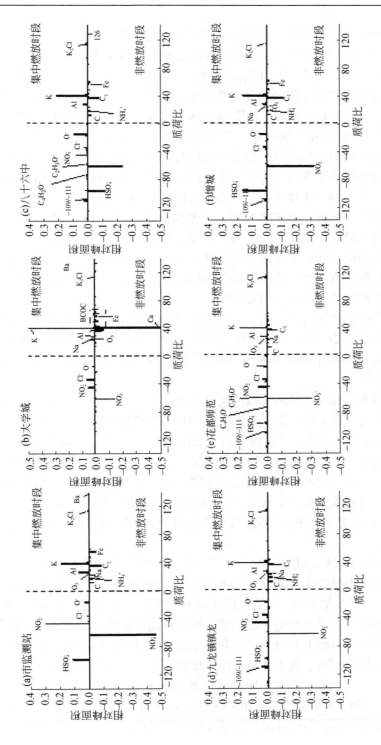

图4-42 6个站点烟花集中燃放时段与非燃放时段颗粒物差分质谱图

ⅱ. 监测期间烟花爆竹燃放单颗粒特征离子变化趋势

图 4-43 为 1 月 21 日 0 时至 28 日 24 时监测期间 6 个单颗粒质谱监测站点含 Ba^+、Mg^+、Cl^-、Al^+、K^+、K_2Cl^+ 等烟花燃放特征离子及 Fe^+ 离子的颗粒物小时数浓度及站点对应的 $PM_{2.5}$ 质量浓度变化曲线图。可见，各站点的烟花燃放特征离子颗粒数在除夕晚至初一期间（1 月 24 ～ 25 日）基本出现明显上升。按照上文提及的将初一 1 ～ 6 时划分为烟花集中燃放时段，将除夕 1 ～ 6 时划分为非燃放时段，对各站点从除夕到初一烟花爆竹特征离子进行统计，结果见表 4-21。其中：

市监测站特征离子数浓度在初一凌晨开始攀升，于 4 时达到峰值后迅速下降至较低水平。其中，K_2Cl^+ 离子在集中燃放时段最大小时数浓度上升至非燃放时段的 75.3 倍，除 Fe^+ 和 K^+ 外的其余特征离子数浓度也上升至 15.2 ～ 28.7 倍。

大学城站点的 Cl^-、K_2Cl^+、Al^+ 等特征离子在除夕和初一两天多次出现数浓度高值。除夕晚各离子数浓度再次开始上升，于初一凌晨 2 时达到峰值。初一下午至傍晚也有明显峰值出现。其中，K_2Cl^+ 和 Al^+ 在集中燃放时段最大小时数浓度分别上升非燃放时段的 49.0 倍和 43.5 倍。

八十六中站点的各离子在初一凌晨出现明显高值后迅速下降，在 5 ～ 7 时 Cl^-、K_2Cl^+、Al^+ 再次出现高值，午后回落。其中，K_2Cl^+ 离子在集中燃放时段最大小时数浓度上升至非燃放时段的 88.8 倍，除 Fe^+ 和 K^+ 外的其余特征离子数浓度也上升至 11.4 ～ 16.7 倍。

九龙镇镇龙站点的特征离子数浓度从除夕晚开始上升，初一凌晨达到峰值后各离子数浓度均逐渐下降。其中，K_2Cl^+ 离子在集中燃放时段最大小时数浓度上升至非燃放时段的 122.1 倍，其余特征离子数浓度也上升至 3.5 ～ 48.7 倍。

花都师范站点的特征离子数浓度在除夕 22 ～ 23 时出现小高值后稍微回落，于初一凌晨 1 时再次达到高值，此后迅速下降。相较于非燃放时段，特征离子在集中燃放时段小时数浓度最高上升至 2.4 ～ 30.8 倍，其中，Ba^+、Mg^+、Cl^- 的上升幅度相对较高，而该站点的 K_2Cl^+ 数浓度上升倍数仅为 8.7，明显低于其他站点 K_2Cl^+ 数浓度升幅。

增城站点的 K_2Cl^+、Mg^+、Cl^-、Al^+ 等于初一凌晨开始上升，其中，K_2Cl^+ 在集中燃放时段最大小时数浓度上升至非燃放时段的 209.8 倍。13 时之后各离子数浓度开始下降。相对其他站点，该站点特征离子数浓度维持在高值的时间相对较长。

综上，各站点在除夕至初一的烟花燃放特征离子数浓度均出现明显高值，但各站点的特征离子起始上升时间、上升幅度及持续时间有所不同。从单颗粒质谱检测得到的烟花特征离子数浓度绝对值及增幅来看，九龙镇镇龙点位和增城点位的 K_2Cl^+、Mg^+、Al^+、Ba^+ 等烟花爆竹特征离子数浓度升幅相对最大，分别是非燃放时段的 122.1 和 209.8 倍，20.8 和 13.8 倍，48.7 和 36.5 倍，22.7 和 15.1 倍，市监测及花都师范站点在峰值时段的数浓度也上升至较高水平，而大学城的升幅最低。此外，市监测站和花都师范站点的特征离子数浓度峰值持续时间相对较短，八十六中和增城站点的持续时间相对较长。

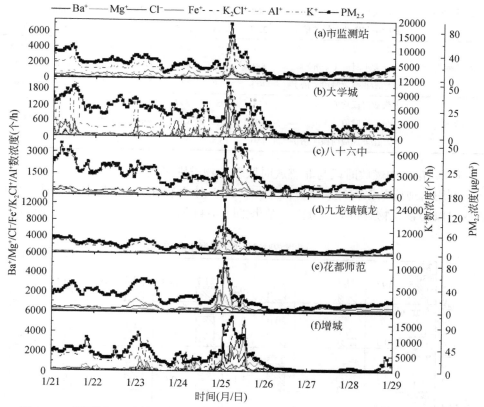

图 4-43　观测期间 6 个站点烟花爆竹燃放特征离子数浓度及 PM$_{2.5}$ 质量浓度小时变化

表 4-21　6 个站点烟花燃放特征离子数浓度统计

站点	统计项目	Ba$^+$	Mg$^+$	Cl$^-$	Fe$^+$	K$_2$Cl$^+$	Al$^+$	K$^+$
市监测站	非燃放时段均值（个/h）	45	125	47	599	68	367	3498
	最大小时值（个/h）	994	1898	1360	1046	5103	6583	13645
	最大值/非燃放时段（倍）	22.0	15.2	28.7	1.7	75.3	17.9	3.9
大学城	非燃放时段均值（个/h）	16	55	149	97	37	43	2367
	最大小时值（个/h）	153	529	1500	352	1840	1853	7146
	最大值/非燃放时段（倍）	9.3	9.6	10.1	3.6	49.2	43.5	3.0
八十六中	非燃放时段均值（个/h）	14	62	114	305	34	240	2311
	最大小时值（个/h）	199	1031	1896	587	3046	2725	6455
	最大值/非燃放时段（倍）	14.3	16.7	16.6	1.9	88.8	11.4	2.8

续表

站点	统计项目	Ba⁺	Mg⁺	Cl⁻	Fe⁺	K₂Cl⁺	Al⁺	K⁺
九龙镇镇龙	非燃放时段均值（个/h）	38	139	181	197	85	233	2719
	最大小时值（个/h）	868	2904	5318	707	10416	11336	21115
	最大值/非燃放时段（倍）	22.7	20.8	29.5	3.6	122.1	48.7	7.8
花都师范	非燃放时段均值（个/h）	19	65	192	327	42	391	3325
	最大小时值（个/h）	581	1961	4388	775	364	4658	10055
	最大值/非燃放时段（倍）	30.8	29.9	22.9	2.4	8.7	11.9	3.0
增城	非燃放时段均值（个/h）	13	95	397	253	12	145	2814
	最大小时值（个/h）	196	1316	3705	666	2508	5282	15975
	最大值/非燃放时段（倍）	15.1	13.8	9.3	2.6	209.8	36.5	5.7

iii. 烟花集中燃放时段与非燃放时段颗粒物类别对比

利用自适应共振神经网络算法（ART-2a）对 6 个站点烟花集中燃放时段及非燃放时段的颗粒物进行成分分类，结果如图 4-44 所示。可见，6 个站点在烟花集

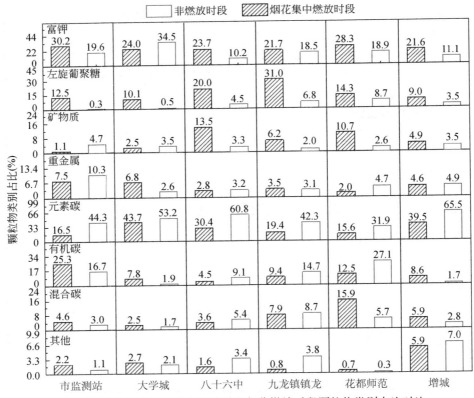

图 4-44　6 个站点烟花集中燃放时段与非燃放时段颗粒物类别占比对比

中燃放时段的左旋葡聚糖颗粒占比均明显高于非燃放时段，高出 5.5~24.2 个百分点。此外，除大学城外的其余 5 站点的富钾颗粒以及除市监测站和大学城外的其余 4 站点的矿物质颗粒在烟花集中燃放时段的占比也明显高于非燃放时段，这与上文所述的矿物质成分（Al^+、Mg^+等）、金属（Ba^+）、左旋葡聚糖碎片（$C_3H_7O^-$、$C_4H_9O^-$）及 K_2Cl^+ 等特征离子信号强度在烟花集中燃放时段较强及特征离子数浓度明显上升等结论一致。

C. 结论

本研究利用 21 个国控点污染物数据及 6 个单颗粒气溶胶质谱仪（SPAMS）监测数据对广州市 2020 年春节期间的空气质量及大气颗粒物进行 8 天的连续观测研究，通过分析烟花集中燃放时段与非燃放时段的污染物浓度及单颗粒质谱特征变化情况，探讨烟花爆竹燃放对空气质量的影响。结果表明：

（1）2020 年除夕至初一期间的烟花爆竹燃放对广州各区 $PM_{2.5}$、PM_{10} 和 SO_2 浓度上升有明显影响，但各个区/国控点受到的影响程度不一。11 个行政区中，黄埔区、增城区、花都区、越秀区、荔湾区等区域受到烟花爆竹燃放影响较为明显，污染物在 25 日 1~6 时先后达到质量浓度峰值且出现短暂的空气污染。21 个国控点中，九龙镇镇龙和增城荔城国控点的 $PM_{2.5}$ 和 SO_2 小时浓度峰值受到烟花爆竹燃放影响最大。

（2）除夕至初一利用全市 11 区 $PM_{2.5}$ 浓度变化情况评估烟花爆竹燃放影响。结果显示，在烟花爆竹燃放高峰时段，广州市 $PM_{2.5}$ 小时峰值受烟花爆竹燃放影响为 57%。11 区中，增城区 $PM_{2.5}$ 小时峰值受烟花爆竹燃放影响最大，小时贡献率达到 80%，荔湾区、黄埔区、越秀区、花都区等最大小时贡献率在 68%~76% 之间，可见以上区域在烟花爆竹集中燃放时段的禁燃管控力度相对较差。海珠区和南沙区的管控相对较好，尤其是南沙区在烟花爆竹集中燃放时段 $PM_{2.5}$ 未受到明显的烟花爆竹燃放影响。

（3）通过 6 个单颗粒质谱监测站点在烟花集中燃放时段和非燃放时段的颗粒物差分质谱图可得到，烟花爆竹燃放的主要质谱特征离子有 Al^+、Mg^+、K^+、K_2Cl^+、Ba^+、Cl^-、NO_2^- 及左旋葡聚糖碎片（$C_3H_7O^-$、$C_4H_9O^-$）等。其中，从单颗粒质谱检测得到的烟花特征离子数浓度增幅反映，九龙镇镇龙和增城点位的 K_2Cl^+、Mg^+、Al^+、Ba^+ 等烟花爆竹特征离子数浓度在烟花集中燃放时段的升幅相对最大，分别是非燃放时段的 122.1 和 209.8 倍，20.8 和 13.8 倍，48.7 和 36.5 倍，22.7 和 15.1 倍。在颗粒物类别方面，烟花集中燃放时段的左旋葡聚糖、富钾颗粒及矿物质颗粒等类别占比明显上升，其中左旋葡聚糖颗粒占比高出 5.5~24.2 个百分点。

2）2017 年 12 月重大事件期间应急减排措施成效评估

2017 年 12 月份，广州市先后举办了财富论坛和广州马拉松比赛，以及在 12 月下旬针对污染源排放方面实行了管控措施。根据这三项重要事件的时间，将

12 月份划分为以下 6 个时间段进行污染源及组分变化分析，如表 4-22 和图 4-45 所示。

表 4-22　2017 年 12 月份时段划分及污染物均值（CO 单位为 mg/m³，其余为 μg/m³）

序号	时段	重要事件	PM$_{2.5}$	PM$_{10}$	SO$_2$	NO$_2$	O$_3$-8h	CO
时段 1	2017.12.01 0：00 ~ 2017.12.06 0：00	—	19.7	54.4	13.0	45.8	60.8	0.8
时段 2	2017.12.06 0：00 ~ 2017.12.09 0：00	财富论坛	52.7	108.0	17.0	79.3	66.3	0.9
时段 3	2017.12.09 0：00 ~ 2017.12.10 0：00	—	60.0	—	18.0	—	113.0	1.1
时段 4	2017.12.10 0：00 ~ 2017.12.11 0：00	广州马拉松	82.0	150.0	27.0	106.0	95.0	1.2
时段 5	2017.12.11 0：00 ~ 2017.12.26 0：00	—	50.3	80.4	18.2	73.1	64.9	1.0
时段 6	2017.12.26 0：00 ~ 2018.01.01 0：00	强化措施	69.7	102.3	20.0	91.0	80.8	1.0

数据来源：污染源为吉祥路站点数据，污染物及气象数据来自市监测站国控点

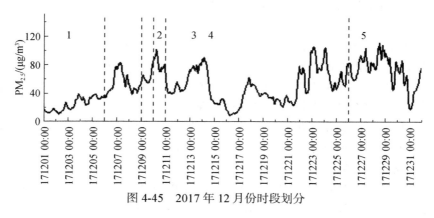

图 4-45　2017 年 12 月份时段划分

　　6 个时段颗粒物组分及污染源分布具体如图 4-46 和图 4-47。从图中污染源贡献比例可见：

　　财富论坛期间（时段 1 ~ 3）：组分方面，从时段 1 至时段 2，EC、OC、钙铝硅及其他（金属离子）等比例均有不同程度下降。财富论坛结束后，以上组分比例均上升。污染源方面，财富论坛期间的工业工艺源和扬尘源比例明显下降，分别减少 2.2 个百分点和 1.9 个百分点，生物质燃烧比例变化不大。财富论坛结束后，扬尘源和生物质燃烧比例明显抬头。

　　广马期间（时段 3 ~ 5）：广马期间 PM$_{2.5}$ 质量浓度逐步上升至污染水平，组分方面主要表现为硫酸盐、硝酸盐、钠钾氯及铵盐等组分比例上升，污染源则表现

为燃煤源和二次无机源比例上升，且燃煤源为整个时段的首位污染源，这可能受到北方燃煤供暖颗粒物的传输影响（主导风向为东北风）。二次无机源的贡献率仅次于燃煤，这与污染气象扩散条件（平均风力 1 级）不利、一次排放颗粒的离子二次反应加强有关。此外，广马期间的钙铝硅组分和扬尘源比例均有下降，广马结束后比例明显抬头。

强化措施期间（时段 5 ~ 6）：从时段 5 至时段 6，生物质燃烧、移动源、工业工艺源等比例均有不同程度下降，可见强化措施有一定成效。而燃煤和二次无机源比例随着 PM$_{2.5}$ 质量浓度的上升而明显增加，污染成因与时段 4 的类似，即可能受到北方的燃煤源传输影响及较强的二次反应影响。组分方面则表现为 EC、钙铝硅及其他比例的下降。

总的来看，2017 年 12 月份的防控治理措施成效明显，在财富论坛、广州马拉松比赛及 12 月末的强化措施期间的扬尘源、工业工艺源等贡献率均明显下降。

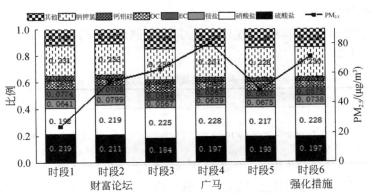

图 4-46　12 月份 6 个时段颗粒物组分分布（市监测站）

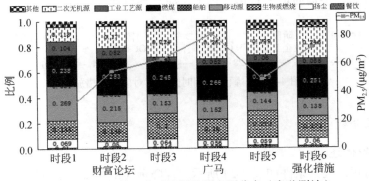

图 4-47　12 月份 6 个时段颗粒物来源分布（市监测站）

4.2.2　G20 峰会空气质量保障

1. 背景概述

依托杭州及长三角地区已有的空气质量监测网络和超站，选取杭州滨江站、扬州市站及上海环科院三个点位，利用单颗粒气溶胶飞行时间质谱仪（SPAMS）开展保障前后三个点位细颗粒物化学组分实时在线监测，获取杭州、上海、扬州三地细颗粒物化学组分和来源变化，综合运用示踪离子法和自适应人工神经网络算法，结合环境气象参数，分析污染事件主要成因和形成过程，结合同期历史观测资料，以及其他在线、离线采样和分析手段，评估减排措施对改善细颗粒物污染的实施效果。

三台仪器分别放置于杭州市滨江区政府楼顶、上海市环境科学研究院、扬州市环境监测中心站。

三个点位于 2016 年 8 月 20 日至 9 月 10 日同步进行了为期 20 余天的在线观测，详见表 4-23。

表 4-23　采集颗粒数总表

点位	采样起止时间	采样时长（天）	备注
杭州			
扬州	2016/08/20 ~ 2016/09/10	22	上海因设备维护，缺失部分数据
上海			

保障期间，杭州及周边区域实行了管控措施，如图 4-48 所示。其中，杭州 8 月 24 日 0：00 启动工业企业管控，8 月 28 日杭州及浙江高速单双号限行，9 月 1 日 0：00 开始，传输通道上石化、化工、涂装等行业 VOCs 应急减排。

```
管控前 │  阶段一      阶段二       阶段三      会议 │ 管控后
       │(工业企业限停产)(机动车限行)  (VOCs减排)       │
8.20 ------8.24 --------8.28 ------- 8.31 ------- 9.4 -----9.6 -----9.10
```
图 4-48　单颗粒观测时间及其对应管控措施

2. 结果分析

1）气象概述

保障期间，气象条件如表 4-24 所示。保障前（8 月 20 ~ 21 日），北方气流主导；保障 I 阶段（8 月 24 ~ 27 日），为东-东北风；保障 II 阶段（8 月 28 ~ 30 日），为北-北偏西风；保障 III 阶段（8 月 31 ~ 9 月 2 日），为西-西南-西北/静稳天气，气流方向多变；会议期间（9月3～6日），转为东-东北风；保障后（9月7～10日），为西北-东风。

表 4-24　保障期间风向分析

保障前 I	保障前 II	保障 I	保障 II	保障 III	会期	保障后
8.15～19/ 22～23	8.20～8.21	8.24～8.27	8.28～8.30	8.31～9.2	9.3～9.6	9.7～9.10
东-东南	北方气流	东-东北	北-北偏西	西-西南-西北/静稳	东-东北气流	西北-东

2）数据质量及环境空气质量分析

A. 采集效率及数据质量分析

图 4-49 为保障期间 SPAMS 颗粒物采集效率与 $PM_{2.5}$ 质量浓度小时变化，可以看出，SPAMS 采集效率与 $PM_{2.5}$ 质量浓度变化趋势较为一致，基本可以反映大气中细颗粒物浓度变化趋势。

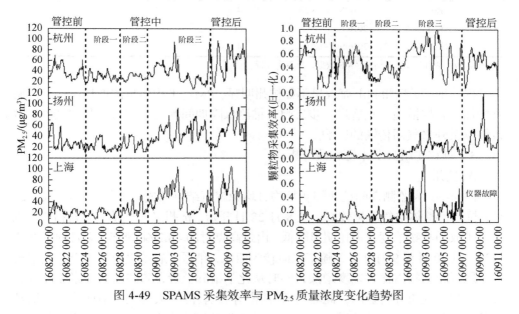

图 4-49　SPAMS 采集效率与 $PM_{2.5}$ 质量浓度变化趋势图

B. 不同阶段 $PM_{2.5}$ 质量浓度分析

表 4-25 为监测期间杭州、上海和扬州三个点位细颗粒物质量浓度及采样信息表。保障中，杭州 $PM_{2.5}$ 平均质量浓度由保障前的 39 μg/m³ 下降为 32 μg/m³，降低了 18%，保障结束后，颗粒物浓度有所反弹，由 32 μg/m³ 升高至 58 μg/m³，升高了 81.2%。

表 4-25　不同阶段各点位细颗粒物质量浓度及采样信息表

点位	管控阶段		采样起止时间	采样天数	2016 年 PM$_{2.5}$ 质量浓度（μg/m³）	2015 年同期 PM$_{2.5}$ 质量浓度（μg/m³）
杭州	管控前		2016/8/20 ~ 8/23	4	39.2	N/A
	管控中	阶段一	2016/8/24 ~ 8/27（工业企业管控）	4	29.0	40.0
		阶段二	2016/8/28 ~ 8/30（杭浙高速限行）	3	29	72.9
		阶段三	2016/8/31 ~ 9/6（VOCs 应急减排）	7	34.4	53.8
		会议期	2016/9/4 ~ 9/6	2	16.7	45.5
	管控后		2016/9/7 ~ 9/10	4	57.8	N/A
上海	管控前		2016/8/20 ~ 8/23	4	23.0	N/A
	管控中		2016/8/24 ~ 9/6	14	32.7	
	管控后		2016/9/7 ~ 9/10	4	53.0	
扬州	管控前		2016/8/20 ~ 8/23	4	29.7	
	管控中		2016/8/24 ~ 9/6	14	34.7	
	管控后		2016/9/7 ~ 9/10	4	52.0	

注：N/A 是由于没有同期 SPAMS 数据，故不作分析

　　保障期间，扬州和上海效果不如杭州明显，PM$_{2.5}$ 平均质量浓度均比保障前略有增加，管控措施停止后进一步反弹，推测保障期间受到了相对不利的气象扩散条件以及外来气团传输的影响。

　　3）颗粒物组分及来源在线分析

　　A. 杭州

　　图 4-50 为监测期间杭州细颗粒物日均源解析结果和成分比例。8 月 20 ~ 29 日，杭州市整体空气质量较好。从 8 月 28 日开始，杭州采取机动车限行措施，机动车排放颗粒物浓度及占比明显降低，由最高点时的 48.2% 降低至 28 日的最低值 14%。但 30 日至 9 月 2 日，随着风向转为西风，细颗粒物浓度有所上升，其中机动车尾气颗粒物占比大幅度增加，同时从化学组分上看，硫酸盐和元素碳比例亦有所增加。气象分析显示，此时为西-西南-西北转静稳天为主，前期输送后期扩散条件变差，在线离子色谱分析结果也显示此时硫酸盐明显增加，推测受到了来自西部内陆气团传输的影响。另外，在此期间，杭州各国使馆及领导人航班频繁降落，飞机排放有可能进一步加剧了空气污染，导致机动车等流动源占比增加。随着气团方向自 3 日起转为东风，颗粒物浓度在会议召开期间 4 日及 5 日显著下降，其中于 5 日达到最低值，其间硫酸盐和元素碳比例有所降低。从污染源贡献看，各源颗粒数均有明显下降，其中机动车尾气源的比例下降最为明显，表明排

除外来气团传输等不可控的因素，管控措施取得成效。

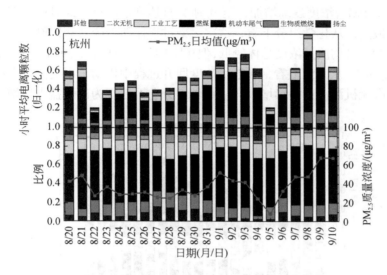

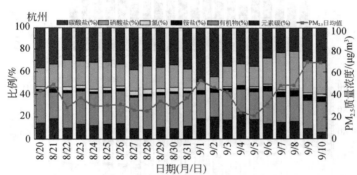

图 4-50　杭州细颗粒物源解析结果和成分比例图

源解析图中二次无机盐为纯二次无机盐，是指正谱图中仅有钾或钠离子，负谱图中仅有硫酸盐
或者硝酸盐的离子组分，下同

　　9 月 6 日保障措施解除之后，PM$_{2.5}$ 质量浓度出现明显反弹。从图中可以看到各类污染源的颗粒数均有增加，尤其是 9 月 8 日杭州全面解除机动车限行后，当日尾气颗粒数达到会议结束以来的最高值。此外，燃煤源的贡献也有明显增加。从化学组分上看，自 9 月 8 日起硫酸盐和有机物呈上升趋势，至 9 月 10 日，硫酸盐占比升至 32.0%，有机物升至 27.3%，这和燃煤源贡献的明显上升相符。

　　B. 上海

　　图 4-51 为上海细颗粒物源解析结果和成分比例变化图。8 月 27～31 日期间二次作用明显加强，表现为二次无机组分浓度及比例较高，此时上海处于静风条件下，气象条件不利于颗粒物扩散，导致细颗粒物不断累积，PM$_{2.5}$ 质量浓度逐渐上

升，二次无机源颗粒物占比逐渐增大，燃煤和机动车尾气组分也有一定累积增加。31 日之后，PM$_{2.5}$ 浓度逐渐增加，至 9 月 2 日达到最高点，此时机动车尾气贡献值也达到最高。从化学组分上看，这次污染过程伴随着硫酸盐比例的增大。9 月 4 ～ 5 日，PM$_{2.5}$ 日均质量浓度总体较低，但 9 月 6 日有所回升，从 9 月 5 日的 25 μg/m^3 升至 39 μg/m^3。从来源上看，颗粒物浓度回升过程中机动车尾气占比有小幅上升趋势，二次无机源占比持续增大，从化学组分上看表现为硝酸盐占比增加。

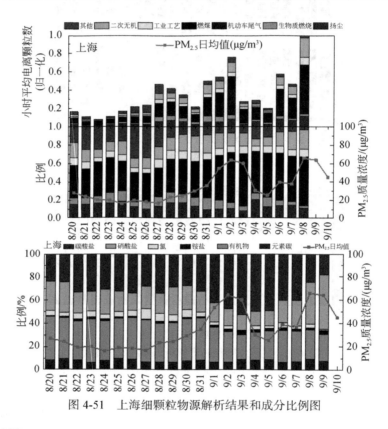

图 4-51　上海细颗粒物源解析结果和成分比例图

C. 扬州

图 4-52 为扬州细颗粒物源解析结果和成分比例图。8 月 20 ～ 31 日期间，扬州市 PM$_{2.5}$ 质量浓度总体较低，机动车尾气占比自 21 日后有明显下降，并保持较低的比例，可能与周边区域的管控措施有关。其间虽然各类污染源有所起伏，但总体数浓度并未发生大的变化。而 9 月 1 ～ 5 日，颗粒物浓度有所升高，从来源上看，各类污染源均有不同程度增加。从化学组分上看，9 月 1 ～ 5 日颗粒物浓度增加期间，硫酸盐占比有所增加。

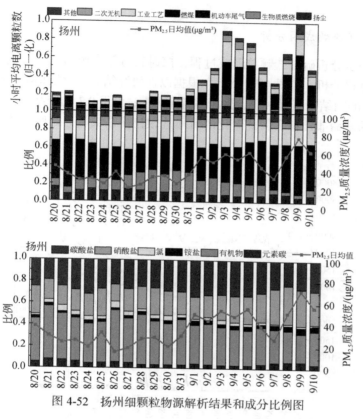

图 4-52　扬州细颗粒物源解析结果和成分比例图

尽管杭州、上海两地 9 月 4～5 日 PM$_{2.5}$ 质量浓度明显下降，但扬州地区 PM$_{2.5}$ 质量浓度并未出现明显变化，始终维持在 50 μg/m³ 上下，直到 6 日由于气象条件转好开始下降，并于 7 日达到最低。从来源上看，首要来源为燃煤，这与杭州、上海有较大区别。从化学组分上看，硝酸盐、硫酸盐和有机物是扬州地区 PM$_{2.5}$ 最主要三大组分，合占 90%，但硝酸盐占比（26.5%）明显高于杭州（23.5%）和上海（18.8%）两地。

管控措施解除后，扬州地区 PM$_{2.5}$ 质量浓度有所反弹，主要是机动车尾气源占比明显增大，燃煤和工业虽然占比未有明显增加，但数浓度均有不小增幅。从化学组分上看，9 月 9～10 日扬州地区细颗粒物变为首位的主要组分是硝酸盐，这与机动车尾气占比的大幅反弹也相符合。

综上，除 9 月初污染过程因受到外来气团传输影响，导致机动车尾气、燃煤贡献有所增加外，其余时段中，细颗粒物浓度，主要污染源如机动车尾气、燃煤均得到较好的控制，而在管控结束后均有明显反弹，表明管控措施初有成效。

3. 主要污染物成因分析

为进一步分析硫酸盐颗粒形成过程，探讨其可能来源影响，对硫酸盐颗粒进行了老化过程分析，如图 4-53 所示。根据以往研究结果，此处将硫酸盐相对峰面积小于 0.3 的归结为新鲜颗粒，通常由当地产生；大于 0.3 的归结为老化颗粒，由于硫酸盐的寿命非常长，因此老化的硫酸盐颗粒往往被认为是区域传输的重要示踪物之一。

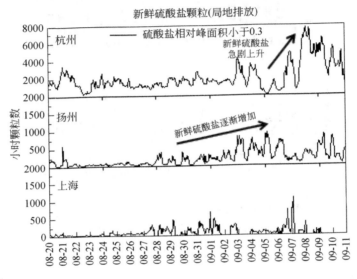

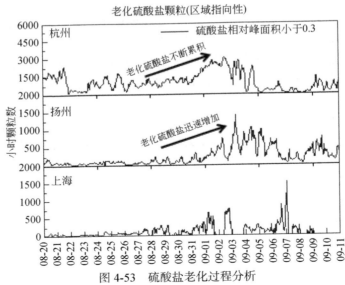

图 4-53　硫酸盐老化过程分析

由图 4-53 可以看出，8 月 31 日至 9 月 3 日污染期间，杭州地区新鲜硫酸盐颗粒并未出现明显增加，增加的主要是老化的硫酸盐颗粒。与此同时，上海、扬州也同步观测到老化的硫酸盐颗粒增加，表明区域性传输非常明显，结合风向轨迹分析结果，这次污染主要受外来传输影响，同时也说明了杭州管控措施对减少本地硫酸盐排放效果显著，但如果想抑制或减少硫酸盐的生成，必须从更大范围对散煤燃烧进行控制。管控解除后，杭州新鲜生成的颗粒迅速增加，本地源排放非常明显。

4. 管控措施效果评估

1）颗粒物来源分析

A. 杭州与上海、扬州两地源解析结果比较

图 4-54 为管控和未管控期间杭州、上海、扬州三城市来源解析结果。从图中可得到以下结论：

（1）杭州空气质量改善最为明显，管控措施得力。从管控与未管控细颗粒物浓度比对来看，杭州细颗粒物浓度下降幅度最大（32%），说明管控措施效果显著。

（2）从来源上看，杭州降幅最明显的依次是：燃煤＞工业＞机动车尾气＞生物质燃烧＞扬尘。

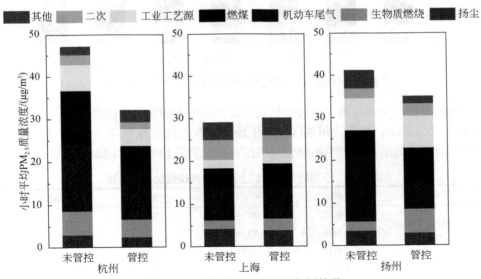

图 4-54　保障前后三城市源解析结果

未管控包括管控前和管控放开后的数据

B. 杭州保障不同阶段源解析结果比较

图 4-55 为不同管控阶段杭州市细颗粒物来源解析结果比对结果。管控期间，杭州市的颗粒物浓度较管控前有明显下降，从来源构成上看，工业工艺、燃煤源、机动车尾气均有所降低，其中机动车尾气贡献降幅最大，达 27%，说明机动车限行的效果显著。管控后，对应污染物浓度有不同程度下降：杭州市阶段一实施工业管控后，工业、燃煤的贡献均有明显下降，此阶段机动车尾气浓度也开始降低，而在阶段二正式实施机动车限行后，尾气贡献进一步降低，而工业、燃煤已降至最低，基本稳定在正常活动水平。管控结束后，颗粒物及各污染源的浓度均大幅增加，其中以燃煤、工业增加最为明显。

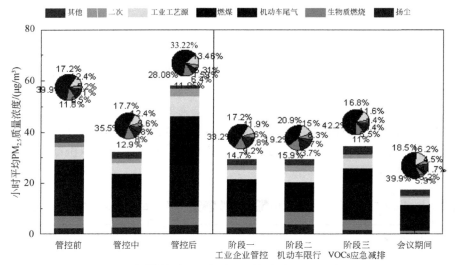

图 4-55 不同管控阶段杭州市细颗粒物来源解析结果比对

根据本次峰会期间的主要污染物硫酸盐在管控不同阶段占比变化可以看出（表4-26），管控期间，只有杭州地区新鲜生成的颗粒占比出现下降，上海、扬州均出现了不同程度的增长，表明杭州管控措施在降低颗粒物浓度方面取得明显成效。

表 4-26 不同阶段杭州、上海和扬州硫酸盐颗粒占比

城市	颗粒状态	管控前	管控中	管控后
杭州	新鲜颗粒	49.7%	39.9%↓	81.9%
	老化颗粒	33.1%	45.3%↑	7.6%
上海	新鲜颗粒	20.5%	26.9%↑	26.9%
	老化颗粒	20.2%	39.9%↑	36.5%
扬州	新鲜颗粒	22.6%	23.6%↑	21.4%
	老化颗粒	19.3%	32.4%↑	18.5%

注：此处规定的新鲜颗粒是指硫酸盐相对峰面积小于 0.3 的颗粒物，主要由本地生成；老化颗粒是指硫酸盐相对峰面积大于 0.3 的颗粒，通常由传输引起

2）颗粒物组分分析

A. 杭州与上海、扬州两地颗粒物组分比较

图 4-56 为保障前后三城市细颗粒物组分构成比对结果。由图可见，管控期间，三个城市中硝酸盐比例均有降低，但硫酸盐比例增加明显，硫酸盐增加主要发生在 9 月初的那次污染过程，并且各地离子色谱分析结果也显示，在此期间长三角地区硫酸盐普遍明显增加，说明本次细颗粒物污染事件中，硫酸盐增加是一个普遍的大区域性共性问题，暗示可能存在区域传输。

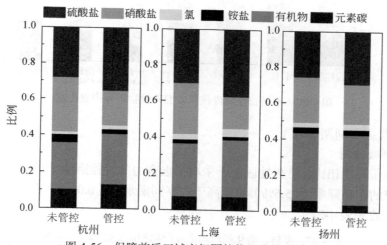

图 4-56　保障前后三城市细颗粒物组分构成比对
未管控包括管控前和管控放开后的数据

值得注意的是，扬州市细颗粒物成分中有机物占比明显高于杭州、上海两地，说明其污染源的组成与其他两个城市差异较大，结合其源解析结果可以看到，其燃煤占比最高，并且是首要污染源，可能与工业能源结构差异有关，扬州地区煤炭使用率更高。

B. 杭州保障不同阶段颗粒物组分比较

图 4-57 为不同管控阶段杭州市细颗粒物组分构成比对结果。由图可见，与管控前和管控后相比，管控期间，硝酸盐浓度明显下降，尤其是在阶段二期间，硝酸盐和元素碳等机动车尾气示踪物浓度及占比均出现明显下降，与机动车限行有关，表明机动车限行对改善 $PM_{2.5}$ 质量浓度取得明显成效；而管控之后，硝酸盐浓度及占比明显增加，与机动车恢复增长有很大关系。阶段三和管控后，硫酸盐及元素碳增加分别受区域传输和管控措施解除影响。

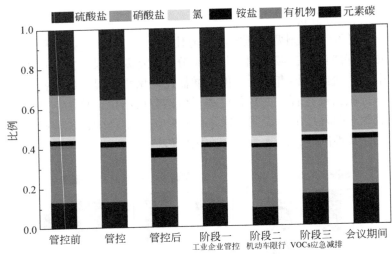

图 4-57　不同管控阶段杭州市细颗粒物组分构成比对

3）与去年同期比较

A. 降幅比对

与去年同期相比，杭州地区由于采取了强有力的管控措施，2016 年管控期间新鲜生成的颗粒降幅（25.6%）明显高于去年同期水平（6.0%），表明本次管控取得明显成效（表 4-27）。

表 4-27　新鲜、老化颗粒与去年同期相比变化幅度分析表

年份		新鲜颗粒	老化颗粒
2016	管控 vs.未管控	下降 25.6%	上升 16.8%
2015	清洁 vs.污染	下降 6.0%	上升 17.4%

B. 来源比对

图 4-58 为基于不同风速的 2015 年、2016 年杭州地区细颗粒物来源比对。可以发现，从颗粒物质量浓度看，无论是静小风速条件下，还是较大风速条件下，2016 年管控期间的颗粒物质量浓度均有明显下降，其中尤其以机动车尾气、燃煤、扬尘下降最为明显，这三类污染源对应占比在 2016 年也有下降。

5. 结论及建议

本次 G20 杭州峰会细颗粒物在线质谱观测主要结论及建议如下：

（1）管控期间（除 8 月 31 日～9 月 3 日外），颗粒物浓度低于管控前和管控后；与 2015 年同期相比，颗粒物浓度整体偏低；管控解除后，颗粒物浓度迅速反弹；上述研究表明，管控措施对降低颗粒物浓度效果显著。

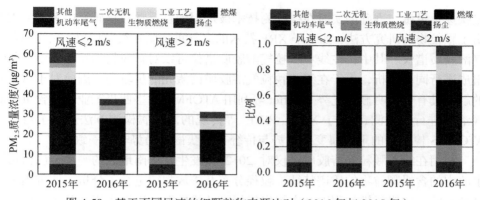

图 4-58　基于不同风速的细颗粒物来源比对（2016 年与 2015 年）

（2）从来源上看，管控期间，杭州地区下降幅度最大的依次是：燃煤＞工业＞机动车尾气＞生物质燃烧＞扬尘；从化学组分上看，管控期间（除 9 月初污染事件外），硝酸盐、硫酸盐和元素碳等主要组分均有不同程度下降。

（3）管控期间（8 月 31 日～9 月 3 日），捕捉到一次大范围的区域性污染过程，主要是由老化的硫酸盐浓度增加引起，区域输送特征明显；在此期间，新鲜颗粒物浓度反而下降，表明杭州本地源贡献降低，从而进一步验证管控措施对降低颗粒物浓度效果显著。

（4）硫酸盐是长三角细颗粒物主要组分之一，约占 1/3，并且呈现出大区域性同步污染趋势，表明今后应进一步强化散煤燃烧排放控制。

（5）管控措施解除后，反弹的主要是燃煤、机动车尾气及工业工艺源，并且绝大部分是新鲜颗粒物，以本地排放为主，从而表明，加强燃煤、机动车尾气及工业监管，仍然是今后长三角 $PM_{2.5}$ 污染防控的重点。

4.3　突发应急事故监测

本节将华南地区某次重金属铅污染事故应用作为案例进行分析。

重金属是广泛存在于环境中的有毒有害污染物，具有不可降解、生物富集、持久毒性，可长期停留在环境中，蓄积达到有害水平。重金属污染频频引起群体性环境事件，其中以铅污染最多。铅是一种有害人类健康的重金属元素，对神经有毒性作用，在人体内无任何生理功用。重金属铅由于其对人体健康的影响而广受关注。

目前常用的大气重金属检测仪器有 X 射线荧光法（XRF）和电感耦合等离子体质谱（ICP-MS）等。上述方法在采样过程及结果分析中均需要一定的周期，且在监测过程中容易受到天气条件的限制，对采样结果有一定的影响。近年来，大量快速、灵敏、准确的实时在线检测技术被运用到悬浮颗粒物研究中来，大大丰富了颗粒物的研究方法，如基于 XRF 技术的大气重金属在线分析仪、在线单颗粒气溶胶质谱仪。其中，在线单颗粒气溶胶质谱仪可以对颗粒物的粒径大小、化学组成进行同步分析，由于在线单颗粒气溶胶质谱激光能量较高，因此对于重金属的解析具有非常明显的优势。Moffet 等利用 ATOFMS 对墨西哥工业区的含重金属气溶胶进行了检测，并与 XRF、PIXE 等传统的重金属检测方法进行了对比，ATOFMS 检测到的重金属变化趋势与传统方法获得的趋势非常一致。

利用在线单颗粒气溶胶质谱仪对 2012 年发生在华南地区的一次金属铅污染事故中的含铅颗粒物的质谱特征、粒径分布及排放规律进行了分析，调查当地大气细颗粒物中铅污染的程度及查找出铅污染的排放源，以期为当地的重金属污染治理提供有效的决策依据。

4.3.1 实验观测与数据分析

1. 实验观测

采样点分别设置在华南地区 A、B 两镇政府办公楼前的空地，利用移动监测车进行实时监测。两个采样点分别位于 A、B 两镇城区中心，点位代表的是交通、居住及商业综合区。采样口离地面 2.5m，空气流动性较好，可代表该地区大气环境。分别于 2012 年 6 月 22~25 日在 A 镇，2012 年 6 月 25 日~7 月 2 日在 B 镇，使用在线单颗粒气溶胶质谱仪（SPAMS0515）仪器开展大气监测，两个点位分别采集 3 天、7 天的有效数据。

2. 数据分析

铅同位素组成除受放射性衰变、混合作用影响外，一般不会因它所经历的物理、化学、生物作用而发生变化，这就有可能把铅的同位素丰度组成比作为含铅颗粒物的一种"指纹"识别，区分铅的不同来源，即可将铅的同位素组成作为示踪含铅矿物质来源最直接、最有效的方法之一。因此，本次监测分析中将采用示踪离子法，利用铅的 3 个同位素峰（$^{206}Pb^+$、$^{207}Pb^+$、$^{208}Pb^+$）对含铅颗粒物进行定性追踪，分析含铅颗粒物的质谱特征、颗粒粒径大小及排放变化情况，并依据污染源谱库各种源排放污染物的特征离子，与本次监测的在线质谱测量结果比对，判别含铅颗粒物的具体来源。对铅的 3 个同位素峰（$^{206}Pb^+$、$^{207}Pb^+$、$^{208}Pb^+$）的最小峰面积均限定为 50，采用铅的 3 个同位素峰作为含铅颗粒物主要特征离子来提取含铅颗粒物。

3.气象条件

监测期间的天气基本为阵雨或大雨天气。降雨情况下，颗粒物受湿沉降的影响，质量浓度会降低。在线单颗粒气溶胶质谱仪检测到的总颗粒物数浓度也会降低，但由于其能够对单个粒子的化学组成进行识别和归类，因此当对大气中含铅颗粒数浓度的百分比进行统计时，反映的是一种相对含量，仍能较为客观地反映出各点含铅颗粒物的污染情况。

4.3.2　结果与讨论

（1）两地含铅颗粒物的比例都在夜间和凌晨达到高峰，高峰时刻含铅颗粒物数浓度占比最高可以达到67%（即每采集100个颗粒，其中67个颗粒含有铅）；而其他时间含铅颗粒物比例相对较低（图4-59和图4-60）。

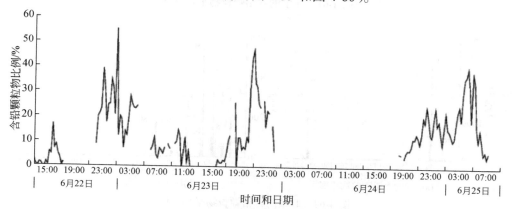

图4-59　A镇含铅颗粒物的比例随时间变化

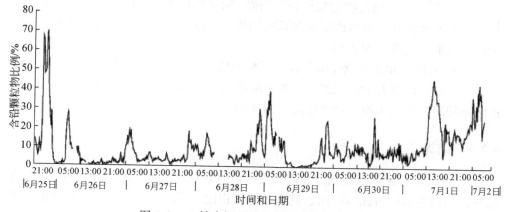

图4-60　B镇含铅颗粒物的比例随时间变化

（2）两个地区的平均质谱图非常相似，均含有明显的 Pb^+、EC（一系列碳簇）、S_2^-，SO_4^{2-} 等信号（图 4-61 和图 4-62）。

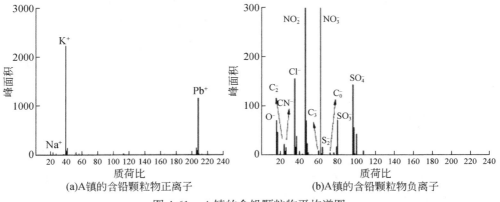

(a)A镇的含铅颗粒物正离子　　(b)A镇的含铅颗粒物负离子

图 4-61   A 镇的含铅颗粒物平均谱图

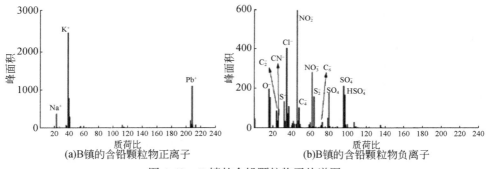

(a)B镇的含铅颗粒物正离子　　(b)B镇的含铅颗粒物负离子

图 4-62   B 镇的含铅颗粒物平均谱图

（3）两地含铅颗粒物的粒径分布相似。通过两地含铅颗粒物的平均质谱图及粒径分布的相似性，可以说明这些颗粒物的产生过程可能是一致的，或者说来源于同一类的排放源（图 4-63）。

（4）对比广州市某燃煤电厂含铅颗粒物特征谱图，发现三者含铅颗粒谱图十分相似，均同时含有 Pb^+、EC（一系列碳簇）、S_2^-，SO_4^{2-} 等信号。因此可判断 A、B 两镇的高浓度铅来源于燃煤排放（图 4-64）。

4.3.3　结论

（1）含重金属铅颗粒物多在夜间或凌晨时段存在浓度瞬间增高的现象，且含铅颗粒物的数浓度占比与广州、鹤山等地区相比均反映了当地含铅颗粒物的污染非常严重。

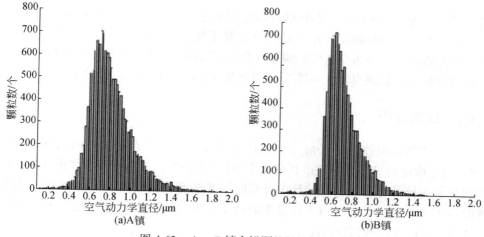

图 4-63　A、B 镇含铅颗粒的粒径分布

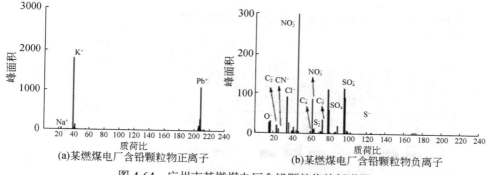

图 4-64　广州市某燃煤电厂含铅颗粒物特征谱图

（2）通过分析含铅颗粒物的质谱特征与粒径分布，判断该地区含铅颗粒物来源于燃煤排放。

（3）监测期间天气多是大雨或阵雨天气，并不利于常规仪器的监测，而 SPAMS 检测的是含铅颗粒物的数浓度占比情况，其在线监测不受天气条件影响。

4.4　异常点位追因溯源

本章将通过韶关市曲江区的异常点位追因过程作为案例进行分析。

4.4.1　在线监测

8 月 6 日 12 时至 25 日 24 时，利用单颗粒气溶胶质谱仪（SPAMS），于韶关市曲江监测站国控点开展连续监测，并对监测期间该国控点常规污染物质量浓度

进行综合分析。监测点位于曲江区环境监测站办公楼（韶关市曲江区府前中路 10
号，113.5971°E，24.6864°N），周边存在建筑工地、有秸秆的农地及裸土等，可见
扬尘类污染源主要分布在点位的偏北、西及东南面。此外，监测点东北偏东 3 km
处为韶钢集团，监测点较大可能受到韶钢及往来的重型卡车的排放影响。

4.4.2　数据分析

　　曲江监测站国控点的 PM$_{2.5}$ 多次出现浓度高值，且在峰值时段内该点位的
PM$_{2.5}$ 质量浓度明显高于韶关市其余 4 个国控点的 PM$_{2.5}$ 质量浓度，如图 4-65（b）
中所标示的异常时段①～⑨，其中异常时段⑧未有监测数据。图 4-65（c）为异
常时段①～⑨以及其余时段（除异常时段①～⑨外的时段）的污染源分布情况，
表 4-28 为各时段的信息统计。

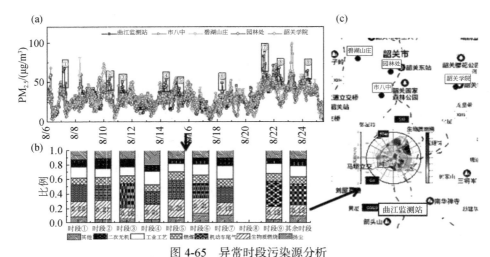

图 4-65　异常时段污染源分析
（a）选取异常时段；（b）异常时段对比问题诊断；（c）方位溯源

　　异常时段主要出现在傍晚至夜间时段，异常时段的生物质燃烧源占比均大
于其余时段，其中异常时段①、②、④、⑤、⑥的平均占比在 20%以上。结合
风向风速数据，生物质燃烧源比例高值时监测点位主要受到 1.0～1.5 m/s 的东北
风影响（表 4-28）。

　　8 月 21 日 15～24 时，韶关曲江监测站国控点 PM$_{2.5}$浓度及 TVOCs 浓度突然
上升，出现轻度污染天气。结合气象条件、污染物浓度、颗粒物特征成分和污染
源以及 VOCs 浓度等变化，8 月 21 日 18～19 时的污染高值主要是受到含铁、铅
等特征成分的固定燃烧源或生物质燃烧源的排放影响，而 20 时的高值是前期固定
燃烧源的持续累积、当地晚高峰机动车尾气的排放以及颗粒物间二次反应增强等

多重原因所致。

表 4-28　各时段空气质量及气象信息统计

时段	时段	PM₂.₅浓度/（μg/m³）	气温/℃	相对湿度/%	风速/（m/s）
异常时段 1	8/7 17：00～24：00	41.0	31.1	60.8	0.8
异常时段 2	8/10 19：00～8/11 3：00	45.9	32.1	60.9	0.5
异常时段 3	8/11 18：00～24：00	42.3	32.1	65.0	0.4
异常时段 4	8/14 16：00～23：00	44.8	31.6	58.9	0.5
异常时段 5	8/15 16：00～22：00	37.3	29.1	69.1	0.8
异常时段 6	8/18 20：00～23：00	37.8	31.3	63.5	0.5
异常时段 7	8/21 17：00～23：00	73.0	31.7	60.9	0.5
异常时段 8	8/22 17：00～8/23 3：00	56.6	32.1	58.1	0.5
异常时段 9	8/24 18：00～14：00	55.4	33.6	53.4	0.5
其余时段	除异常时段 1～9 外的时段	29.9	30.9	62.1	0.6

4.4.3　结论

　　曲江监测点国控点多次在傍晚至夜间时段出现明显的 PM₂.₅ 浓度高值，主要是受到监测点东北方向的生物质燃烧的排放影响，建议曲江点位所在区域的污染削峰降频应从傍晚时段的生物质燃烧源的管控上着手。

4.5　固定点位的长期监测和评估

　　广州市为了打赢蓝天保卫战，保障 PM₂.₅ 达标，于广州市市监测站（2013 年 11 月至今）、番禺大学城（2018 年 6 月至今）、八十六中（2019 年 3 月至今）、九龙镇镇龙（2019 年 12 月至今）等环境空气质量监测点位，各配置了一套 PM₂.₅ 在线源解析质谱监测系统进行常年连续监测，实现 PM₂.₅ 污染来源解析业务化，充分掌握了广州市细颗粒物污染来源构成及季节、年度变化特征，并参与了重要活动空气质量保障工作及大气污染防控措施效果评估工作。2022 年 1 月，在白云竹料、南沙蒲州、番禺实验中学、从化良口四个环境空气质量监测点位，各增设了一套 PM₂.₅ 在线源解析质谱监测系统，进一步完善广州市 PM₂.₅ 在线源解析监测网的布设。除固定站点监测外，先后在黄埔开发区、天河区、番禺区、花都区、南沙区、增城区多个区域开展多次短期的 PM₂.₅ 在线源解析监测工作，以"固定+移动""长期+短期"等多种方式开展 PM₂.₅ 源解析监测，使得广州市 PM₂.₅ 在线源解析监测工作覆盖范围更全面，结果更具代表性。

　　自 2014 年以来，持续输出多份源解析技术报告。主要支撑作用表现在：①助力于广州市 PM$_{2.5}$ 浓度的逐年下降，2020 ~ 2021 年连续两年空气质量全面达标，在广州成为全国首个超大型城市 PM$_{2.5}$ 达到国家标准的城市中起到数据支撑作用；②在亚运会、财富论坛、广马等重要活动中开展空气质量保障监测工作，为活动的顺利开展保驾护航；③对广州市实行的"路面保湿"、机动车"开四停四"、纯电动公交车运营投放、关闭广州发电厂等管控措施开展专项效果评估工作，及时反馈管控措施成效，为政府制定和及时调整空气质量持续改善策略提供高时效的科学支撑。

4.5.1　近六年广州市监测站国控点年度源解析结果

　　广州市市监测站点位（吉祥路）从 2014 年起已有近 7 年的连续数据，涵盖了期间各项大型污染控制措施的实施阶段。通过 2016 ~ 2021 年的大气污染来源分布结果的纵向对比，用以了解广州市大气颗粒物的年度变化规律。

　　2015 ~ 2020 年 PM$_{2.5}$、PM$_{10}$、SO$_2$、NO$_2$、CO 质量浓度总体呈逐年下降趋势，2021 年稍回升，O$_3$-8h 从 2016 至 2019 年逐年上升，于 2019 年上升至最大值，2020 ~ 2021 年明显回落。此外，NO$_2$/SO$_2$ 比值与 O$_3$-8h 年平均浓度变化趋势一致，均在 2019 年达到最大，2020 ~ 2021 年下降。

　　污染源方面，2015 ~ 2021 年的 PM$_{2.5}$ 颗粒物首要污染源均为机动车尾气，占比在 23.9% ~ 33.2%，2016 ~ 2020 年逐年上升，尤其 2018 ~ 2020 年年均占比达到 30% 以上，同期污染物 NO$_2$/SO$_2$ 浓度比值均上升至 5.0 以上。2021 年机动车尾气源占比及 NO$_2$/SO$_2$ 浓度比值均明显下降。燃煤源从 2016 ~ 2021 年占比总体呈逐年下降趋势，与 SO$_2$ 质量浓度变化趋势基本一致。相较于 2016 年，2017 年的工业工艺源占比大幅下降，与同时期内在企业生产排放方面的管控措施有关，此后至 2020 年逐年上升，2021 年再次回落。生物质燃烧源在 2017 ~ 2019 年年均占比均 >10%，2020 年有所回落，2021 年再次上升至 10% 以上。近 6 年扬尘源占比总体呈上升趋势，尤其 2021 年扬尘源占比上升至 15.8%，相较于 2020 年，2021 年的 PM$_{10}$ 年浓度也增加了 3μg/m^3，增幅为 7.0%。

　　总的来看，2016 ~ 2020 年广州市大气主要受到机动车尾气影响且呈逐年上升，与机动车保有量逐年上升有关，2021 年受机动车尾气影响明显下降（表 4-29 和图 4-66）。燃煤和工业方面的治理效果较为明显。大型施工活动及道路尘等防尘抑尘措施应加大力度。

表 4-29　2016～2021 年年度污染物统计

年份	PM$_{2.5}$	PM$_{10}$	NO$_2$	SO$_2$	O$_3$-8h-90%	CO-95%	NO$_2$/SO$_2$	空气质量优良率/%
2016	36	56	46	12	155	1.3	3.8	84.7
2017	35	56	52	12	162	1.2	4.3	80.5
2018	35	54	50	10	174	1.2	5.0	80.5
2019	30	53	45	7	178	1.2	6.4	80.3
2020	23	43	36	7	160	1.0	5.1	90.4
2021	24	46	34	8	159	1.0	4.3	88.8

注：CO 单位为 mg/m^3，其余为 µg/m^3

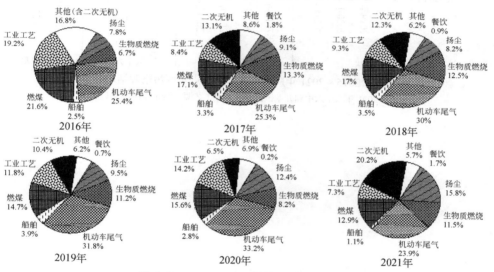

图 4-66　2016～2021 年年度源解析分布

4.5.2　近六年广州市 4 站点年度源解析结果对比

结合历年广州市各站点源解析结果，广州市大气在 2015～2021 年主要受到机动车尾气影响（图 4-67），且在 2019～2020 年上升至较高水平，与广州市机动车保有量逐年上升有关，2021 年各站点均明显回落。燃煤+工业源的总体影响下降，可见燃煤和工业方面的治理效果较为明显。此外，近两年的扬尘源影响有所抬头，建议大型施工活动及道路尘等防尘抑尘措施应加大力度。

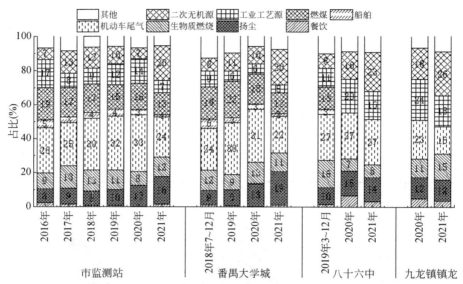

图 4-67　2015～2021 年广州市各固定站点年度污染源结果分布

2020～2021 年八十六中和九龙镇镇龙的工业工艺源与燃煤源合并为工业源

第5章　基于单颗粒质谱的国内大气环境研究进展

近年来，我国经济的高速发展和城市化进程的加快，导致以大气细颗粒物（$PM_{2.5}$）为首要污染物的灰霾天气频繁发生，不仅使得大气能见度降低，而且显著影响人体健康，已经成为当前环境治理的首要问题[238-241]。细颗粒物的主要化学组成包括元素碳（或黑碳）、有机碳、硫酸盐、硝酸盐、铵盐和重金属等。细颗粒物的化学组成及其混合状态对于细颗粒物的吸湿性和光学性质有显著影响。黑碳的浓度与混合状态对细颗粒物的光学性质有显著影响，例如黑碳与有机物不同的混合状态对黑碳吸光系数的改变很大[242,243]。硫酸盐和有机物的混合可改变细颗粒物的吸湿性，对颗粒物的老化过程有重要影响[244]。灰霾的形成往往伴随细颗粒物的老化过程，二次气溶胶组分显著增加[245,246]，通过研究细颗粒物的化学组分与混合状态变化对于研究灰霾的形成机制具有十分重要的意义。

细颗粒物化学组分的分析主要通过滤膜采样和在线测量两种方式。滤膜采样受限于较低的时间分辨率，虽然可以在分子水平上对有机物的来源和形成机制进行深入探讨，但是无法测量单个气溶胶颗粒中的化学组成与混合状态，且气溶胶样品在采集和保存过程中可能发生化学反应和挥发损失，给气溶胶中化学组分的测量造成误差。在线测量技术包含气溶胶整体和单颗粒气溶胶两种测量方法，气溶胶整体在线测量技术可获取含碳组分、无机离子和重金属的小时浓度，但是无法测量不同化学组分的混合状态。单颗粒气溶胶测量技术有别于传统滤膜采样和气溶胶整体测量，可以实时分析单个气溶胶颗粒的化学组成与混合状态，对于研究气溶胶的来源、理化性质及形成转化机制有重要意义。单颗粒气溶胶分析技术主要包括电镜分析法和质谱测量法，通过电镜分析方法可以获得单颗粒的形貌、化学组成及混合状态；质谱测量法可测量单颗粒的化学组成、粒径大小及混合状态，且可对大量单颗粒进行统计分析[247]。本章重点对基于单颗粒气溶胶飞行时间质谱仪的研究进行综述，国内的相关研究主要以广州禾信仪器股份有限公司开发的单颗粒气溶胶飞行时间质谱仪（Single Particle Aerosol Mass Spectrometer，SPAMS）为主。

国内以 SPAMS 为分析方法进行的研究主要包括对气溶胶理化性质的研究及大气细颗粒物的在线源解析两个方面。对气溶胶的理化性质研究包含气溶胶的挥发性、吸湿性、光学性质及化学组分的混合状态等方面的研究，此外，还有许多研究工作围绕特定类型单颗粒气溶胶的来源、混合状态及形成过程而开展，如含有机酸、有机胺、元素碳、有机碳及金属元素等各类单颗粒。SPAMS 在研究气溶胶理化性质方面得到了广泛的应用，对于各类典型天气状况下细颗粒物的类型、化学组成、粒径分布和混合状态已有许多研究报道，此外某些特定类型的单颗粒气溶胶在大气中的来源及大气转变过程也得到了研究[248, 249]。鉴于 SPAMS 在国内气溶胶研究领域的广泛应用，本章综述了近年来国内采用 SPAMS 在气溶胶理化性质研究应用方向的研究工作，探讨了基于 SPAMS 的研究结果。

5.1　混合状态的研究

SPAMS 通过测量单个颗粒物中包含的化学组分来判定不同组分之间的混合状态，对研究颗粒物的来源和老化过程有十分重要的意义。Gong 等通过 SPAMS 和 SP2 的共同观测，分析了上海市冬季 BC 颗粒的混合状态与化学组成，通过 SPAMS 获得 BC 颗粒质谱特征，根据其内部混合状态分为 6 类，见图 5-1：①纯 BC；②来自生物质燃烧源的 BC（BBBC）；③富钾 BC（KBC）；④与 OC-硫酸铵内混合的 BC（BCOC-SO_x）；⑤与 OC-硝酸铵内混合的 BC（BCOC-NO_x）；⑥未分类 BC；在所有的 BC 颗粒中 BCOC-NO_x 占比最高，其次是 BBBC 和 BCOC-SO_x。探讨了不同粒径 BC 颗粒的来源与核壳结构，液滴模式与凝结模式展现了不同的来源。计算了 BC 包裹层的厚度和 BC 的粒径增长速度，研究了 BC 的老化过程[250]。

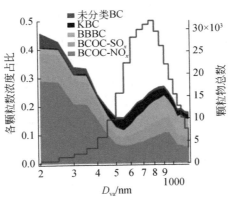

图 5-1　SPAMS 检测的含 BC 颗粒的 D_{va} 数浓度占比的分布（颗粒类型用颜色区分）[239]

Zhang 等通过使用 SPAMS 对成都市大气中单颗粒气溶胶进行观测，在 12 种颗粒类型中 KEC 类颗粒含量最高（23.0%），EC 均与其他化学组分混合程度较深，纯 EC 类单颗粒含量很低（0.2%），各种颗粒类型表现出不同的昼夜变化模式和尺寸分布，见图 5-2，可能与排放源和排放后的物理化学反应的不同有关。结合气团轨迹和颗粒物的昼夜变化特征、混合状态分析，来自不同方向气团中的颗粒对 $PM_{2.5}$ 的贡献不同，在污染天 K-elemental carbon（KEC）和 K-sulfate（KSO_4）的占比升高，表明生物质燃烧和工业源排放对 PM$_{2.5}$ 的贡献最为显著[251]。

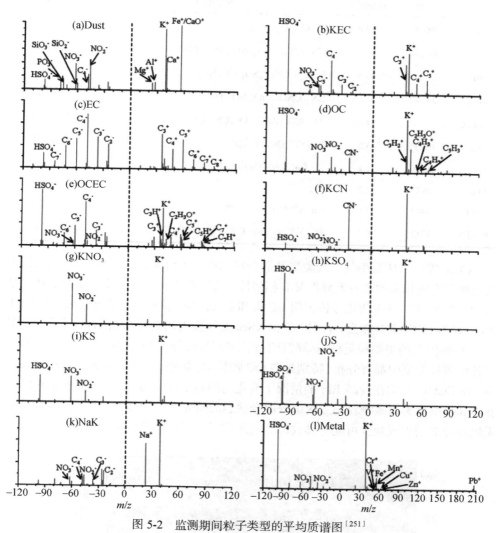

图 5-2　监测期间粒子类型的平均质谱图[251]

表 5-1　2014 年夏季重庆 SPAMS 数据中的单颗粒类型、数浓度、百分比、典型化学离子和可能来源[252]

种类	数浓度	百分比/%	化学组分	可能来源
ECOC	68,256	20.6	K^+, $C^\pm$, $OC(C_xH_y^+, C_xH_yO_2^+)$, SO_4^-, NO_3^-	交通排放
OC	66,419	20.1	$C_2H_2^+$, $C_4H_5^+$, C_3H^+, $C_3H_3^+$, $C_2H_3O^+$, $C_4H_3^+$	交通排放

续表

种类	数浓度	百分比/%	化学组分	可能来源
EC	49,088	14.8	$K^+, C^\pm, SO_4^-, NO_3^-$	交通排放
KSec	44,114	13.3	$CN^-, CNO^-, SO_4^-, NO_3^-, SiO_3^-, PO_3^-$	二次来源
BB	39,247	11.9	$K^+, CN, CNO^-, SO_4^-, Cl^-, NO_3^-$	黑碳
NaK	24,142	7.3	$CN^-, CNO^-, NO_3^-, SO_4^-, PO_3^-$	黑碳，煤
Al-rich	13,067	4.0	$Al^+, AlO^+, Al_2O^+, OC, CN^-, CNO^-, SO_4^-, NO_3^-$	道路扬土
Fe-rich	10,715	3.2	$Fe, PO^{3-}, OC, NO_3^-, SO_4$	土壤扬尘
Ca-rich	4685	1.4	$K^+, Ca^+, CaO^+, SO_4^-, NO_3^-$	土壤扬尘
Other	3877	1.2	—	未知
CaEC	5402	1.6	$Ca^+, C^\pm, C_2H_2^-, NO_3^-, PO_3^-$	交通排放
NaKPb	1742	0.5	$Pb^+, K^+, Na^+, Cl^-, CN^-, CNO^-, SO_4^-, NO_3^-$	燃烧源

　　Chen 等对重庆夏季气溶胶类型和混合状态进行了研究，见表 5-1，不同颗粒类型的化学组成和来源既有差异性又有相似性，其中 ECOC 类颗粒占比最高，其次是 OC 和 KSec 类，昼夜变化分析表明 EC 类和 KSec 类单颗粒午后浓度最高，且与 O_x（O_3+NO_2）的相关性较强，表明 EC 和 KSec 类颗粒更加老化。从混合状态分析（图 5-3），90%以上的单颗粒类型与硝酸盐有较好的混合，作为 SOA 标志离子的 $C_2H_3O^+$ 在各种颗粒类型中都有分布，特别是在 OC 颗粒中。此外，含碳类型的单颗粒如 EC、OC 和 ECOC 类均在较高 RH 的情况下有更高的数浓度分布[252]。Zhang 也对广州春季和秋季各类含碳颗粒与二次组分混合状态的研究，见图 5-4，各类含碳颗粒中无机组分的增加或减少可能与排放源，气团或者一些化学反应的影响[253]。

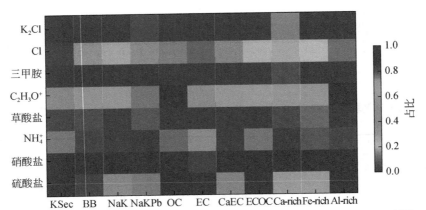

图 5-3　用颜色刻度代表单个粒子类型相关的所选离子标记的数浓度占比[252]

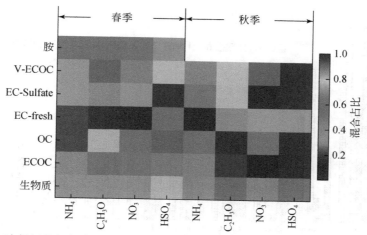

图 5-4　二次标记物与各种含碳粒子类的混合状态（颜色点表示包含二次标记物（x 轴）颗粒的数浓度占比（y 轴））[253]

　　Lin 等首个提出了对云残留粒子化学组成和混合状态的探究，将云残留颗粒按质谱特征分为 9 种颗粒类型，各种混合组分在各类型颗粒中的占比受不同气团的影响而改变，硫酸盐在富钾、有机碳、老化元素碳、铁和有机胺颗粒类型中的数浓度占比均超过 90%，在富钠粒子和沙尘颗粒中较低，而富钠粒子和沙尘颗粒与硝酸盐的混合程度接近 90%，其余的二次组分铵盐、硫酸、三甲胺、草酸与各类型云残留颗粒都存在一定的混合[254]。陈多宏等对广东鹤山的单颗粒化学组分分析，研究了不同气团轨迹来源的单颗粒在化学组成与混合状态上的区别，不同类型颗粒均与二次组分混合，反映了它们与大气老化过程相关，SPAMS 数据与后向轨迹结合分析各气团中不同颗粒类型的含量[255]。蒋斌等对广东鹤山市旱季的单颗粒气溶胶进行分析，见图 5-5，对比了旱季霾日、晴朗天、雨天不同天气下单颗粒的特征，结果表明晴雨天单颗粒的混合状态差别很大，晴天 OC 类单颗粒与二次组分混合程度高，颗粒更加老化，雨天 EC 类单颗粒所含二次组分少，较为新鲜；霾日含有更多的水溶性二次无机组分，霾日和晴天利于形成的二次组分类型不同[256]。

　　刘慧琳等对南宁市冬季单颗粒气溶胶的化学组成与混合状态进行研究，分析了主要类型单颗粒与二次无机组分的混合状态，颗粒物数浓度粒径分布以及颗粒物来源和传输的影响，在污染期间硫酸盐、硝酸盐、铵盐在细颗粒物中占主导，表明与二次反应关系紧密[257]。张志鹏等对桂林市夏季大气中单颗粒气溶胶进行观测，分析了单颗粒气溶胶的粒径分布、化学组成和混合状态，结果显示 EC 在各监测站点 PM$_{2.5}$ 中的数浓度的占比均最高，除了其中一个站点外，含 EC 颗粒与硫酸盐、硝酸盐、铵盐具有较高的混合程度，PM$_{2.5}$ 的化学成分在各监测站点的差

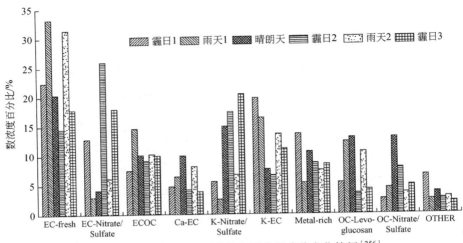

图 5-5　不同天气下细颗粒物主要化学成分变化特征[256]

别较小[258]。刘浪等采用特征离子提取的方法，对北京市大气中含硫酸盐、硝酸盐和铵盐的单颗粒进行了季节分析（图 5-6），结合后向轨迹分析，探讨了三类单颗粒的混合状态与季节分布特征，硫酸盐、硝酸盐在全年的含量均占主导，而铵盐在各季节的含量都较少，硫酸盐、硝酸盐、铵盐在秋冬季混合程度较弱，三类单颗粒的潜在来源在地区表现出相似性[259]。

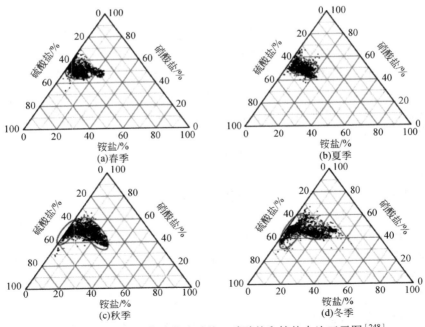

图 5-6　春夏秋冬四个季节硫酸盐、硝酸盐和铵盐占比三元图[248]

5.2　基础观测研究

在许多城市已开展 SPAMS 对大气颗粒物变化特征的实时监测，还有在一些重大活动的环境监测中也基于 SPAMS 的优势进行快速监测。许多环境保护监测站进行着日常的基础观测，探究大气颗粒物的化学组成和来源，为环境管控和治理提供有效的建议。唐利利等对南宁市冬季的单颗粒气溶胶进行研究，分析了气溶胶的类型与混合状态，发现在冬季各类型单颗粒中都含有二次组分[260]。曹力媛监测和分析了太原市利用燃煤取暖的典型生活区在停暖前后 PM$_{2.5}$ 的特征，探究在采暖期和非采暖期 PM$_{2.5}$ 的化学组成和来源，提供污染管控的建议，燃煤是采暖期的主要污染源，导致采暖期有机碳和左旋葡聚糖等与燃烧有关的成分上升，而在非采暖期钾离子和二次组分占主导，机动车尾气在采暖期和非采暖期都是重要的贡献源[261]。汪佳俊等利用 SPAMS 探究了汕头市 PM$_{2.5}$ 的特征和主要来源，在 2015 年四季的 PM$_{2.5}$ 特征的对比中发现颗粒物污染主要发生在春季和冬季，静稳、低温、高湿的气象条件下也较容易发生污染，燃煤源、工业源和生物质燃烧源成为管控的主要对象[262]。在盘锦市[263]、淮北市[264]、泉州市[265]、扬州市[266]、桂林市[267] 等也利用 SPAMS 对大气颗粒物的实时监测，PM$_{2.5}$ 污染特征具有地域性，机动车尾气排放颗粒物在许多城市中占比较高。朱云晓等也利用 SPAMS 对海宁市秋冬季 PM$_{2.5}$ 特征分析，见图 5-7，在秋冬季中元素碳和有机碳为主要的颗粒物，分别在 40% 以上和 15% 左右，不同的离子信号在秋冬季具有差异性，冬季 HSO$_4^-$、NO$_3^-$、CNO$^-$ 等二次组分信号显著，而秋季则是高分子化合物（HOC）[268]。

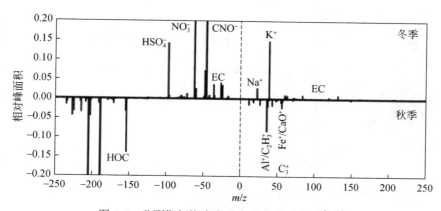

图 5-7　监测期间海宁市秋冬季差分质谱图[268]

SPAMS 被应用于船舶排放监测。周振团队研究了广州港口船舶排放的新鲜颗粒在清洁燃料政策实施前后的成分变化，钒广泛分布于低含硫燃油中，低含硫燃油排放的含硫酸盐颗粒和含钒颗粒明显低于高含硫燃油，还对比了低含硫燃油排放的颗粒物与汽油、柴油、燃煤的差异[269]，见图5-8。张兆年等结合船舶污染物排放量核算对大气灰霾受船舶尾气排放的影响分析，SPAMS获取的数据分析与其他方法验证认为船舶排放的污染对灰霾形成有重要的贡献[270]。SPAMS实时快速监测也用于对重要活动的研究分析。郑仙珏等分析杭州市某种活动的管控措施实施前后大气颗粒物的差异，管控前后大气颗粒都有不同程度的老化，在管控阶段机动车尾气排放源、燃煤源等排放的EC颗粒和PM$_{2.5}$的浓度均有明显的降低[271]。陶士康对嘉兴市举办2015世界互联网大会期间的大气颗粒物进行研究，在5个不同的阶段中硝酸盐在颗粒物中的占比都较高，一次排放在区域传输阶段和重污染阶段对污染过程有重要影响，两个阶段都富含EC颗粒，相比于管控措施前和管控措施解除后的反弹，管控措施的实施对减少由于机动车尾气排放导致大气颗粒物上升事件的发生有显著的效果[272]。周静博等分析了石家庄抗战胜利70周年大阅兵期间PM$_{2.5}$的特征，采集的颗粒物与硫酸盐和硝酸盐混合表明可能经历老化过程，在阅兵期间由于燃煤和机动车尾气排放的管控致使空气质量较好，在管控结束后由于有利于颗粒物累积的气象条件，PM$_{2.5}$浓度迅速出现反弹[273]。上文中已提到的Zhou等在清洁燃料政策实施前后港口船舶排放的大气颗粒成分对比，高含硫燃油中排放的主要颗粒为EC-V-S达54.8%，低含硫燃油则主要是OC和ECOC[269]。

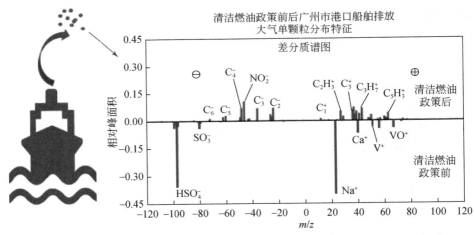

图5-8　在广州清洁燃料政策实施前后港口排放单颗粒特征的差分质谱图[269]

除了日常的监测活动，污染过程颗粒的特征也被研究，例如王西岳等对焦作市高新区单颗粒的研究，并且对出现的重污染天气过程的颗粒物的特征分析，在整体监测时段内OC颗粒的占比超过46%，污染过程主要由燃煤、机动车尾气、工业工艺源贡献[274]。周振团队人员对清洁天、灰霾天、沙尘天中含铅颗粒的化学组成和尺寸分布进行研究，发现主要来自煤炭燃烧富钾颗粒在含铅颗粒中具有较大的贡献，气象条件和来源排放对含铅颗粒的化学组成和粒径分布均有影响，在沙尘天的含铅颗粒的特征与清洁天和灰霾天有所差别[275]。仇伟光等在沈阳市一次典型的污染过程中发现 OC 颗粒占比在污染过程中明显增加[276]。更多污染过程的研究见 5.4 节。

上述总结了基础观测研究方向的应用，SPAMS 还可用于基础观测研究气溶胶的挥发性和密度。戴守辉等在 SPAMS 进样口增加热脱附加热管和稀释器（通道1），通道 2 气溶胶颗粒通过硅胶管直接进入 SPAMS（长度与通道 1 一致），通过对比通道 1（不同温度下）和通道 2 测量单颗粒的化学组分、粒径大小与混合状态变化，研究了不同类型单颗粒中化学组分的挥发性[277]。Bi 等采用同样的方法对珠三角实际大气中含 EC 类单颗粒的挥发性进行了详细的研究，根据加热前后 EC 类单颗粒化学组分与混合状态的变化，分析了含 EC 类单颗粒的挥发性和老化过程，发现不同类型的 EC 单颗粒挥发性差别很大，且 EC 单颗粒中的硝酸盐会在 150℃挥发，硫酸盐在 300℃挥发[278]。张国华等利用 SPAMS 建立了两种测量气溶胶单颗粒有效密度的方法，对研究气溶胶的物理性质和光学性质有重要意义[279]。

SPAMS 在实际测量过程中，打击率会发生变化，仅能检测大气中一部分颗粒物，因此对 SPAMS 的测量结果进行定量化对 SPAMS 的应用十分重要。Zhou 等把单颗粒气溶胶中化学组分的峰面积和相对峰面积与对应化学组分的大气浓度进行比对分析，得到了 SPAMS 测量不同化学组分的半定量系数，通过 SPAMS 的测量结果来近似的得到对应的大气浓度[280]。但是因为 SPAMS 的打击效率和离子化效率在不同的地点和大气环境下有差异，因此尚未有统一的校正系数来对 SPAMS 的结果进行定量化，这个问题有待进一步的研究。

5.3　污染形成机制研究

通过 SPAMS 可以将大气中某些特定类型的气溶胶粒子挑选出来，研究其来源、混合状态，并进一步研究其形成机制。挑选方法分为两种：一种是通过 ART-2a 分类的结果选出其中一类单颗粒气溶胶，另一种是直接根据质谱图的特征峰对整体颗粒物提取，挑选出具有特征峰的单颗粒。

5.3.1　含草酸颗粒的研究

气溶胶中的草酸是许多有机物氧化的终产物，可用来指示有机气溶胶的老化程度。在 SPAMS 测量的质谱图中，草酸的特征峰（$m/z=-89$）没有其他物质干扰，因此可基于 SPAMS 研究含草酸类气溶胶的混合状态与形成机制。Zhou 等在香港郊区站点的观测中发现草酸类单颗粒的形成与二次反应过程联系紧密，与非海盐硫酸盐（non-sea-salt SO_4^{2-}，NSS）和 O_x（O_3+NO_2）具有高相关性，同时利用 PMF 分析结果表明各种二次反应过程形成的草酸类颗粒在 $PM_{2.5}$ 中的含草酸颗粒占绝大多数，其中液相氧化过程、与生物质燃烧气溶胶老化相关的二次过程和气相氧化驱动的过程分别占 16%，37%，33%；光化学反应和液相反应对草酸形成都有重要贡献，特别是在夏季更强的光化学氧化使草酸在日间出现小高峰；且通过草酸与铁混合状态的研究发现二者络合物的降解对草酸的昼夜变化有显著影响，在所有的季节中草酸在日出后 9：00 左右会有浅层的下降[281]，见图 5-9。

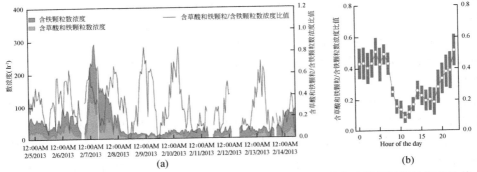

图 5-9　（a）含铁颗粒、含草酸和铁颗粒和含草酸和铁颗粒数浓度与含铁颗粒数浓度的比值小
　　　　时时间序列；（b）含草酸和铁颗粒数浓度与含铁颗粒数浓度的比值平均日变化
空心圆和盒子在图（b）代表平均浓度和标准偏差的一半[281]

　　周振团队对广东鹤山大气中含草酸单颗粒的季节特征进行了分析，在整个采样期间可能由于液相反应，草酸与硫酸盐、硝酸盐具有很高的混合程度；发现夏季草酸与含铁的重金属元素混合比例很高，且与 O_3 有相同的日变化特征（图5-10），认为夏季草酸主要来自有机前体物的光化学反应过程，铁与草酸的峰面积存在相反的昼夜变化趋势，铁的存在同时对草酸的形成和降解起到了一定的作用；冬季草酸单颗粒中富含硝酸（m/z=−125），且含碳类型的草酸颗粒物占到了 60%，对草酸颗粒浓度显著升高时段的研究发现草酸和有机硫酸酯（m/z=155）有较好的相关性，认为冬季有机物在酸性液相环境中的降解对草酸形成有重要贡献，草酸的形成与液相中有机前体的氧化有强烈的关系[282]。Zhang 等对广东省南岭山上的云滴颗粒与云间隙颗粒的对比研究发现，云滴颗粒中含草酸类颗粒是云间隙颗粒中的 3 倍，超过 70%的草酸与老化的生物质燃烧颗粒内部混合，生物质燃烧颗粒中富含有机组分可作为形成草酸的前体物，且云内液相反应过程极大地促进了有机酸的转化，认为云内液相反应过程是草酸的主要形成过程[283]。Yang 等研究了上海市大气中含草酸类单颗粒气溶胶的化学组成与混合状态，同样认为云内过程

对草酸的形成贡献最大，见图 5-11[284]。

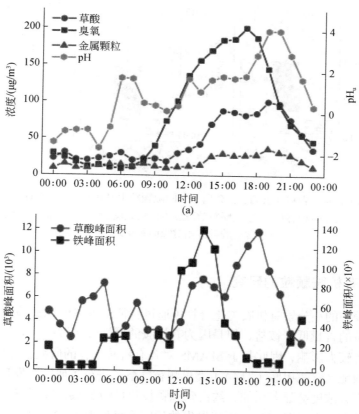

图 5-10　（a）2014 年 7 月 28 日至 8 月 1 日 O₃ 浓度、草酸颗粒、HM 颗粒和原位 pH 值昼夜变化；（b）2014 年 7 月 28 日至 8 月 1 日在含重金属草酸颗粒中铁（$m/z=56$）和草酸（$m/z=-89$）的峰面积的昼夜变化[282]

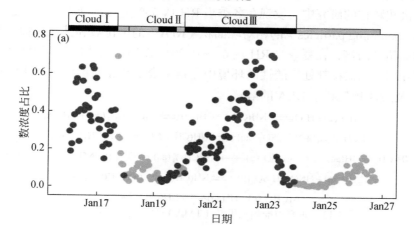

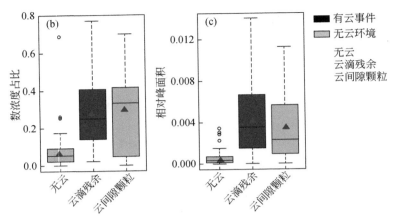

图 5-11　（a）含草酸颗粒在云滴、云残留、云间隙颗粒中时间变化（1 小时分辨率）；（b）在
云滴、云残留、云间隙颗粒中含草酸颗粒数浓度占比箱式图；（c）在云滴、云残留、云间隙颗
粒中含草酸颗粒相对峰面积箱式图[284]

5.3.2　含有机胺颗粒的研究

　　气溶胶中的小分子有机胺类化合物可通过特征峰被 SPAMS 检测到，虽然小分子有机胺的含量低于铵盐，但是因为有机胺的碱性强于铵盐，对气溶胶的成核与吸湿性有较大影响，因此基于 SPAMS 对含有机胺颗粒的研究已有报道。Zhang 等对珠三角地区含三甲胺（TMA）类单颗粒气溶胶进行了研究，发现含 TMA 类单颗粒在雾天浓度会显著增加，约占到总颗粒数目的 35%，表明雾天会有力促进 TMA 的气固分配过程，TMA 可能发生的反应途径见图 5-12，且雾天 TMA 与硫酸盐和硝酸盐的相关性显著高于铵盐，胺盐颗粒中含有大量的硫酸盐和硝酸盐表明在广州地区雾天中酸碱化学和气固分配起着重要的作用[285]。Chen 等对重庆地区含有机胺颗粒的研究中，发现在冬季当 RH 从 35% 上升到 95%，含二乙胺颗粒（DEA-containing particles）的相对峰面积（RPA）的中位数和其在总颗粒数中的占比增加超过两倍，在夏季当 RH 从 60% 到 90% DEA 的平均 RPA 的增加达 3 倍（图 5-13），且颗粒都处于酸性的环境中，结果表明高相对湿度有利于颗粒吸收 DEA 以及酸性颗粒利于 DEA 的溶解[286]。

$$N(CH_3)_3(g) + H_2O \rightleftharpoons NH(CH_3)_3 \cdot OH(aq) \rightleftharpoons NH(CH_3)_3^+(aq) + OH^-(aq)$$

$$NH(CH_3)_3^+(aq) + NO_3^- / SO_4^{2-}(aq) \rightleftharpoons NH(CH_3)_3NO_3(s) / [NH(CH_3)_3]_2SO_4(s)$$

$$NH(CH_3)_3 \cdot OH(aq) + NO_x(g) / SO_2(g) \longrightarrow NH(CH_3)_3^+(aq) + NO_3^-(aq)(+NO_2^-(aq)) / HSO_3^-(aq)$$

$$N(CH_3)_3(g) + HNO_3 / H_2SO_4(g) \rightleftharpoons NH(CH_3)_3NO_3(s) / [NH(CH_3)_3]_2SO_4(s)$$

$$N(CH_3)_3(g) + H^+(aq) \longrightarrow NH(CH_3)_3^+(aq)$$

图 5-12　研究中推测三甲胺（TMA）发生反应的途径[285]

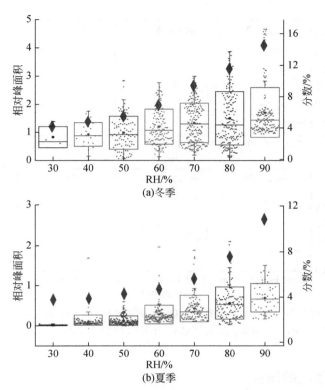

图 5-13　冬季（a）和夏季（b）不同 RH 条件下 DEA 相对峰值面积箱式图。方框表示 25% 和 75%，每个数据点表示一小时内的 RPA 数据平均值。每个面板的右轴和蓝色菱形显示了整个 SPAMS 数据集中含有机胺颗粒的分数[286]

　　周振团队在珠三角地区中对含有机胺颗粒的季节性研究，发现胺、硫酸盐、硝酸盐有强烈的相关性，含有机胺颗粒中富含硫酸盐、硝酸盐，在冬夏季含有机胺颗粒中超过 90% 的颗粒与硫酸盐混合，表明可能形成硫酸铵盐和硝酸铵盐；相比于铵盐在含胺颗粒中的丰富度，胺在含胺颗粒中的丰富度更高，可能是夏季高 RH 下胺-铵的交换反应所导致[287]。含有机胺颗粒的形成除了通过气固分配进入颗粒相中，也可以被 OH 自由基、NO_3 自由基和 O_3 氧化后凝结或进一步氧化形成挥发性物质。Lian 等在广州城市对含有机胺颗粒的季节变化和 TMA 的氧化情况进行探究，发现大量的 TMA 被氧化成氧化三甲胺（m/z=76, trimethylamine oxide, TMAO），含 TMA 颗粒数浓度与含 TMAO 颗粒数浓度具有正相关性，在 OC-K 颗粒中 TMAO 与 TMA 峰面积的比值随着 RH 上升、O_3 下降而上升，见图 5-14，表明 TMAO 的形成可能是通过夜间的 NO_3 氧化过程或者液相氧化而不是光化学氧化[288]。

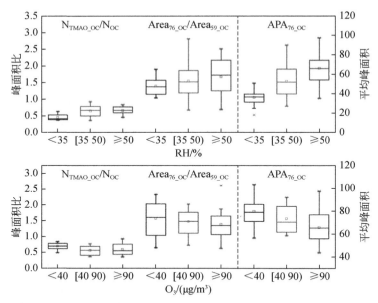

图 5-14　2013 年秋季不同 RH 和臭氧浓度下 OC-K 颗粒 TMAO（N_{TMAO_OC}/N_{OC}）、TMAO 和 TMA 峰面积比（area$_{76\_OC}$/area$_{59\_OC}$）、TMAO 平均峰面积（APA$_{76\_OC}$）的箱式图[288]

5.3.3　含碳颗粒的研究

　　含碳类型的单颗粒在气溶胶中的占比较高，对于各类含碳类型单颗粒的研究报道也有许多。Bi 等对珠三角地区生物质燃烧类（BB）单颗粒气溶胶进行了详细的分析，发现超过 90% 的 BB 类颗粒都与二次无机组分和 EC 内混合，经历了显著的大气老化过程，且相比于其他类型的颗粒，BB 类颗粒含有更多的硝酸盐[289]。Zhang 等对珠三角地区春季和秋季含碳类型的单颗粒气溶胶进行了分析，详细探讨了不同类型含碳单颗粒的化学组成、粒径分布及混合状态，在春季和秋季含碳颗粒与二次组分的分析中发现秋季更多的辐射利于光化学反应形成硫酸盐和氧化的有机物[253]，此外，他还对鹤山含 EC 类单颗粒气溶胶进行了研究，EC 类单颗粒约占到总颗粒的 33%，与二次无机离子混合程度超过 80%，与氧化有机物的混合程度也达到 69.6%，且 EC 类单颗粒呈双峰分布，二次过程在 EC 凝结模态和液滴模态中的表现不同，小于 0.5 μm 的积聚模态可能是新鲜排放的 EC 单颗粒经光化学过程老化所致[290]。Lin 等首次对广东南岭山顶云滴颗粒的化学组成与混合状态进行了研究，在云残留的 9 种颗粒类型中，老化的 EC 类颗粒占比最高（49%），其次是富钾类颗粒（34%），老化的 EC 颗粒主要来自北方的气团，富钾类的颗粒则来自南方的气团[254]。Zhang 也对该观测活动中 BC 类单颗粒的混合状态和云内清除过程进行了研究，多数 BC 颗粒都和硫酸盐内混合并通过形成云滴而去除，且如果和有机物的混合程度增强则会降低 BC 活化成为云滴被去除的能力[291]。王安侯等在广东南岭地区对异戊二烯参与形成的有机硫酸酯类单颗粒进行了研究，与气相条件的结合分析中发现，其与 O_3 的变化趋势有相关性，且环境湿度大于 90%和温度低于 18℃时更有利于有机硫酸酯的形成[292]。黄子龙等研究华北乡村站点的大气 EC 颗粒物的混合特征，发现硫酸盐在 OC、EC 颗粒中的信号较其他类型颗粒强，硝酸盐在无机离子型的颗粒比硫酸盐强，认为硫酸盐通过液相氧化过程生成而硝酸盐来自气固分配和与阳离子反应，两者的形成过程的差异导致了在不同颗粒中信号的强弱[293]。周振团队分析了广州城市站点碳质单颗粒的多样性和混合状态，在所有被检测到的单颗粒中碳质颗粒的占比接近 75%，通过分析老化元素碳颗粒（EC-aged）在总颗粒数中昼夜变化（图 5-15）表明 EC-aged

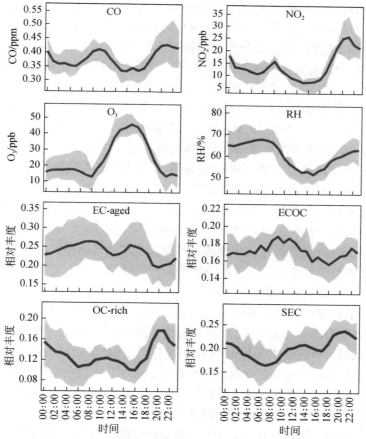

图 5-15　在整个采样期间四种碳质颗粒在总检测颗粒中的相对丰度、环境中 CO、NO_2 和 O_3 浓度以及相对湿度（RH）的昼夜变化，阴影部分代表 75%和 25%[294]

的形成与汽车尾气中新鲜的 EC 颗粒的老化过程密切相关，EC-aged 颗粒中有机物的进一步富集导致了 ECOC 颗粒的生成，EC-aged 和 ECOC 在白天的产量比夜间高，表明光化学反应在生成碳质颗粒中扮演着重要的角色；光化学活动和非均相反应生成硝酸盐的能力增强导致 OC-rich 和 SEC 颗粒的增加[294]。

5.3.4　含金属颗粒和海洋气溶胶颗粒的研究

　　SPAMS 可有效检测气溶胶中的各类金属元素，因此对含特定金属元素的单颗粒气溶胶也有许多研究报道。Ma 等对北京市大气中含 Pb 颗粒进行了分析，比较了清洁天、灰霾天、沙尘天含 Pb 颗粒的特征，在灰霾天含 Pb 颗粒的数浓度最高，气象条件对含 Pb 颗粒的化学组分影响显著，燃煤、沙尘、垃圾焚烧都是气溶胶粒子中 Pb 的可能来源，沙尘天和灰霾天硝酸盐在含 Pb 颗粒中占主导地位，尤其是灰霾天，人为灰霾天更有利于 NO_x 向 NO_3^- 的转换[275]。Cai 等对北京重霾期含 Pb 颗粒的来源做了解析，认为燃烧源和钢铁工业是 Pb 最重要的一次来源，而在灰霾天含 Pb 颗粒中含有大量二次无机离子[295]。Zhao 等对厦门市春季期间及春节后大气中含 Pb 单颗粒进行了对比研究，春节期间含 Pb 颗粒浓度显著低于春节后，主要是因为各类排放源在春节期间强度减弱，春节后含 Pb 颗粒数浓度与 NO_2 和 SO_2 的浓度同步增加，NO_2 和 SO_2 导致大量的二次硝酸盐和硫酸盐颗粒的生成，来自工业源和其他人为源排放的含 Pb 颗粒增多是主要原因[296]。Zhang 等对含铁单颗粒在上海地区的分布特征进行了观测，发现含铁单颗粒可占到总单颗粒的 1% ~ 15%，主要来自钢铁工业和燃烧源，并发现铁与硫酸盐和硝酸盐呈内混合状态，而不同来源的含铁颗粒会导致不同的大气行为，二次酸性物质会受到单颗粒化学组成的影响从而会影响溶解度[297]。Qin 等对南京市大气中含 11 种重金属类的气溶胶粒子进行分类研究，并评估了各类含金属元素单颗粒的主要来源，各类重金属主要来源于工业排放、生物质燃烧、交通排放、化石燃料燃烧和矿尘，每种重金属的来源既有差异性又有相似性[298]。

　　海洋气溶胶是全球气溶胶的重要组成部分，来源、理化性质复杂，沿海地区人为污染物和海洋气溶胶的混合对于海洋气溶胶的理化性质影响很大，通过 SPAMS 的观测可研究受人为源影响下海洋气溶胶的化学组成与混合状态的变化，对研究海洋气溶胶对气候效应的影响有重要意义[299]。颜金培等在厦门岛沿海地区的观测中，发现不同类型的单颗粒气溶胶有明显的粒径分布特征，且同时受到海盐气溶胶的影响和城市人为污染物排放的影响；在此研究中二次有机颗粒组分占比随粒径分布的变化较小（图 5-16），这是由于海盐气溶胶表明的多相反应或者光催化反应生成的气溶胶的机理不同[300]。此外，他通过走航观测对南海海上气溶胶进行分析，发现近海岸的气溶胶受人为污染源影响严重，距离海岸越远，单颗粒气溶胶含有的海洋生物气溶胶越多[301]。他还研究了台风影响过程中厦门市的两次污染过程，对比了单颗粒气溶胶的主要类型和化学组分，台风到来前的污染过程中气溶胶以含钒-镍类型单颗粒为主，主要来自船舶排放及静稳天气下的累积；台风过程中的污染事件则以含钒-镍和扬尘颗粒为主，风向改变，风速增加，本地源和长距离输送均对气溶胶浓度增加有贡献；在研究中各种条件有利于多相反应和非均相吸收，导致元素碳、有机碳、富钒、富钾和粉尘颗粒中都富含二次有机组分[302]。

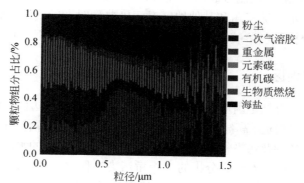

图 5-16 　厦门岛南部沿岸大气气溶胶颗粒组成相对含量分布[300]

李忠等也研究了厦门受台风影响下大气中单颗粒气溶胶的类型和来源，台风前后颗粒物浓度的升高，船舶排放和台风带来的颗粒物的传输导致台风前颗粒物的浓度不断上升，台风后汽车尾气的排放则是颗粒物浓度升高的重要原因，而雨水的清除导致颗粒物浓度的迅速下降，海盐颗粒和船舶排放的颗粒物中富含硫酸盐或者硝酸盐，表明这些的气溶胶经历了老化过程[303]。郑玫研究团队对黄海和渤海区域的海洋气溶胶进行了研究，分析了单颗粒气溶胶的类型与混合状态，探讨了海盐和人为源污染物对单颗粒气溶胶的影响[304a]。其中对黄海南部单颗粒气溶胶进行的分析，发现不论采样过程中是否受到海洋或陆地气团影响，人为源对海洋气溶胶的贡献不容忽视[304b]。后续对渤海和黄海大气中含氯单颗粒气溶胶开展了研究，发现渤海北部大气中氯的含量较高，黄海南部大气中氯亏损现象较为显著，颗粒相氯主要分布于粗模态的颗粒物中，渤海大气中含氯单颗粒不仅来自海洋源，还显著受到人为燃煤源和生物质燃烧源的影响，这些研究结果表明我国近海海域大气中氯的分布不均衡，且与人为源排放密切相关[305]。

5.4 　重污染过程研究

灰霾是我国大气污染的首要问题，许多研究围绕灰霾的形成、发展及消散过程开展，对灰霾天气下气溶胶的化学组成及形成机制进行了详细研究。但是大部分研究依靠滤膜采样分析，时间分辨率受到限制，气溶胶化学组分的在线测量主要通过气溶胶质谱（AMS）、在线离子色谱、在线碳分析仪及在线重金属分析仪器等，这些仪器仍然是对气溶胶整体进行测量得到各类化学组分的浓度。有别于这些仪器，SPAMS 虽然无法准确定量各类化合物的浓度，但是却可对单个气溶胶颗粒的各类化学组成直接分析，并据此得出不同化学组分的混合状态，这项优势让 SPAMS 在灰霾形成机制方面的研究得到了快速发展。本节总结了基于 SPAMS 在京津冀、长三角、珠三角和其他地区对污染典型时期的气溶胶化学组成和混合状态的研究，分析了气溶胶的主要来源及特定化学组分的形成机制。

5.4.1　京津冀地区

京津冀地区一直是全国灰霾研究的焦点，对于北京及周边区域的单颗粒气溶胶研究工作已有许多报道。高健等研究了北京重污染过程中单颗粒气溶胶的类型及来源，并结合气象条件及污染气体的观测数据，以及 PM$_{2.5}$ 中的水溶性离子，分析了灰霾形成的主要原因，在研究分析的 3 个重污染过程中 O$_3$ 与 NO$_y$、SO$_2$ 与 NO$_x$ 的关系以及单颗粒中 SO$_4^{2-}$、NO$_3^-$、NH$_4^+$ 的特征分析发现区域和光老化的气团以及与含新鲜排放的一次污染物的本地气团混合对第一个过程有重要的影响，北京或者周边地区生物质或者化石燃料的燃烧源对后两个过程有巨大的影响[238,306]，见图 5-17。

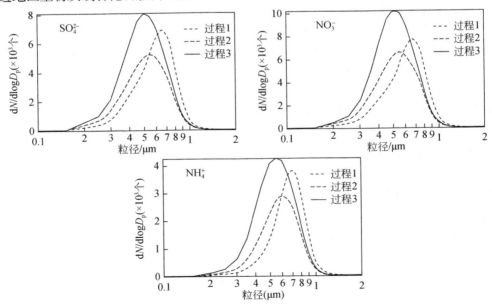

图 5-17　观测期间颗粒物中 SO$_4^{2-}$、NO$_3^-$、NH$_4^+$ 的粒径分布[238]

　　周振团队对比了北京清洁天、灰霾天和沙尘天大气颗粒物的化学组成和来源，在三种不同的天气状况中各类型的颗粒物都经历了老化过程，富含二次组分且富钾颗粒和碳质颗粒均占主导，在灰霾天富钾颗粒的占比较高且金属颗粒、二次组分较多[307]。刘浪等对北京大气重污染过程单颗粒气溶胶特征进行观测，对比了污染期和清洁期单颗粒的类型与混合状态，发现灰霾期 EC 类、OC 类和富钾类的颗粒数目会显著增多，且与二次无机组分的混合比例上升[308,309]。周静博等对石家庄灰霾天气单颗粒气溶胶进行了观测，分析了化学组成与混合状态，并结合气象条件探讨了该地区灰霾天气的成因，灰霾期间 OC 和 ECOC 在各类颗粒中的占比最多，与二次组分的混合程度上升，石家庄地区冬季燃煤、医疗或者化工行业过程等一次污染物、颗粒物的转化或积累，导致灰霾事件的发生[310]，此外还对石家庄受生物质燃烧影响的污染天气进行了观测，通过对单颗粒气溶胶和后向轨迹分析，认为本地排放和区域传输都对灰霾形成有重要贡献[311]，以及春冬季不同季节的气溶胶特征，冬春季灰霾天各类颗粒的含量不同，但是都会与二次气溶胶的混合程度加深（图 5-18）[312]。周振团队对郑州市中牟县冬季灰霾期与清洁期单颗粒的类型与化学组分进行了对比研究，发现从清洁期到灰霾期发展的过程中，气溶胶与硫酸盐和硝酸盐的混合程度显著增强，与铵盐的混合状态较弱，EC 类颗粒物从新鲜变为老化（图 5-19），对能见度降低有显著贡献[313]，该研究结论和黄子龙在另一华北乡村站点曲周县灰霾期的研究结果相同[293]。

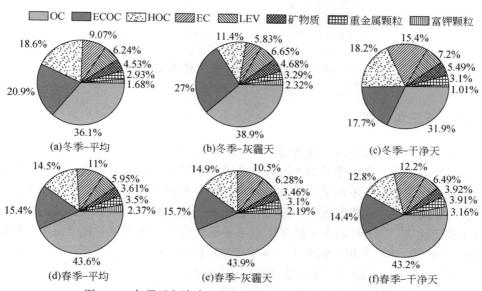

图 5-18　灰霾天和清洁天在春冬季大气颗粒物成分特征[312]

　　沙尘天气也是北方城市受到污染的主要原因之一。杨鹏等对石家庄受沙尘天气影响下单颗粒气溶胶的特征分析[314]。姜国等对郑州市沙尘过程中颗粒物的化学组成和来源分析，在研究过程中矿物质颗粒（SIO）在总颗粒类型中的占比达35.5%，其次是 EC 颗粒（30.3%）[315]。李思思等结合后向轨迹图对张家口市的沙尘颗粒和非沙尘颗粒的特征分析，沙尘期间沙尘颗粒与二次组分的混合程度较深表明颗粒与老化过程更加紧密，来自本地和外来源的矿尘颗粒对沙尘天气的影响较大[316]。

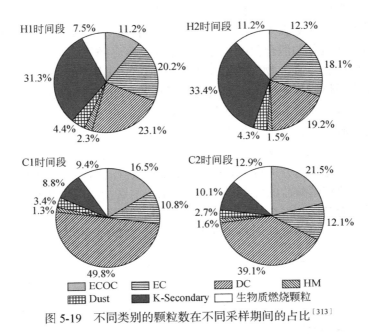

图 5-19　不同类别的颗粒数在不同采样期间的占比[313]

5.4.2　长三角地区

长三角区域也有许多研究通过 SPAMS 的观测结果对灰霾成因与颗粒物的化学特征做了报道。牟莹莹等对上海秋季灰霾期单颗粒气溶胶的组成与混合状态进行研究，发现灰霾天不同类型的气溶胶粒子都与硫酸盐和硝酸盐等二次组分的混合程度加深，且二次组分的信号增强，表明从清洁天到灰霾天新鲜排放的颗粒物会逐步老化[317]。王红磊等研究了南京市冬季灰霾期间单颗粒的化学组成与粒径分布，OC 类、EC 类和含硝酸盐及硫酸盐类颗粒数浓度在灰霾期都有显著的上升趋势，结合气象条件探讨了从清洁期到重霾期单颗粒气溶胶化学组分的变化过程，EC 类和富钾类单颗粒的数浓度与能见度都有较好的相关性（图 5-20），表明这些单颗粒对气溶胶整体的消光能力有重要贡献[318, 319]。

沈艳等分析了南京灰霾期大气气团的来源及单颗粒气溶胶的类型，探讨了灰霾形成的主要原因，不同气团颗粒的化学组分和粒径分布都具有差异，不同粒径段的颗粒对能见度的影响不一，0.2 ~ 2.1 μm 段的颗粒对其降低的效果较为显著[320]。胡睿等对南京雾和霾期间单颗粒气溶胶的类型进行了对比研究，雾和霾期间 OC 类颗粒显著下降，EC 类颗粒显著增加[321]。吴也正分析了苏州市两次的污染过程，在两次的污染过程中 OC 占比大于 EC，机动车尾气排放源、扬尘源和燃煤源是两次污染过程的重要来源[322]。Shen 等对第二届世界互联网大会（World Internet Conference，WIC）期间嘉兴市管控前后气溶胶化学组分与混合状态做了研究，此次管控主要针对机动车与工业源的排放，采取管控措施后，富钾类、含碳类及重金属类颗粒的数浓度都显著下降[323]，见图 5-21。陶士康等对嘉兴市重大活动管控前后的大气单颗粒气溶胶进行了观测，分析了不同管控阶段单颗粒的化学组成、混合状态和主要来源，并据此分析了管控措施对空气质量改善的影响，从 5 个不同过程的结果分析，污染过程中硝酸盐在 $PM_{2.5}$ 中的浓度和占比都有上升的趋势（图 5-22），管控阶段区域传输和本地排放的减少，$PM_{2.5}$ 浓度和空气质量都有改善[272]。

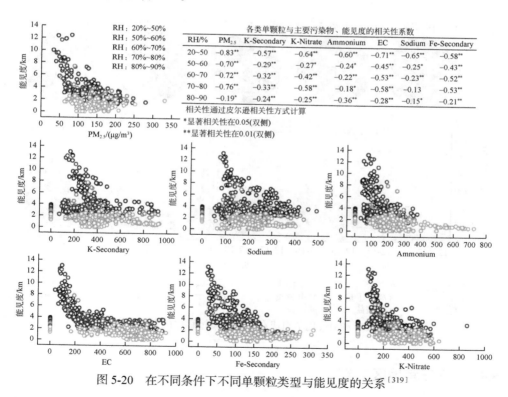

图 5-20　在不同条件下不同单颗粒类型与能见度的关系[319]

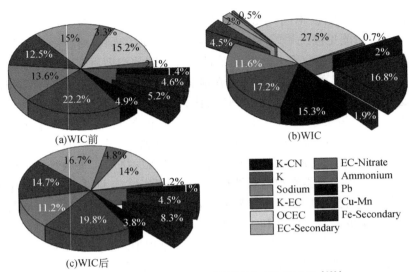

图 5-21　在三个观测阶段单颗粒类型的百分数[323]

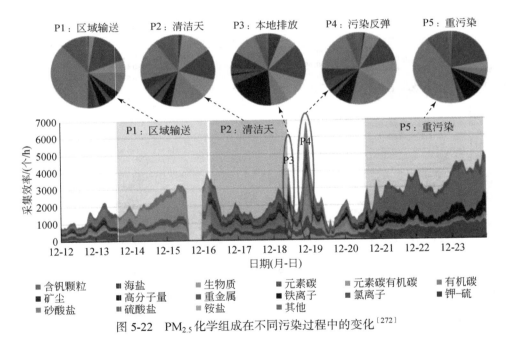

图 5-22　PM$_{2.5}$化学组成在不同污染过程中的变化[272]

5.4.3　珠三角地区

珠三角地区空气质量连年改善，灰霾天气的发生频率远低于京津冀和长三角区域，但是依然有研究对灰霾天的单颗粒特征进行分析报道。陈多宏等对鹤山不同天气类型下单颗粒特征进行分析，发现灰霾期 EC 类和富钾类单颗粒数目增加显著（图 5-23），且光化学反应和生物质燃烧都会对灰霾形成有促进作用，灰霾天、雨天和晴朗天不同天气情况的粒径差异显著，600 ~ 800 nm 颗粒对所研究的地区形成灰霾具有重要的作用[324]。

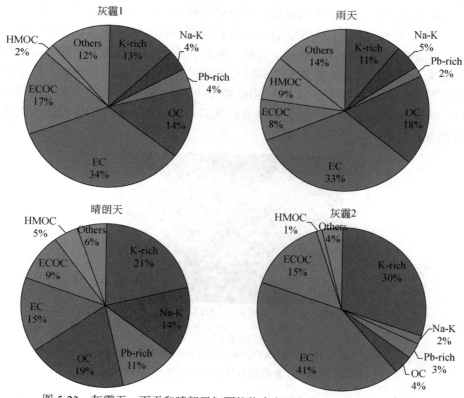

图 5-23　灰霾天、雨天和晴朗天细颗粒物中主要化学成分变化特征[324]

何俊杰等对鹤山灰霾期的单颗粒气溶胶进行了研究，分析了单颗粒气溶胶的类型及灰霾期主要增加的单颗粒类型和可能来源，对比了晴朗天与灰霾天颗粒中的二次成分，二次成分在灰霾天的混合程度加深，灰霾天硫酸盐、硝酸盐和铵盐更容易在颗粒上积累，同时富含碳和钾，生物质燃烧和颗粒物的老化对研究阶段的灰霾期具有重要的作用[325]，另外蒋斌等也对广东鹤山市旱季霾日、晴朗天、雨天不同天气下的单颗粒气溶胶特征进行分析中获得类似的结果，结果表明霾日含有更多的水溶性二次无机组分，霾日和晴天利于形成的二次组分类型不同[256]。周振团队分析了广州市矿尘类大气样品的质谱特征，矿尘类单颗粒占总颗粒数的8%，含碳颗粒和生物质燃烧颗粒在大气细颗粒中的占比较矿尘颗粒高，富含硝酸盐、硫酸盐等二次组分的特征离子，表明大气中矿尘颗粒老化状态较深[326]。王宇骏等对广州市秋季灰霾生消过程中单颗粒气溶胶的类型、化学组成及混合状态进行了研究，在污染天气下以 EC 和 ECOC 颗粒或者富钾颗粒为主，认为来自生物质燃烧的污染物在不利的气象条件下逐步老化是灰霾形成的重要原因[309]。吴鉴原等对汕头市金平区的重污染过程中成分和过程来源的分析，污染前期和高污染时段由燃煤排放的有机碳占主导，污染后期机动车尾气排放的元素碳的占比上升[327]。刘文彬则利用 SPAMS 结合激光雷达观测和后向轨迹模型对广州市春季沙尘天气的单颗粒气溶胶特征进行了分析，通过含有硅酸盐与扬尘示踪物的单颗粒在沙尘天气前与过程中的对比（图 5-24），发现广州市受长距离传输沙尘粒子影响显著[328]。Bi 等在珠三角地区首次利用 SPAMS 实时监测大气中单个气溶胶的挥发性，发现在灰霾时期 EC 颗粒的挥发性的降低可能与高低挥发性物质的生成和大气的氧化能力有关[278]。

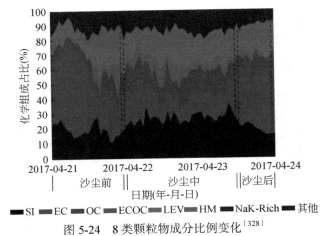

图 5-24　8 类颗粒物成分比例变化[328]

臭氧污染等在珠三角地区的关注越来越广泛。周振团队对鹤山市高臭氧浓度和低臭氧浓度下对单颗粒气溶胶的化学组成影响，高臭氧时段有利于硝酸盐、硫酸盐、$^{59}CH_3CO_2^-$ 和 $^{73}C_2HO_3^-$ 数浓度的增加且呈现日变化特征，表明在高臭氧时段二次组分会增加[329]。

5.4.4　其他地区

除了京津冀、长三角和珠三角的大量研究，国内其他区域也报道了利用 SPAMS 对灰霾和生物质燃烧等污染天气下气溶胶特征的研究。Xu 等对南宁市冬季灰霾期的单颗粒类型进行了研究，其中含钒颗粒可以作为区域输送的工业源排放示踪物，含 Ca-EC 类颗粒可作为当地机动车排放源的代表，多环芳烃类颗粒作为本地燃煤电厂的示踪物，通过灰霾期和清洁期的对比，研究了本地源和区域输送对灰霾形成的贡献[330]。刘慧琳等对南宁市一次污染过程的分析，生物质燃烧源表明颗粒物与二次组分混合程度增加，生物质燃烧源对此次污染过程贡献最大，且来自长距离传输的生物质燃烧源排放的颗粒物在污染期显著增加[257]。Chen 等对黄山生物质燃烧期间的气溶胶粒子进行了研究，KEC 和 KSec 两类粒子占总颗粒数目的 74%，生物质燃烧示踪离子 K^+ 存在于各类研究的颗粒中，结合后向轨迹分析的结果，认为北方气团对生物质燃烧污染物的传输贡献最大[331]。Chen 等对西安冬季灰霾期单颗粒的组成与混合状态进行了研究，96%的颗粒都是含碳类型的气溶胶，并与二次组分混合程度较深，颗粒物主要来自燃煤、生物质燃烧和机动车尾气等燃烧源，冬季低温对有机物的气固分配影响显著，且灰霾期相对湿度的增加导致颗粒物更容易老化，在天气稳定、$PM_{2.5}$ 浓度较高时，KSec 和 NaKSec 等老化颗粒的含量上升[332]，此外他还对重庆居民制作熏肉时期的单颗粒气溶胶进行了研究，发现 93%的气溶胶粒子来自生物质燃烧，通过生物质燃烧源样品的采集和分析，发现实际大气中单颗粒的化学特征与源样品的类似，认为该时期灰霾天气的形成除了静稳天气的存在，还有来自生物质燃烧排放的颗粒不断老化所致[333]。Lu 等对高肺癌发病地区宣威的燃煤源气溶胶进行了研究，重点分析了含碳类型颗粒和富含多环芳烃颗粒的粒径、化学组成与混合状态，煤炭的碳氢化合物对生成含碳类型颗粒和多环芳烃颗粒有重要作用，对解析该地区肺癌的发病提供了数据支持[334]。

综上，利用 SPAMS 开展气溶胶相关的大气物理化学研究越来越多，单颗粒质谱技术已经成为气溶胶研究的有效工具，我们统计了 SPAMS 自研发以来历年发表的论文数量（图 5-25），自 2005 年开始逐年增加，2015 年后增速很快直到 2021 年达到最高 68 篇，截止到统计时间一共发表 413 篇，预计未来会有更多基于 SPAMS 的论文发表。

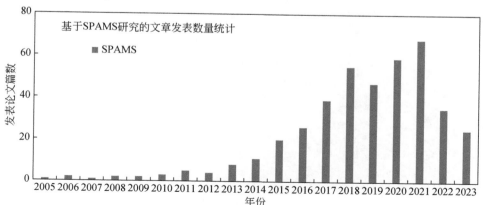

图 5-25　基于 SPAMS 研究历年发表论文数量统计

5.5　本　章　小　结

（1）通过 SPAMS 获得不同类型单颗粒与颗粒物中包含的化学组分的混合状态，以及颗粒物的粒径分布，对研究颗粒物的来源和形成过程有十分重要的意义。在不同地区的观测研究，颗粒的类型和混合状态需结合地区的特点进行分析。

（2）基础观测活动对地区的污染管控与治理提供了技术的支持，除了日常的观测，还有重大活动、突发事件的观测和颗粒物其他理化性质（密度、挥发性等）的研究。

（3）通过 SPAMS 可以将大气中某些特定类型的气溶胶粒子挑选出来（ART-2a 分类或者直接根据质谱图的特征峰对整体颗粒物提取），研究了含草酸颗粒、含有机胺颗粒、含碳颗粒和其他颗粒来源和混合状态，并进一步研究在不同的条件下各类颗粒的形成机制。

（4）分析基于 SPAMS 在京津冀、长三角、珠三角和其他地区对污染典型时期（灰霾期、生物质燃烧、沙尘期等）的气溶胶化学组成和混合状态的研究，探究气溶胶的主要来源及特定化学组分的形成机制。

第 6 章　动态来源解析展望

除了单颗粒在线质谱之外，还有其他在线观测设备，可以丰富在线观测手段；以及一系列源解析受体模型，为大气颗粒物在线解析技术提供必要的技术支撑。本章节将分别从在线仪器、源解析受体模型等方面进行介绍。

6.1　颗粒物质量及化学组分浓度在线分析仪器

6.1.1　颗粒物质量浓度

Beta 射线仪（BAM）：利用 Beta 射线衰减的原理，环境空气由采样泵吸入采样管，经过滤膜后排出，颗粒物沉淀在滤膜上，当 β 射线通过沉积颗粒物的滤膜时，Beta 射线的能量衰减，通过对衰减量的测定便可计算出颗粒物的浓度[335, 336]。Beta 射线吸收技术自 20 世纪 60 年代以来一直用于高时间分辨率的大气气溶胶监测[337]。在 Beta 射线仪中，设计了气溶胶收集系统，将颗粒物分离成不同粒径的组分。利用高效玻璃纤维过滤器分离出粗粒径颗粒物，收集细粒径颗粒物；然后用硅表面屏障探测器检测粒子，该探测器使用 ^{14}C 或 ^{85}Kr 作为 β 粒子的来源[338, 339]。BAM 的典型精度约为 4 μg/m³，典型精度约为 11%[339]。当配备适当尺寸的颗粒物进样口时，Beta 射线仪每小时的质量浓度测量结果与滤膜测量结果相当[340]。

微量振荡天平法（TEOM）是另一种测量 $PM_{2.5}$ 质量的方法。在微量振荡天平质量传感器内使用一个振荡空心锥形管，在振荡端安装滤膜，振荡的频率取决于锥形管特征和质量[341]。当采样气流通过滤膜时，颗粒物沉积在滤膜上，导致滤膜的质量产生变化，进而导致振荡频率发生变化。通过振荡频率的变化计算出滤膜上颗粒物的质量，再根据流量、环境温度和气压计算该时段颗粒物的质量浓度，浓度测量间隔可以高达 2 秒[342]。

6.1.2　碳组分分析

目前在线监测碳质气溶胶的商品化仪器主要有气溶胶质谱仪、单颗粒黑碳光度计、黑碳仪和在线 EC/OC 分析仪等[343]。美国 Sunset 实验室生产的在线 EC/OC 分析仪是广泛使用的仪器，用于小时分辨率的总碳（TC）、有机碳（OC）和元素碳（EC）的原位测量。其测得的 EC 值与黑碳仪和单颗粒黑碳光度计具有较好的可比性；测得的 OC 值与美国 Aerodyne 公司生产的气溶胶质谱仪测得的 OM 值相关性较好。EC/OC 分析仪中 OC 和 EC 通常使用光学方法测定。其中 TC 是通过热光学方法确定，光学 EC 是通过测量样品的吸光度直接确定的，光学 OC 是通过将 TC 减去光学 EC 得到的。Bauer 等[344]研究了两台 Sunset OCEC 分析仪，以确定单元之间的合并相对标准偏差（RSD）。他们发现，TC、光学 OC、光学 EC 的混合 RSD 分别 4.9%、5.6%、9.6%。结果表明，仪器之间具有良好的精度。Bae 等[345]使用 Sunset OC/EC 分析仪对细颗粒中 TC、OC 和 EC 进行分析，测量结果与离线测量结果吻合良好。当在一天内测量 20 小时的大气颗粒物时，OC/EC 分析仪分析的 TC 与离线分析的 TC 线性回归系数（R^2）为 0.89，回归斜率为 0.977±0.02。但是，在 Sunset OC/EC 分析仪中，来自非色散红外（NDIR）激光的过大噪声会导致 OC 和 EC 检测性能的降低。因此，Bauer 等[344]建议应该使用"更安静"的 NDIR 激光器和探测器来提高 Sunset OC/EC 分析仪的精度。

当气溶胶浓度较高时，在线 EC/OC 分析仪测量结果的不确定性增大[346]。这是因为高浓度碳质气溶胶会使分析仪的激光信号值回到初始值的时间延迟，使激光校正的 OC 碳化值偏大，进而导致 EC 的最终结果偏低。此外，在线 EC/OC 分析仪通常在石英膜采样之前，安装有机物平行扩散管吸附以消除挥发性有机物，这可能破坏颗粒物表面的气固平衡，当采样时间较长时，造成后续石英膜上半挥发性有机物挥发，影响 OC 的实际浓度。这种效应在气溶胶高浓度时更加明显。对于有机物种，可采用热解吸-气相色谱-质谱联用的方法，这是一种处理时间短的半在线方法。它不仅可以用于测定水样中的有机污染物，也可以用于环境空气污染物的测量[50]。

6.1.3　元素分析

大气颗粒物中包含许多无机元素，如 Na、Al、K、Ca，Mn，Cr，Fe，Co，Ni，Cu，Zn，Sr 等[347]。在不同地点采集的样品中，可能存在较大差异，这对无机在线测量的仪器和分析方法具有挑战性。目前国内外大气无机元素连续在线监测技术主要有 X 射线荧光光谱（XRF）、SPAMS、电化学分析和激光击穿光谱等[347,348]。其中，XRF 技术已被证明是准确、快速、无损的，能够实现高时间分辨率，而不需要预处理样品。基于 XRF 技术开发了几种用于大气元素监测的仪器。其中，Xact 625 环境金属元素监测仪是一种半连续仪器，用于以小时分辨率定量测量 24 种金属元素。Hamad 等[349]使用 Xact 625 估算了夜间每小时的有毒金属浓度，与 ICP 数据的比较表明，Xact 625 测量的 10 种元素（S，K，Ca，Ti，Mn，Fe，Cu，Zn，Ba，Pb）的浓度与 ICP-OES 和 ICP-MS 测量的浓度具有极好的相关性（$R^2 \geqslant 0.95$）。此外，大气重金属监测系统（AMMS-100）是另一种在不同天气条件下对大气重金属进行长期连续监测的仪器[350]。当测量 Pb 和 Fe 时，AMMS-100 的相对误差低于 10%。但是，XRF 法的检出限偏高，目前尚无合适的颗粒物标准样品。我国大部分城市已开展大气重金属监测，包括来源、物理化学特征、迁移转化规律等。金属在线分析仪得到广泛应用，而仪器的灵敏度、稳定性和可靠性还有待提升[346]。

6.1.4　离子分析

蒸汽喷射气溶胶收集系统（the steam jet aerosol collector system，SJAC）[351] 和颗粒物-液体转换采集系统（the particle-into-liquid sampler system，PILS）[352] 是"湿"方法在线测量水溶性离子。其中，蒸汽喷射气溶胶收集器是在荷兰开发的，它首先通过蒸汽喷射使颗粒生长，然后收集生长的颗粒，采样效率为 99%[352]。该采样器可以测定四种主要的离子种类：NH_4^+，NO_3^-，SO_4^{2-} 和 Cl^-，检测限低于 0.7 $\mu g/m^3$。蒸汽喷射气溶胶收集器对铵根和硝酸根离子的检测限为 0.02 $\mu g/m^3$，时间分辨率为 15 min ~ 2 h，适用于不同的环境问题[351]。环境空气中在线气体组分及气溶胶监测系统（monitor for aerosols and gases in ambient air，MARGA）是配备 SIAC 的仪器之一，可以测量大气中小时时间分辨率的气态 HCl、HNO_2、SO_2、HNO_3、NH_3，以及气溶胶 Na^+、K^+、NH_4^+、Mg^{2+}、Ca^{2+}、NO_3^-、SO_4^{2-} 和 Cl^-。颗粒物-液体转换采集系统（PILS）使用双通道离子色谱仪来划分和分析气溶胶中的水溶性离子，包括 Cl^-、NO_3^-、SO_4^{2-}、Na^+、K^+、NH_4^+、Mg^{2+}、Ca^{2+}。时间分辨率为 7 min，检测限约为 0.1 $\mu g/m^3$。蒸汽喷射气溶胶收集系统（SJAC）和颗粒物-液体转换采集系统（PILS）的区别在于 PILS 只测量气溶胶成分，而 SJAC 也测量气相水溶性物质[353]。此外，在 SJAC 取样系统的基础上，开发了结合离子色谱的气态污染物和气溶胶在线检测装置（gas and aerosol collector，GAC）[354]。GAC 可以估算气相 HCl、$HONO$、HNO_2、SO_2、HNO_3、NH_3 和气溶胶中的 Cl^-、NO_3^-、SO_4^{2-}、Na^+、K^+、NH_4^+、Mg^{2+} 的浓度。与 AMS 相比，测量数据相关性很好，SO_4^{2-}、NO_3^- 和 NH_4^+ 的 R^2 约为 0.77 ~ 0.90[343]。此外，环境离子监测仪（the ambient ion monitor，AIM）是检测无机气体（NH_3、HCl、$HONO$、HNO_2、SO_2、HNO_3）和水溶性无机离子（Cl^-、NO_3^-、SO_4^{2-}、Na^+、K^+、NH_4^+、Mg^{2+}）环境浓度的另一种仪器[355, 356]。环境离子监测仪（AIM）具有较好的离子种类分离能力，可对不同离子进行准确定量测定。颗粒物首先进入一个旋风入口，然后经过一个 2.5 μm 的切割点，然后进入分离去除酸性和碱性干扰气体，随后将气流与过饱和蒸汽进一步混合形成水溶液，通过离子色谱仪检测颗粒物中出现的主要无机离子，包括 F^-、Cl^-、NO_2^-、NO_3^-、SO_4^{2-}、Na^+、NH_4^+、K^+、Mg^{2+} 和 Ca^{2+}[357]。环境离子监测仪（AIM）的检出限可低至 0.001 $\mu g/m^3$，具体取决于所测量的离子，适合于研究高时间分辨率的污染事件。

6.2　来源解析受体模型进展

6.2.1　传统受体模型法的原理及面临的挑战

1. 化学质量平衡（CMB）模型

1）原理

化学质量平衡模型（chemical mass balance，CMB）属于源已知类受体模型，需要知道详细的源类及其组成特征的信息，将源类和受体的信息同时纳入模型，利用质量守恒原理把实际大气颗粒物的浓度分配到不同的排放源中，估算各污染源对大气污染物的贡献量。在能够确定污染源排放特征和排放量的情况下，通常采用 CMB 受体模型分析颗粒物的主要来源。该模型具有如下假设：①各源类所排放的颗粒物的化学组成有明显的差别；②各源类所排放的颗粒物的化学组成相对稳定，化学组分之间无相互影响；③各源类所排放的颗粒物之间没有相互作用，在传输过程中的变化可以被忽略；④所有污染源成分谱是线性无关的；⑤污染源种类低于或等于化学组分种类；⑥测量的不确定度是随机的，符合正态分布。

在受体上测量的总物质浓度 C 就是每一源类贡献浓度值的线性加和，可以表示为[53, 358, 359]：

$$C_i = \sum_{j=1}^{J} F_{ij} \cdot S_j$$

只有当 $i \geqslant j$ 时，方程有解。源类 j 的贡献率为 $\eta = \dfrac{S_j}{C} \times 100\%$。其中 J 为排放源总数，i 为化学组分数目；C_i 为环境受体所测得的第 i 种浓度；F_{ij} 为第 j 个源中第 i 种的相对浓度；S_j 是第 j 个源的贡献。

2）面临的挑战

CMB 模型能够定量计算污染源对单个环境样品的贡献率，还不需要大量的环境数据，计算过程简单，在多数情况下可获得比较满意的结果。但由于模型较为严格的假设条件，应用时有其局限性：①模型依赖于建立全面准确的源成分谱，源谱组分尽可能选取寿命相对长且具有该污染源指纹意义的化合物，否则在用模型进行源解析时，很容易出现共线问题而无法区分这些共线源对大气污染物的贡献；②根据模型最基本的质量守恒假设，大多数活泼烯烃化合物和芳香烃不能作为拟合物种带入模式计算，这样对活性组分的来源估计会带来一定偏差；③模型不能解析 OVOCs 物种的来源。

因此，采用 CMB 模型进行源解析需要了解详细的 VOCs 源成分谱。然而排放源采样很难且成本较高，只有很少的源进行了采样。对于所需的某些特定污染源类别，可能并没有源谱数据，存在一定的局限性。

2. 正定矩阵因子分解（PMF）模型

1）原理

正定矩阵因子分析模型（positive matrix factorization，PMF）属于源未知类受体模型，不需要事先知道源的数量和成分谱的信息，它基于在同一受体上测得大量的数据（k 个样品），并对这些数据进行解析，从而推出源的数目和源的成分谱[360, 361]。在 PMF 中，数据矩阵 X（$i \times j$）由 G（$i \times p$）、F（$p \times j$）及 E 表示，即 $X=GF+E$。其中，G（$i \times p$）为源贡献矩阵；F（$p \times j$）为源成分矩阵；E 为残差矩阵；p 为提取因子的个数。PMF 模型根据不确定性将目标函数 Q 最小化，如下式[360]：

$$Q = \sum_{i=1}^{n} \sum_{j=1}^{m} (e_{ij} / \sigma_{ij})^2$$

式中，e_{ij} 为残差；σ_{ij} 为第 i 个样本中第 j 个物种的"不确定性"。

2）面临的挑战

PMF 模型利用受体的化学组成解析源谱和源贡献，单纯从数学角度寻找满足最小理论 Q 值的情况。其在计算过程中没有考虑实际源类的物理意义，导致被提取的因子与实际的污染源成分谱之间存在一定差异。因此可能会计算出无穷多解，这使得解析出的源谱无法对应到真实源类。

6.2.2　新型受体模型的发展

1. 新型 CMB 系列模型的发展

1）NCPCRCMB 模型

传统 CMB 对近共线性问题很敏感。化学上相似的源可能导致没有更具体的化学标记物的近共线性[358]，如果两个或多个源具有相似的成分分布，CMB 模型可能会得到负值的结果[362]。在对环境空气进行源的解析时，近共线性问题往往会影响解析过程，并可能导致不合理的结果（如负源贡献）。

NCPCRCMB（Nonnegative Constrained Principal Component Regression Chemical Mass Balance）模型采用有效方差加权主成分回归算法，在 CMB 迭代的过程中加入了主成分回归路线，同时添加非负限制，去除含有低特征值的因子，重组源谱信息，提高了源和受体的匹配程度，从而降低了源解析中共线性问题的影响[363]。

2）CMB-Iteration 模型

大气气溶胶是城市地区的主要污染物之一，含有大量的含碳物质。碳质物种通常分为两个主要部分：元素碳（EC）和有机碳（OC）[364, 365]。EC 本质上是一种主要污染物，是在化石和生物质碳质燃料不完全燃烧过程中直接产生的。有机碳可以在燃烧过程中直接释放，也可以从其他来源释放（称为一次有机碳，POC），或从涉及气态有机前体的大气化学反应中产生（称为二次有机碳，SOC）。目前缺乏直接测量 POC 和 SOC 的方法，使得 SOC 没有实测源谱。这给 CMB 模型的应用带来了一定的挑战。在没有 SOC 源谱信息的情况下，往往无法通过 CMB 模型获得 SOC 贡献。

对此，开发并应用了一种新的方法，称为 CMB 迭代法（Chemical Mass Balance-Iteration, CMB-Iteration），被用来估算环境颗粒物中的初级有机碳（POC）和二级有机碳（SOC）浓度。此外该模型还计算了 POC 和 SOC 的源贡献。对于每个源类别，不断计算估计的源贡献，直到达到迭代最小值，即，最后一步迭代时估计的源贡献与前一步迭代的比率小于 0.01[61]。

3）CMB-GC 模型

人类活动排放颗粒物的同时也会排放气体污染物，但常用的受体模型往往通过考虑 PM 的物理和化学特性，以确定源类别和分配它们的贡献，气体污染物并不包括在内。对此，改进的 CMB-GC 模型（Chemical Mass Balance Gas Constraint）是一种基于化学质量平衡气体约束-迭代的方法，并应用于 $PM_{2.5}$ 的源类型识别和源贡献估算。

CMB-GC（又称 CMB-LGO、CMB-Lipschitz 全局优化器）是 CMB 模型的扩展，其原理取决于 CMB 方法，都是以化学质量平衡法为基础的，通过确定颗粒物中的化学物种、来源及观测之间的关系来分析来源贡献。CMB-GC 模型以气体与颗粒物的比值为约束条件，考虑了源成分谱和受体数据集的不确定性，这是源解析的关键信息[366]。该模型使用 CMB 并引入环境气相污染物（SO_2，CO，NO_x）来约束结果，考虑了气体污染物，增加了对来源的辨别。污染源指示比率，包括 $SO_2/PM_{2.5}$、$CO/PM_{2.5}$ 和 $NO_x/PM_{2.5}$，被用作约束条件，这有助于识别可能有类似 $PM_{2.5}$ 排放但可能有明显不同气体排放的排放源。结合气体污染物的限制，可以得到更准确的结果。然而，CMB-GC 没有考虑源谱和受体数据的不确定性。

4）CMBGC-Iteration 模型

不确定性估计是源解析的关键参数，实践表明不确定性在很大程度上影响源解析的结果。受体数据的不确定度受环境采样、仪器、样品分析和数据处理等多种因素的影响。此外，源类别误差也会引起源谱的不确定性。不确定性是环境样本的一个重要参数，考虑不确定性后，模型结果更加稳定。

鉴于 CMB-GC 模型没有考虑环境数据的不确定性，因此基于其基本原理，从 CMB-GC 模型中衍生出一种改进的 CMBGC-Iteration（Chemical Mass Balance Gas Constraint-Iteration）模型。在迭代求解中考虑了环境数据集和源谱的不确定性，得到了收敛结果，使源解析结果更加稳定。

5）CMB-MM 模型

CMB-MM（molecular marker，有机示踪物）法[367, 368]指的是使用有机分子示踪物作为模型的拟合物种，能够识别出常规 CMB 法不易判别的一些特定的源类，如肉类烹饪、卷烟燃烧等。该模型利用气相色谱/质谱联用技术对每个站点的月复合样品中的有机化合物进行鉴定和定量，并作为 CMB 模型中的分子标记，进而识别源类别及贡献。

2. 新型因子分析类模型的发展

1）WALSPMF 模型

WALSPMF（Weighted Alternating Least Squares Positive Matrix Factorization）模型是在 PMF 模型的基础上开发的一种新型模型，其原理类似于二维 PMF（PMF2）。该模型首先利用 PCA 方法确定初始源成分谱和源贡献，通过对其进行非负限制，以提取正交因子；同时，利用加权交替最小二乘（WALS）法，通过以更恰当地处理数据的不确定性和避免噪声传播到估计参数[369]。这种 PMF 方法的变体模型既丰富了受体模型的解决方案，又提高了源解析结果的有效性。WALSPMF 作为国内自主研发的明码受体模型，大大地填补了国内科研工具的空缺。

2）PMF-源谱目标约束模型

PMF 模型基于大量统计学方法从受体数据中提取因子，计算过程中没有考虑实际源类的物理意义，导致被提取的因子与实际的污染源成分谱之间存在一定差异[370]，需要利用源谱信息对因子的拉伸进行约束，提高因子的物理意义。其中，PMF/ME2-SR 模型基于 PMF/ME2 科学计算平台，将污染源特征组分的比值作为提取过程的约束条件纳入模型，使得提取的因子更具物理意义[66]。该模型可以求解 PMF 模型中各种多线性和拟多线性问题，通过实施外部约束，使解析结果朝着目标值或比值拉伸因子元素[360, 371]。该模型在一定程度上使结果朝着更客观的实测源谱靠近，降低了 PMF 结果易受主观因素影响的不确定性。此外，偏目标转换因子分析类模型（PTT-PMF）是在 PMF/ME2 的基础上做出的进一步改进，它是一种将源成分谱数据纳入模型，通过部分目标转换方法实现的新型源解析模型[70, 370]。

3）三维因子分析模型

源解析技术用于了解颗粒物（PM）空气质量的重要来源的影响，并广泛用于科学研究和空气质量管理。通常，纳入受体模型的受体矩阵是从单个颗粒物采样点获得的，具有化学成分和时间周期两个维度。随着大规模监测网络的发展，颗粒物在城市地区的分布越来越广泛。对于这些情况，模型应该考虑颗粒物的三个因素或维度，包括化学物质浓度、采样周期和采样地点等信息。如三维受体模型 PARAFAC 的开发就是为了更好地从三维数据集中对信息进行分类，可描述为：

$$X_{m \times n \times k} = A_{m \times p} B_{p \times n} C_{n \times k}$$

式中，A 与源贡献有关；B 与源成分谱有关；C 是源对每个观测站点部分贡献的矩阵。其中，在源解析工作中，多点位 WFA3（multi-site three way weighted factor analysis）模型和三维多粒径因子分析模型可以分别对多点位及多粒径的三维数据集进行解析。

　　3. 多模型耦合的结合发展

　　对于中国的空气管理，需要确定某些种类的来源。然而，其中一些（如土壤灰尘、水泥等）可能彼此具有相似的轮廓。此外，由于天气条件的影响，粉尘、水泥等源的样本的时间序列贡献可能会得到较高的相关系数[372]。由于源谱之间的高度相似性，当只应用一个受体模型时，会产生几个问题。例如，共线性问题将导致在应用 CMB 模型时的产生负贡献；在应用 PMF 或 PCA 模型时，某些来源不会被分离出来。上述特点使得单一模型无法得到可行的源解析结果。因此，一种改进的 PMF（PCA/MLR）-CMB 的组合模型被提出，用来确定颗粒物的来源及其对颗粒物的平均贡献[60]。PMF 和 PCA/MLR 不需要对源的数量或其组成的先验知识[373]，还可以提取一些因素（源），根据不同的源标记确定为污染源[374]；而 CMB 模型可以利用源信息，得到相对准确的结果。PMF（PCA/MLR）-CMB 模型结合了 PMF（PCA/MLR）和 CMB 模型的特点，将优势发挥到最大。

　　除了受体模型间的耦合之外，很多研究将受体模型与其他模型（如气象）模型进行耦合，集成不同模型的优点，在计算源解析贡献的基础上，实现污染源来向解析、区域贡献解析等功能，如轨迹聚类分析、潜在来源贡献函数（PSCF）和再分布浓度场（RCF）等已经得到了发展和应用[375, 376]。在此基础上，源来向解析（Source Directional Apportionment，SDA）的新定量方法被提出[377]。SDA 模型结合了因子分析受体模型与轨迹聚类分析模型，可以定量研究各源类各方向的贡献以及源对化学物质的定向贡献。此外，采用来源区域解析（Source Regional Apportionment，SRA）方法将后轨迹模型与受体模型相耦合，进一步量化各区域各来源类别的贡献[378]。Dai 等[379]提出了扩散归一化的 PMF（Dispersion Normalized PMF，DN-PMF）模型，通过引入通风系数（ventilation coefficient，VC），降低了气象因素给源解析结果带来的干扰[380]。

6.2.3 单颗粒质谱的定量化

SPAMS 具有良好的定性能力[380]，可以实时提供大气颗粒物的质谱信息，显著优于离线采样分析，但它的定量分析能力尚待评估，这主要有三个方面的原因：①SPAMS 的测径激光频率固定（20 Hz），每秒测量的单颗粒数目有上限，如果大气环境中的颗粒物浓度很高，则会导致被检测到的颗粒占比降低[381]，影响统计结果的代表性，且不同时段 SPAMS 电离颗粒与测径颗粒的比例（打击率）也会有一定差异；②单颗粒中的化学组分被激光电离的过程会受到相互之间的基质效应影响，不同颗粒中的同一化学组分的响应信号可能会有差异[382]；③电离激光束的不均匀性[383]以及对不同化学物质的检测灵敏度不同[384]，例如对碱性金属（如 K+ 和 Na+）很敏感[372]，导致不同化学组分的定量系数不同。现有单颗粒定量化研究中，分别与 AMS [ ]、在线离子色谱 [ ]、OC/EC [ ]、离线滤膜采样结果等开展了对比研究，但尚未有统一结论，且研究结果随机性大，影响因素不一致。因此定量化的研究仍是未来 SPAMS 以及动态来源解析的重要发展方向[385]。

6.2.4 完整的集成数据平台

近年来，利用气溶胶质谱仪（AMS）和单颗粒气溶胶质谱仪（SPAMS）等多种仪器，以及其他在线颗粒物化学成分在线监测仪，进行颗粒物在线检测的趋势越来越多[386]。然而，每种技术都有自己的优势和劣势，迄今为止，还没有研究有效地结合所有主要的在线仪器。因此，在未来，不同的在线仪器应该集成到一个数据采集和质量控制的综合平台上，建立数据采集、数据质量检查的综合平台，以及源解析结果的在线验证系统，以获得更全面、更可靠的动态源解析结果[387]。

6.2.5 精细化来源解析

生态环境部指出问题精准、时间精准、区位精准、对象精准和措施精准这"五个精准"既是打赢污染防治攻坚战的内在要求，也是有效的方法和路径。现有的受体模型法多数情况下只能将污染源分类到大类源上，如移动源、生物质燃烧、燃煤、工业、扬尘等类别，而无法实现在大类源基础上进一步的污染源类别细分的分类解析，如尾气源可进一步分成汽油车、柴油车等类别，对颗粒物分类结果较为粗糙，导致测试的污染源解析结果不够精准。因此基于精细化的本地化源谱库，结合深度学习算法等机器学习算法，实现污染源的精细化来源解析，可以成为大气污染防治"五个精准"的重要技术支撑。

6.2.6　二次来源解析

现有基于在线单颗粒气溶胶质谱获得 PM$_{2.5}$ 源解析结果中，有一类是二次无机源，虽然有定量化的源解析占比，但是无法给出量化的针对该类源的管控方向。二次无机源主要来自一次气态污染物 SO$_2$、NO$_x$、NH$_3$ 等的转化，未来可结合源清单等结果对二次源重新分配。

6.2.7　多模型的耦合连用

颗粒物动态源解析技术面临的一个重要问题是如何准确、科学地对不同方法结果进行验证评估[388]。郑玫等[389]基于美国亚特兰大 PM$_{2.5}$ 多种源解析的研究为例，比较、分析了不同源解析模型结果的异同及其原因。机动车排放源、生物质燃烧源、燃煤源在 CMB-无机、CMB-MM 法、PMF、PMF-new 法、CMB-LGO、CMAQ 及 Ensemble model 方法中均有较大偏差。因此，有必要发展混合模型或复合模型进行源解析研究，来克服共线性、气象因素及二次过程等的影响，为颗粒物源解析方法的综合验证提供了更好的工具。

参 考 文 献

［1］唐孝炎, 张远航, 邵敏, 等. 大气环境化学(第二版)［M］. 北京: 高等教育出版社, 2006.

［2］周秀骥, 陶善昌, 姚克亚. 高等大气物理学［M］. 北京: 气象出版社, 1991.

［3］葛茂发, 佟胜睿. 大气化学动力学［M］. 北京: 科学出版社, 2016.

［4］IPCC. Climate change 2013: The physical science basis, by intergovernmental panel on climate change(IPCC)［M］. Cambridge University Press, 2013.

［5］Seinfeld, JohnH. Atmospheric chemistry and physics : From air pollution to climate change［M］. New York: Wiley, 2006.

［6］Houghton J T. IPCC(intergovernmental panel on climate change)［J］. The Science of Climate Change, 1986.

［7］Gieré R, Querol X. Solid particulate matter in the atmosphere ［J］. Elements, 2010, 6(4): 215-222.

［8］Whitby K T. The Physical Characteristics of Sulfur Aerosols Sulfur in the Atmosphere［M］. Elsevier, 1978: 135-159.

［9］Nagamoto C T, Parungo Farn P, 吴兑. 美国科罗拉多州云水、雨水和气溶胶样品的化学分析［J］. 气象科技, 1990(3): 4.

［10］吴兑, 陈位超. 广州气溶胶质量谱与水溶性成分谱的年变化特征［J］. 气象学报, 1994(4): 499-505.

［11］Malm W C. Spatial and monthly trends in speciated fine particle concentration in the united states ［J］. Journal of Geophysical Research, 2004, 109(D3): D03306.

［12］Bell M, Ebisu K, Dominici F. Spatial and temporal variation in $PM_{2.5}$ chemical composition in the united states ［J］. Palaeontology, 2006, 58(1): 133-140.

［13］Landis M S, Patrick Pancras J, Graney J R, et al. Source apportionment of ambient fine and coarse particulate matter at the fort mckay community site, in the athabasca oil sands region, alberta, canada ［J］. ENCE of the Total Environment, 2017, s 584–585: 105-117.

［14］Querol X, Alastuey A, Ruiz C R, et al. Speciation and origin of PM_{10} and $PM_{2.5}$ in selected european cities ［J］. Atmospheric Environment, 2004, 38(38): 6547-6555.

［15］Suzuki I I Y, Dokiya Y. Two extreme types of mixing of dust with urban aerosols observed in kosa particles: 'After' mixing and 'on-the-way' mixing ［J］. Atmospheric Environment, 2010, 44(6): 858-866.

［16］Rastogi N, Sarin M M. Long-term characterization of ionic species in aerosols from urban and high-altitude sites in western india: Role of mineral dust and anthropogenic sources ［J］. Atmospheric Environment, 2005, 39(30): 5541-5554.

［17］Nayebare S R, Aburizaiza O S, Siddique A, et al. Ambient air quality in the holy city of makkah: A source apportionment with elemental enrichment factors (EFS) and factor analysis (PMF)［J］. Environmental Pollution, 2018.

［18］杨绍晋, 陈冰如. 西太平洋近海层气溶胶的物理, 化学性质［J］. 科学通报, 1989, 34(2): 5.

［19］Lun X X, Xiaoshan Z, Yujing M, et al. Size fractionated speciation of sulfate and nitrate in airborne particulates in Beijing, China ［J］. Atmospheric Environment, 2003, 37(19): 2581-2588.

［20］Hu M, He L Y, Zhang Y H, et al. Atmospheric Environment: Seasonal variation of ionic species in fine particles at qingdao, china ［J］. 2002, 36(38): 5853-5859.

［21］Ye A B, A X J, A H Y, et al. Atmospheric Environment: Concentration and chemical composition of $PM_{2.5}$ in shanghai for a 1-year period ［J］. 2003, 37(4): 499-510.

［22］Wang G H, Wang H, Yu Y J, et al. Chemical characterization of water-soluble components of PM_{10} and $PM_{2.5}$ atmospheric aerosols in five locations of nanjing, china［J］. Atmospheric Environment, 2003, 37(21): 2893-2902.

［23］Cheng Z L, Lam K S, Chan L Y, et al. Chemical characteristics of aerosols at coastal station in hong kong. I. Seasonal variation of major ions, halogens and mineral dusts between 1995 and 1996［J］. Atmospheric Environment, 2000, 34(17): 2771-2783.

［24］张小曳, 孙俊英, 王亚强, 等. 我国雾-霾成因及其治理的思考［J］. 科学通报, 2013, 58(13): 1178-1187.

［25］Cheng Z, Luo L, Wang S, et al. Status and characteristics of ambient $PM_{2.5}$ pollution in global megacities［J］. Environment International, 2016, 89-90(apr.may): 212-221.

［26］吴兑. 探秘 $PM_{2.5}$［M］. 北京: 气象出版社, 2013.

［27］Dentener F J, Carmichael G R, Zhang Y, et al. Atmospheres: Role of mineral aerosol as a reactive surface in the global troposphere［J］. Journal of Geophysical Research, 1996, 101(D17): 22869-22889.

［28］刘立. 东莞/武汉城市大气颗粒物的理化特性与来源解析［D］. 武汉: 华中科技大学, 2016.

［29］邓小文, 冯银厂, 陈魁. 大气颗粒物精细化源解析技术研究及应用［M］. 北京: 中国环境出版集团, 2018.

［30］唐孝炎, 张远航, 邵敏. 大气环境化学(第 2 版)［M］. 北京: 高等教育出版社, 2006.

［31］Murphy D M, Chow J C, Leibensperger E M, et al. Decreases in elemental carbon and fine particle mass in the United States［J］. Atmospheric Chemistry and Physics, 2011, 11(10): 4679-4686.

［32］王跃思, 李文杰, 高文康等. 中国科学: 地球科学: 2013～2017 年中国重点区域颗粒物质量浓度和化学成分变化趋势［J］. 2020, 50(4): 453-468.

［33］李红, 彭良, 毕方, 等. 我国 $PM_{2.5}$ 与臭氧污染协同控制策略研究［J］. 环境科学研究, 2019, 32(10): 1763-1778.

［34］An Z S, Huang R J, Zhang R Y, et al. Severe haze in northern china: A synergy of anthropogenic emissions and atmospheric processes［J］. Proceedings of the National Academy of Sciences, 2019, 116(18): 8657-8666.

［35］Huang R J, Zhang Y L, Bozzetti C, et al. High secondary aerosol contribution to particulate pollution during haze events in china［J］. Nature, 2014, 514(7521): 218-222.

［36］Liu Y H, Ding H, Chang S t, et al. Exposure to air pollution and scarlet fever resurgence in china: A six-year surveillance study［J］. Nature Communications, 2020, 11(1): 4229.

［37］Peng J F, Hu M, Shang D J, et al. Explosive secondary aerosol formation during severe haze in the north china plain［J］. Environmental Science & Technology, 2021, 55(4): 2189-2207.

［38］Zhang Q, Zheng Y X, Tong D, et al. Drivers of improved $PM_{2.5}$ air quality in china from 2013 to 2017［J］. Proceedings of the National Academy of Sciences, 2019, 116(49): 24463-24469.

［39］戴树桂, 朱坦, 曾幼生, 等. 从元素组成看渤海、黄海海域大气气溶胶的特征与来源 海洋环境科学［J］. 海洋环境科学, 1987, (3): 9-13.

［40］陈宗良, 张孟威, 徐振全, 等. 北京大气颗粒有机物的污染水平及其源的识别［J］. 环境科学学报, 1985, (1): 38-45.

［41］张远航, 唐孝炎, 毕木天, 等. 兰州西固地区气溶胶污染源的鉴别［J］. 环境科学学报, 1987, (3): 269-278.

［42］Li M, Liu H, Geng G, et al. Anthropogenic emission inventories in china: A review［J］. National Science Review, 2017, 4(6): 834-866.

［43］Burr M J, Zhang Y. Source apportionment of fine particulate matter over the eastern U.S. Part I: Source sensitivity simulations using CMAQ with the brute force method［J］. Atmospheric Pollution Research, 2011, 2(3): 300-317.

［44］Koo B, Wilson G M, Morris R E, et al. Comparison of source apportionment and sensitivity analysis in a particulate matter air quality model［J］. Environmental Science & Technology, 2009, 43(17): 6669-6675.

［45］ Kwok R H F, Napelenok S L, Baker K R. Implementation and evaluation of PM$_{2.5}$ source contribution analysis in a photochemical model ［J］. Atmospheric Environment, 2013, 80: 398-407.

［46］ 张延君, 郑玫, 蔡靖, 等. PM$_{2.5}$源解析方法的比较与评述［J］. 科学通报, 2015, 60(2): 109-21+1-2.

［47］ 王占山, 李晓倩, 王宗爽, 等. 空气质量模型 CMAQ 的国内外研究现状［J］. 环境科学与技术, 2013, 36(S1): 386-391.

［48］ Wang Z S, Chien C-J, Tonnesen G S. Development of a tagged species source apportionment algorithm to characterize three-dimensional transport and transformation of precursors and secondary pollutants ［J］. J Geophys Res Atmos, 2009, 114(D21).

［49］ Zhu Y, Huang L, Li J, et al. Sources of particulate matter in China: Insights from source apportionment studies published in 1987–2017 ［J］. Environment International, 2018, 115: 343-357.

［50］ Wang F, Yu H, Wang Z, et al. Review of online source apportionment research based on observation for ambient particulate matter ［J］. Science of The Total Environment, 2021, 762: 144095.

［51］ Blifford I H, Meeker G O. A factor analysis model of large scale pollution ［J］. Atmospheric Environment, 1967, 1(2): 147-157.

［52］ Miller M, Friedlander S, G H. A chemical element balance for the pasadena aerosol［J］. J Colloid Interface Sci, 1972, 39: 165-176.

［53］ Watson J G, Cooper J A, Huntzicker J J. The effective variance weighting for least squares calculations applied to the mass balance receptor model ［J］. Atmospheric Environment, 1984, 18(7): 1347-1355.

［54］ Paatero P, Japper U. Analysis of different modes of factor analysis as least squares fit problems ［J］. Chemometr Intell Lab Syst, 1993, 18: 183-194.

［55］ Song Y, Zhang Y, Xie S, et al. Source apportionment of PM$_{2.5}$ in beijing by positive matrix factorization［J］. Atmospheric Environment, 2006, 40(8): 1526-1537.

［56］ Ke L, Liu W, Wang Y, et al. Comparison of PM$_{2.5}$ source apportionment using positive matrix factorization and molecular marker-based chemical mass balance［J］. Science of The Total Environment, 2008, 394(2): 290-302.

［57］ Hopke P K. Review of receptor modeling methods for source apportionment ［J］. Journal of the Air & Waste Management Association, 2016, 66(3): 237-259.

［58］冯银厂, 白志鹏, 朱坦. 大气颗粒物二重源解析技术原理与应用［J］. 环境科学, 2002, 23(S1): 106-108.

［59］ Zheng M, Cass G R, Schauer J J, et al. Source apportionment of PM$_{2.5}$ in the southeastern united states using solvent-extractable organic compounds as tracers ［J］. Environmental Science & Technology, 2002, 36(11): 2361-2371.

［60］ Shi G-L, Li X, Feng Y-C, et al. Combined source apportionment, using positive matrix factorization–chemical mass balance and principal component analysis/multiple linear regression–chemical mass balance models ［J］. Atmospheric Environment, 2009, 43(18): 2929-2937.

［61］ Shi G-L, Tian Y-Z, Zhang Y-F, et al. Estimation of the concentrations of primary and secondary organic carbon in ambient particulate matter: Application of the cmb-iteration method ［J］. Atmospheric Environment, 2011, 45(32): 5692-5698.

［62］ Marmur A, Park S-K, Mulholland J A, et al. Source apportionment of PM$_{2.5}$ in the southeastern united states using receptor and emissions-based models: Conceptual differences and implications for time-series health studies ［J］. Atmospheric Environment, 2006, 40(14): 2533-2551.

［63］ Marmur A, Unal A, Mulholland J A, et al. Optimization-based source apportionment of PM$_{2.5}$ incorporating gas-to-particle ratios ［J］. Environmental Science & Technology, 2005, 39(9): 3245-3254.

［64］Shi G-L, Xu J, Peng X, et al. Using a new WALSPMF model to quantify the source contributions to PM$_{2.5}$ at a harbour site in china ［J］. Atmospheric Environment, 2016, 126: 66-75.

［65］Paatero P. The multilinear engine: A table-driven, least squares program for solving multilinear problems, including the n-way parallel factor analysis model ［J］. Journal of Computational and Graphical Statistics, 1999, 8(4): 854-888.

［66］Liu G-R, Shi G-L, Tian Y-Z, et al. Physically constrained source apportionment (PCSA) for polycyclic aromatic hydrocarbon using the multilinear engine 2-species ratios (me2-sr) method ［J］. Science of The Total Environment, 2015, 502: 16-21.

［67］Polissar A V, Hopke P K, Poirot R L. Atmospheric aerosol over vermont: Chemical composition and sources ［J］. Environmental Science & Technology, 2001, 35(23): 4604-4621.

［68］Tian Y-Z, Shi G-L, Han B, et al. Using an improved source directional apportionment method to quantify the $PM_{2.5}$ source contributions from various directions in a megacity in China［J］. Chemosphere, 2015, 119: 750-756.

［69］Dai Q, Liu B, Bi X, et al. Dispersion normalized PMF provides insights into the significant changes in source contributions to $PM_{2.5}$ after the covid-19 outbreak［J］. Environmental Science & Technology, 2020, 54(16): 9917-9927.

［70］Gao J, Dong S, Yu H, et al. Source apportionment for online dataset at a megacity in china using a new PTT-PMF model ［J］. Atmospheric Environment, 2020, 229: 117457.

［71］Paatero P. A weighted non-negative least squares algorithm for three-way 'parafac' factor analysis ［J］. Chemometrics and Intelligent Laboratory Systems, 1997, 38(2): 223-242.

［72］Shi G-L, Tian Y-Z, Ye S, et al. Source apportionment of synchronously size segregated fine and coarse particulate matter, using an improved three-way factor analysis model ［J］. Science of The Total Environment, 2015, 505: 1182-1190.

［73］Hu Y, Balachandran S, Pachon J E, et al. Fine particulate matter source apportionment using a hybrid chemical transport and receptor model approach ［J］. Atmos Chem Phys, 2014, 14(11): 5415-5431.

［74］Zhang Y, Cai J, Wang S, et al. Review of receptor-based source apportionment research of fine particulate matter and its challenges in china ［J］. Science of The Total Environment, 2017, 586: 917-929.

［75］Zheng M, Yan C, Wang S, et al. Understanding $PM_{2.5}$ sources in China: Challenges and perspectives ［J］. National Science Review, 2017, 4(6): 801-803.

［76］高健, 李慧, 史国良, 等. 颗粒物动态源解析方法综述与应用展望 ［J］. 科学通报, 2016, 61(27): 3002-3021.

［77］Zhang Q, Canagaratna M R, Jayne J T, et al. Atmospheres: Time- and size-resolved chemical composition of submicron particles in pittsburgh: Implications for aerosol sources and processes ［J］. Journal of Geophysical Research, 2005, 110(D7).

［78］Williams B J, Goldstein A H, Kreisberg N M, et al. Major components of atmospheric organic aerosol in southern california as determined by hourly measurements of source marker compounds［J］. Atmos Chem Phys, 2010, 10(23): 11577-11603.

［79］刘莉, 邹长武. 耦合 PMF、CMB 模型对大气颗粒物源解析的研究［J］. 成都信息工程学院学报, 2013, 28(5): 557-562.

［80］Zhang Q, Alfarra M R, Worsnop D R, et al. Deconvolution and quantification of hydrocarbon- like and oxygenated organic aerosols based on aerosol mass spectrometry ［J］. Environmental Science & Technology, 2005, 39(13): 4938-4952.

［81］Li Y J, Sun Y, Zhang Q, et al. Real-time chemical characterization of atmospheric particulate matter in china: A review ［J］. Atmospheric Environment, 2017, 158: 270-304.

［82］Sinha M P, Giffin C E, Norris D D, et al. Particle analysis by mass spectrometry［J］. Journal of Colloid and Interface Science, 1982, 87(1): 140-153.

［83］Sinha M P, Platz R M, Vilker V L, et al. Analysis of individual biological particles by mass spectrometry［J］. International Journal of Mass Spectrometry and Ion Processes, 1984, 57(1): 125-133.

[84] Sinha Mahadeva P, Platz Robert M, Friedlander Sheldon K, et al. Characterization of bacteria by particle beam mass spectrometry [J] . Applied and Environmental Microbiology, 1985, 49(6): 1366-1373.

[85] Sinha M P. Laser-induced volatilization and ionization of microparticles [J] . Review of Scientific Instruments, 1984, 55(6): 886-891.

[86] Sinha M. Characterization of Individual Particles in Gaseous Media by Mass Spectrometry: Particles in gases and liquids 2 [M] . Springer. 1990: 197-209.

[87]Sinha M P. Laser-induced volatilization and ionization of aerosol particles for their mass spectral analysis in real time[C]. Proceedings of the Applied Spectroscopy in Material Science, F, 1991. International Society for Optics and Photonics.

[88] Sinha M, Friedlander S. Real-time measurement of sodium chloride in individual aerosol particles by mass spectrometry [J] . Analytical Chemistry, 1985, 57(9): 1880-1883.

[89] Sinha M P, Friedlander S K. Mass distribution of chemical species in a polydisperse aerosol: Measurement of sodium chloride in particles by mass spectrometry [J] . Journal of Colloid and Interface Science, 1986, 112(2): 573-582.

[90] Marijnissen J, Scarlett B, Verheijen P. Proposed on-line aerosol analysis combining size determination, laser-induced fragmentation and time-of-flight mass spectroscopy [J] . Journal of Aerosol Science, 1988, 19(7): 1307-1310.

[91]Kievit O, Marijnissen J C M, Verheijen P J T, et al. Some improvements on the particle beam generator[J]. Journal of Aerosol Science, 1990, 21: S685-S688.

[92] Kievit O, Marijnissen J C M, Verheiljen P J T, et al. On-line measurement of particle size and composition [J] . Journal of Aerosol Science, 1992, 23: 301-304.

[93] Carson P G, Neubauer K R, Johnston M V, et al. On-line chemical analysis of aerosols by rapid single-particle mass spectrometry [J] . Journal of Aerosol Science, 1995, 26(4): 535-545.

[94]Murphy D M, Thomson D S, Mahoney M J. In situ measurements of organics, meteoritic material, mercury, and other elements in aerosols at 5 to 19 kilometers [J] . Science, 1998, 282(5394): 1664-1669.

[95] Silva P J, Prather K A. On-line characterization of individual particles from automobile emissions [J] . Environmental Science & Technology, 1997, 31(11): 3074-3080.

[96]Hinz K-P, Kaufmann R, Spengler B. Laser-induced mass analysis of single particles in the airborne state[J]. Analytical Chemistry, 1994, 66(13): 2071-2076.

[97] Hinz K P, Kaufmann R, Spengler B. Simultaneous detection of positive and negative ions from single airborne particles by real-time laser mass spectrometry[J] . Aerosol Science and Technology, 1996, 24(4): 233-242.

[98] Hinz K-P, Kaufmann R, Spengler B. On-line measurement and characterization of single particles using laser mass spectrometry and multivariate data analysis [J] . Journal of Aerosol Science, 1996, (27): S171-S172.

[99] Spengler B, Hinz K P, Kaufmann R, et al. Airborne particle analysis [J] . Science, 1996, 274(5295): 1993-1997.

[100] Dale J M, Yang M, Whitten W B, et al. Chemical characterization of single particles by laser ablation/desorption in a quadrupole ion trap mass spectrometer [J] . Analytical Chemistry, 1994, 66(20): 3431-3435.

[101] Yang M, Whitten W B, Ramsey J M. Quadrupole trap control circuit for laser desorption mass spectrometry of levitated microparticles [J] . Review of Scientific Instruments, 1995, 66(11): 5222-5225.

[102] Yang M, Dale J M, Whitten W B, et al. Laser desorption mass spectrometry of a levitated single microparticle in a quadrupole ion trap [J] . Analytical Chemistry, 1995, 67(6): 1021-1025.

[103] Yang M, Dale J M, Whitten W B, et al. Laser desorption tandem mass spectrometry of individual microparticles in an ion trap mass spectrometer [J] . Analytical Chemistry, 1995, 67(23): 4330-4334.

[104] Yang M, Reilly P T A, Boraas K B, et al. Real-time chemical analysis of aerosol particles using an ion trap mass spectrometer [J]. Rapid Communications in Mass Spectrometry, 1996, 10(3): 347-351.

[105] Gieray R A, Reilly P T A, Yang M, et al. Real-time detection of individual airborne bacteria [J]. Journal of Microbiological Methods, 1997, 29(3): 191-199.

[106] Gieray R A, Reilly P T A, Yang M, et al. Tandem mass spectrometry of uranium and uranium oxides in airborne particulates [J]. Analytical Chemistry, 1998, 70(1): 117-120.

[107] Reilly P T A, Gieray R A, Yang M, et al. Tandem mass spectrometry of individual airborne microparticles [J]. Analytical Chemistry, 1997, 69(1): 36-39.

[108] Reilly P T A, Gieray R A, Whitten W B, et al. Real-time characterization of the organic composition and size of individual diesel engine smoke particles [J]. Environmental Science & Technology, 1998, 32(18): 2672-2679.

[109] Nordmeyer T, Prather K. Real-time measurement capabilities using aerosol time-of-flight mass spectrometry [J]. Analytical Chemistry, 1994, 66(20): 3540-3542.

[110] Prather K A, Nordmeyer T, Salt K. Real-time characterization of individual aerosol particles using time-of-flight mass spectrometry [J]. Analytical Chemistry, 1994, 66(9): 1403-1407.

[111] 黄正旭, 李梅, 李磊, 等. 单颗粒气溶胶质谱仪研究进展[J]. 上海大学学报(自然科学版), 2011, 17(4): 562-566.

[112] 刘志影, 李磊, 李梅, 等. 单颗粒质谱仪进样装置的设计与模拟[J]. 质谱学报, 2014, 35(3): 216-225.

[113] 沈炜, 代新, 黄正旭, 等. 单颗粒质谱数据采集系统动态范围的扩大[J]. 质谱学报, 2018, 39(3): 331.

[114] 李磊, 代新, 刘瑠, 等. 单颗粒气溶胶质谱仪自动粒径校正方法[J]. 质谱学报, 2018, 39(5): 559.

[115] Dai S, Bi X, Huang H, et al. Measurement of particle volatility using single particle aerosol mass spectrometry tandem thermodiluter [J]. Chinese Journal of Analytical Chemistry, 2014, 42(8): 1155-1160.

[116] 余南娇, 黄渤, 李梅, 等. 大气细颗粒物扬尘源单颗粒质谱特征 [J]. 中国环境科学, 2017, 37(4): 1262-1268.

[117] 曾真, 喻佳俊, 刘平, 等. 利用单颗粒气溶胶质谱仪分析细菌气溶胶颗粒[J]. 分析化学, 2019, v.47(9): 73-80.

[118] Mei L I, Yan-Ru B I, Huang Z X, et al. Application of on-line single particle aerosol mass spectrometry on atmospheric lead pollution accidents [J]. Environmental Monitoring in China, 2015.

[119] 金丹丹, Wexler A S, 陈文年, 等. 基于单颗粒气溶胶质谱的人体呼出颗粒物粒径分布与化学成分的分析方法研究 [J]. 分析测试学报, 2018, v.37(8): 48-54.

[120] 李磊, 谭国斌, 张莉, 等. 运用单颗粒气溶胶质谱仪分析柴油车排放颗粒物 [J]. 分析化学, 2013, 41(12): 1831-1836.

[121] 李梅, 李磊, 黄正旭, 等. 运用单颗粒气溶胶质谱技术初步研究广州大气矿尘污染 [J]. 环境科学研究, 2011, 24(6): 632-636.

[122] 马乾坤, 成春雷, 李梅, 等. 鹤山气溶胶光学性质和单颗粒化学组分的研究[J]. 中国环境科学, 2019, 039(7): 2710-2720.

[123] 张琼玮, 成春雷, 李梅, 等. 两种典型污染时段鹤山市大气细颗粒污染特征及来源 [J]. 环境科学研究, 2018, v.31; No.243(4): 71-82.

[124] Xu T, Hong C, Lu X, et al. Single-particle characterizations of ambient aerosols during a wintertime pollution episode in nanning: Local emissions vs. Regional transport [J]. Aerosol Air Quality Research, 2017, 17(1).

[125] Murphy D M, Thomson D S. Laser ionization mass spectroscopy of single aerosol particles [J]. Aerosol Science and Technology, 1995, 22(3): 237-249.

[126] Thomson D S, Schein M E, Murphy D M. Particle analysis by laser mass spectrometry wb-57f instrument overview [J]. Aerosol Science and Technology, 2000, 33(1-2): 153-169.

[127] Cziczo D J, Thomson D S, Thompson T L, et al. Particle analysis by laser mass spectrometry (PALMS)studies of ice nuclei and other low number density particles [J] . International Journal of Mass Spectrometry, 2006, 258(1-3): 21-29.

[128] Murphy D M. The design of single particle laser mass spectrometers [J] . Mass Spectrometry Reviews, 2007, 26(2): 150-165.

[129] Su Y, Sipin M F, Furutani H, et al. Development and characterization of an aerosol time-of-flight mass spectrometer with increased detection efficiency [J] . Anal Chem, 2004, 76(3): 712-719.

[130] Pratt K A, Mayer J E, Holecek J C, et al. Development and characterization of an aircraft aerosol time-of-flight mass spectrometer [J] . Analytical Chemistry, 2009, 81(5): 1792-1800.

[131] Zelenyuk A, Imre D. Single particle laser ablation time-of-flight mass spectrometer: An introduction to splat [J] . Aerosol Science and Technology, 2005, 39(6): 554-568.

[132] Zelenyuk A, Yang J, Choi E, et al. Splat ii: An aircraft compatible, ultra-sensitive, high precision instrument for in-situ characterization of the size and composition of fine and ultrafine particles [J] . Aerosol Science and Technology, 2009, 43(5): 411-424.

[133] Zelenyuk A, Imre D, Wilson J, et al. Airborne single particle mass spectrometers (splat ii & minisplat) and new software for data visualization and analysis in a geo-spatial context [J] . Journal of the American Society for Mass Spectrometry, 2015, 26(2): 257-270.

[134] Hinz K-P, Erdmann N, Grüning C, et al. Comparative parallel characterization of particle populations with two mass spectrometric systems LAMPAS 2 and SPASS[J]. International Journal of Mass Spectrometry, 2006, 258(1-3): 151-166.

[135] Hinz K P, Gelhausen E, Schafer K C, et al. Characterization of surgical aerosols by the compact single-particle mass spectrometer lampas 3 [J] . Analytical and Bioanalytical Chemistry, 2011, 401(10): 3165-3172.

[136] Brands M, Kamphus M, Böttger T, et al. Characterization of a newly developed aircraft-based laser ablation aerosol mass spectrometer (alabama) and first field deployment in urban pollution plumes over paris during megapoli 2009 [J] . Aerosol Science and Technology, 2011, 45(1): 46-64.

[137] Clemen H-C, Schneider J, Klimach T, et al. Optimizing the detection, ablation, and ion extraction efficiency of a single-particle laser ablation mass spectrometer for application in environments with low aerosol particle concentrations [J] . Atmospheric Measurement Techniques, 2020, 13(11): 5923-5953.

[138] Erdmann N, Dell' Acqua A, Cavalli P, et al. Instrument characterization and first application of the single particle analysis and sizing system (SPASS) for atmospheric aerosols [J] . Aerosol Science and Technology, 2005, 39(5): 377-393.

[139] Gemayel R, Hellebust S, Temime-Roussel B, et al. The performance and the characterization of laser ablation aerosol particle time-of-flight mass spectrometry (LAAP-TOF-MS) [J] . Atmospheric Measurement Techniques, 2016, 9(4): 1947-1959.

[140] Tan P V, Malpica O, Evans G J, et al. Chemically-assigned classification of aerosol mass spectra [J] . Journal of the American Society for Mass Spectrometry, 2002, 13(7): 826-838.

[141] Gaie-Levrel F, Perrier S, Perraudin E, et al. Development and characterization of a single particle laser ablation mass spectrometer (SPLAM) for organic aerosol studies [J] . Atmospheric Measurement Techniques, 2012, 5(1): 225-241.

[142]Morrical B D, Balaxi M, Fergenson D. The on-line analysis of aerosol-delivered pharmaceuticals via single particle aerosol mass spectrometry [J] . International Journal of Pharmaceutics, 2015, 489(1-2): 11-17.

[143] Steele P, McJimpsey E, Coffee K, et al. Characterization of Ambient Aerosols at the San Francisco International Airport Using Bioaerosol Mass Spectrometry [M] . SPIE, 2006.

[144] Frank M, Gard E E, Tobias H J, et al. Single-particle aerosol mass spectrometry(SPAMS) for high-throughput and rapid analysis of biological aerosols and single cells: Rapid characterization of microorganisms by mass spectrometry [J]. American Chemical Society, 2011: 161-196.

[145] Lake D A, Tolocka M P, Johnston M V, et al. Mass spectrometry of individual particles between 50 and 750 nm in diameter at the baltimore supersite [J]. Environ Sci Technol, 2003, 37(15): 3268-3274.

[146] Phares D J, Rhoads K P, Wexler A S. Performance of a single ultrafine particle mass spectrometer [J]. Aerosol Science and Technology, 2002, 36(5): 583-592.

[147] Bente M, Adam T, Ferge T, et al. An on-line aerosol laser mass spectrometer with three, easily interchangeable laser based ionisation methods for characterisation of inorganic and aromatic compounds on particles [J]. International Journal of Mass Spectrometry, 2006, 258(1-3): 86-94.

[148] Park K, Lee D, Rai A, et al. Size-resolved kinetic measurements of aluminum nanoparticle oxidation with single particle mass spectrometry [J]. The Journal of Physical Chemistry B, 2005, 109(15): 7290-7299.

[149] Park K, Rai A, Zachariah M R. Characterizing the coating and size-resolved oxidative stability of carbon-coated aluminum nanoparticles by single-particle mass-spectrometry [J]. Journal of Nanoparticle Research, 2006, 8(3-4): 455-464.

[150] van Wuijckhuijse A L, Stowers M A, Kleefsman W A, et al. Matrix-assisted laser desorption/ ionisation aerosol time-of-flight mass spectrometry for the analysis of bioaerosols: Development of a fast detector for airborne biological pathogens [J]. Journal of Aerosol Science, 2005, 36(5-6): 677-687.

[151] Li L, Huang Z, Dong J, et al. Real time bipolar time-of-flight mass spectrometer for analyzing single aerosol particles [J]. International Journal of Mass Spectrometry, 2011, 303(2-3): 118-124.

[152] 黄正旭, 高伟, 董俊国, 等. 实时在线单颗粒气溶胶飞行时间质谱仪的研制[J]. 质谱学报, 2010, 31: 331-36, 41.

[153] 梁峰, 张娜珍, 王宾, 等. 在线测量气溶胶大小和化学组分的质谱技术与应用[J]. 质谱学报, 2005, 26(4): 193-193.

[154] 夏柱红, 方黎, 郑海洋, 等. 气溶胶单粒子化学成分的实时测量[J]. 分析化学, 2004, 32(7): 4.

[155] Huffman J A, Jayne J T, Drewnick F, et al. Design, modeling, optimization, and experimental tests of a particle beam width probe for the aerodyne aerosol mass spectrometer [J]. Aerosol Science and Technology, 2005, 39(12): 1143-1163.

[156] Jayne J T, Leard D C, Zhang X F, et al. Development of an aerosol mass spectrometer for size and composition analysis of submicron particles [J]. Aerosol Science and Technology, 2000, 33(1-2): 49-70.

[157] Schreiner J, Schild U, Voigt C, et al. Focusing of aerosols into a particle beam at pressures from 10 to 150 torr [J]. Aerosol Science and Technology, 1999, 31(5): 373-382.

[158] Reents W D, Downey S W, Emerson A B, et al. Single particle characterization by time-of-flight mass spectrometry [J]. Aerosol Science and Technology, 1995, 23(3): 263-270.

[159] Van de Hulst H C, Twersky V. Light scattering by small particles[J]. Physics Today, 1957, 10(12): 28-30.

[160] Salt K, Noble C A, Prather K A. Aerodynamic particle sizing versus light scattering intensity measurement as methods for real-time particle sizing coupled with time-of-flight mass spectrometry [J]. Anal Chem, 1996, 68(1): 230-234.

[161] Murphy D M, Cziczo D J, Hudson P K, et al. Particle density inferred from simultaneous optical and aerodynamic diameters sorted by composition [J]. Journal of Aerosol Science, 2004, 35(1): 135-139.

[162] Mallina R V, Wexler A S, Rhoads K P, et al. High speed particle beam generation: A dynamic focusing mechanism for selecting ultrafine particles [J]. Aerosol Science and Technology, 2000, 33(1-2): 87-104.

[163] Reents W D, Ge Z Z. Simultaneous elemental composition and size distributions of submicron particles in real time using laser atomization/ionization mass spectrometry [J]. Aerosol Science and Technology, 2000, 33(1-2): 122-134.

［164］Lee D, Park K, Zachariah M R. Determination of the size distribution of polydisperse nanoparticles with single-particle mass spectrometry: The role of ion kinetic energy［J］. Aerosol Science and Technology, 2005, 39(2): 162-169.

［165］Thomson D S, Middlebrook A M, Murphy D M. Thresholds for laser-induced ion formation from aerosols in a vacuum using ultraviolet and vacuum-ultraviolet laser wavelengths［J］. Aerosol Science and Technology, 1997, 26(6): 544-559.

［166］Wenzel R J, Liu D Y, Edgerton E S, et al. Aerosol time-of-flight mass spectrometry during the atlanta supersite experiment: 2. Scaling procedures［J］. Journal of Geophysical Research—Atmospheres, 2003, 108(D7).

［167］Kane D B, Johnston M V. Size and composition biases on the detection of individual ultrafine particles by aerosol mass spectrometry［J］. Environmental Science & Technology, 2000, 34(23): 4887-4893.

［168］Thomson D S, Murphy D M. Laser-induced ion formation thresholds of aerosol particles in a vacuum［J］. Appl Opt, 1993, 32(33): 6818-6826.

［169］Wenzel R J, Prather K A. Improvements in ion signal reproducibility obtained using a homogeneous laser beam for on-line laser desorption/ionization of single particles［J］. Rapid Commun Mass Spectrom, 2004, 18(13): 1525-1533.

［170］Middlebrook A M. A comparison of particle mass spectrometers during the 1999 atlanta supersite project ［J］. Journal of Geophysical Research, 2003, 108(D7).

［171］Silva P J, Prather K A. Interpretation of mass spectra from organic compounds in aerosol time-of-flight mass spectrometry［J］. Anal Chem, 2000, 72(15): 3553-3562.

［172］Reents W D, Jr., Schabel M J. Measurement of individual particle atomic composition by aerosol mass spectrometry［J］. Anal Chem, 2001, 73(22): 5403-5414.

［173］Chylek P, Jarzembski M A, Srivastava V, et al. Pressure dependence of the laser-induced breakdown thresholds of gases and droplets［J］. Appl Opt, 1990, 29(15): 2303-2306.

［174］Carls J C, Brock J R. Explosion of a water droplet by pulsed laser heating［J］. Aerosol Science and Technology, 1987, 7(1): 79-90.

［175］Schaub S A, Alexander D R, Poulain D E, et al. Measurement of hypersonic velocities resulting from the laser-induced breakdown of aerosols using an excimer laser imaging system［J］. Review of Scientific Instruments, 1989, 60(12): 3688-3691.

［176］Vera C C, Trimborn A, Hinz K P, et al. Initial velocity distributions of ions generated by in-flight laser desorption/ionization of individual polystyrene latex microparticles as studied by the delayed ion extraction method［J］. Rapid Commun Mass Spectrom, 2005, 19(2): 133-146.

［177］Schoolcraft T A, Constable G S, Zhigilei L V, et al. Molecular dynamics simulation of the laser disintegration of aerosol particles［J］. Anal Chem, 2000, 72(21): 5143-5150.

［178］Hsieh W-F E J, Chang R K. Internal and external laser-induced avalanche breakdown of single droplets in an argon atmosphere［J］. J Opt Soc Am B, 1987, 4: 1816-1820.

［179］Pinnick R J, Biswas A, Armstrong R L, et al. Micron-sized droplets irradiated with a pulsed CO_2 laser: Measurement of explosion and breakdown thresholds［J］. Appl Opt, 1990, 29: 918-925.

［180］Weiss M, Verheijen P J T, Marijnissen J C M, et al. On the performance of an on-line time-of-flight mass spectrometer for aerosols［J］. Journal of Aerosol Science, 1997, 28(1): 159-171.

［181］Carson P G, Johnston M V, Wexler A S. Real-time monitoring of the surface and total composition of aerosol particles［J］. Aerosol Science and Technology, 1997, 26(4): 291-300.

［182］Vera C C, Trimborn A, Hinz K P, et al. Initial velocity distributions of ions generated by in-flight laser desorption/ionization of individual polystyrene latex microparticles as studied by the delayed ion extraction method［J］. Rapid Communications in Mass Spectrometry, 2005, 19(2): 133-146.

［183］Neubauer K R, Johnston M V, Wexler A S. Humidity effects on the mass spectra of single aerosol particles ［J］. Atmospheric Environment, 1998, 32(14): 2521-2529.

［184］Murray K K, Russell D H. Aerosol matrix-assisted laser desorption ionization mass spectrometry［J］. J Am Soc Mass Spectrom, 1994, 5: 1-9.

［185］Neubauer K R, Johnston M V, Wexler A S. On-line analysis of aqueous aerosols by laser desorption ionization ［J］. International Journal of Mass Spectrometry and Ion Processes, 1997, 163(1): 29-37.

［186］Lazar A, Reilly P T A, Whitten W B, et al. Real-time surface analysis of individual airborne environmental particles ［J］. Environment Science & Technology, 1999, 33: 3993-4001.

［187］Morrical B D, Fergenson D P, Prather K A. Coupling two-step laser desorption/ionization with aerosol time-of-flight mass spectrometry for the analysis of individual organic particles ［J］. J Am Soc Mass Spectrom, 1998, 9: 1086-1073.

［188］Zelenyuk A, Cabalo J, Baer T, et al. Mass spectrometry of liquid aniline aerosol particles by ir/uv laser irradiation ［J］. Analytical Chemistry, 1999, 71(9): 1802-1808.

［189］LaFranchi B W, Petrucci G A. Photoelectron resonance capture ionization (PERCI): A novel technique for the soft-ionization of organic compounds ［J］. Journal of the American Society for Mass Spectrometry, 2004, 15(3): 424-430.

［190］Bein K J, Zhao Y J, Wexler A S, et al. Speciation of size-resolved individual ultrafine particles in pittsburgh, pennsylvania ［J］. Journal of Geophysical Research—Atmospheres, 2005, 110(D7).

［191］Opsal R B, Owens K G, Reilly J P. Resolution in the linear time-of-flight mass spectrometer ［J］. Anal Chem, 1985, 57: 1884-1889.

［192］Mamyrin B A, Karataev V I, Shmikk D V, et al. The massreflectron. A new nonmagnetic time-of-flight mass spectrometer with high resolution ［J］. Sov Phys-JETP, 1973, 37: 45-48.

［193］Kane D B, Wang J J, Frost K, et al. Detection of negative ions from individual ultrafine particles ［J］. Analytical Chemistry, 2002, 74(9): 2092-2096.

［194］Eberhardt E H. An operational model for microchannel plate devices ［J］. IEEE Trans Nucl Sci NS, 1981, 28: 712-717.

［195］Peurrung A J, Fajans J A. A pulsed microchannel-plate-based nonneutral plasma imaging system ［J］. Rev Sci Instrum, 1993, 64: 52-55.

［196］Oba K, Rehak P. Studies of high-gain micro-channel plate photomultipliers［J］. IEEE Trans Nucl Sci NS, 1981, 28.

［197］Rohner U, Whitby J A, Wurz P, et al. Highly miniaturized laser ablation time-of flight mass spectrometer for a planetary rover ［J］. Rev Sci Instrum, 2004, 75: 1314-1322.

［198］Middha P, Wexler A S. Particle-focusing characteristics of matched aerodynamic lenses ［J］. Aerosol Science and Technology, 2005, 39(3): 222-230.

［199］Tafreshi H V, Benedek G, Piseri P, et al. A simple nozzle configuration for the production of low divergence supersonic cluster beam by aerodynamic focusing［J］. Aerosol Science and Technology, 2002, 36(5): 593-606.

［200］Murphy D M, Middlebrook A M, Warshawsky M. Cluster analysis of data from the particle analysis by laser mass spectrometry (PALMS) instrument ［J］. Aerosol Science and Technology, 2003, 37(4): 382-391.

［201］Phares D J, Rhoads K P, Wexler A S, et al. Application of the art-2a algorithm to laser ablation aerosol mass spectrometry of particle standards ［J］. Analytical Chemistry, 2001, 73(10): 2338-2344.

［202］Song X-H, Hopke P K, Fergenson D P, et al. Classification of single particles analyzed by ATOFMS using an artificial neural network, art-2a ［J］. Anal Chem, 1999, 71: 860-865.

［203］Pant V, Siingh D, Kamra A K. Size distribution of atmospheric aerosols at maitri, antarctica ［J］. Atmospheric Environment, 2011, 45(29): 5138-5149.

［204］Kim S, Jaques P A, Chang M, et al. Versatile aerosol concentration enrichment system (VACES) for simultaneous in vivo and in vitro evaluation of toxic effects of ultrafine, fine and coarse ambient particles part i: Development and laboratory characterization ［J］. Journal of Aerosol Science, 2001, 32(11): 1281-1297.

［205］Kim S, Jaques P A, Chang M, et al. Versatile aerosol concentration enrichment system (VACES) for simultaneous in vivo and in vitro evaluation of toxic effects of ultrafine, fine and coarse ambient particles part ii: Field evaluation ［J］. Journal of Aerosol Science, 2001, 32(11): 1299-1314.

［206］Gupta T, Demokritou P, Koutrakis P. Development and performance evaluation of a high-volume ultrafine particle concentrator for inhalation toxicological studies ［J］. Inhalation Toxicology, 2004, 16(13): 851.

［207］卓泽铭, 苏柏江, 谢芹惠, 等. 一种用于单颗粒质谱的空气动力学颗粒浓缩装置仿真设计与试验研究 ［J］. 真空科学与技术学报, 2021.

［208］Kim S, Jaques P A, Chang M, et al. Versatile aerosol concentration enrichment system (VACES) for simultaneous in vivo and in vitro evaluation of toxic effects of ultrafine, fine and coarse ambient particles part i: Development and laboratory characterization ［J］. 2001, 32(11): 1297.

［209］Wang X, Kruis F E, Mcmurry P H. Aerodynamic focusing of nanoparticles: I. Guidelines for designing aerodynamic lenses for nanoparticles ［J］. Aerosol Science & Technology, 2005, 39(7): 611-623.

［210］Schreiner J, Schild U, Voigt C, et al. Focusing of aerosols into a particle beam at pressures from 10 to 150 torr ［J］. Aerosol Science & Technology, 1999, 31(5): 373-382.

［211］Steele P T. Characterization of ambient aerosols at the san francisco international airport using bioaerosol mass spectrometry ［J］. Proceedings of SPIE-The International Society for Optical Engineering, 2006, 6218.

［212］Lee K S, Hwang T H, Kim S H, et al. Numerical simulations on aerodynamic focusing of particles in a wide size range of 30 nm–10 μm ［J］. Aerosol Science & Technology, 2013, 47(9): 1001-1008.

［213］Cahill J F, Darlington T K, Wang X, et al. Development of a high-pressure aerodynamic lens for focusing large particles (4–10μm) into the aerosol time-of-flight mass spectrometer ［J］. Aerosol Science & Technology, 2014, 48(9): 948-956.

［214］Yang L, Haiyun W, Tao W, et al. Design and simulation of impedance measurement system for biosensors ［C］. proceedings of the International Conference on New Technology of Agricultural Engineering, F, 2011.

［215］Liu P S K, Deng R, Smith K A, et al. Transmission efficiency of an aerodynamic focusing lens system: Comparison of model calculations and laboratory measurements for the Aerodyne Aerosol Mass Spectrometer[J]. Aerosol Science and Technology, 2007, 41(8): 721-733.

［216］Williams L, Gonzalez L, Peck J, et al. Characterization of an aerodynamic lens for transmitting particles> 1 micrometer in diameter into the aerodyne aerosol mass spectrometer [J]. Atmospheric Measurement Techniques Discussions, 2013, 6(3): 5033-5063.

［217］Hwang T-H, Kim S-H, Kim S H, et al. Reducing particle loss in a critical orifice and an aerodynamic lens for focusing aerosol particles in a wide size range of 30 nm—10 μm [J]. Journal of Mechanical Science and Technology, 2015, 29: 317-323.

［218］Liu Z, Lu X, Feng J, et al. Influence of ship emissions on urban air quality: A comprehensive study using highly time-resolved online measurements and numerical simulation in shanghai ［J］. Environmental Science & Technology, 2017, 51(1): 202-211.

［219］Hartonen K, Laitinen T, Riekkola M L. Current instrumentation for aerosol mass spectrometry ［J］. Trac Trends in Analytical Chemistry, 2011, 30(9): 1486-1496.

［220］Murphy D M, Cziczo D J, Froyd K D, et al. Single-particle mass spectrometry of tropospheric aerosol particles ［J］. Journal of Geophysical Research Atmospheres, 2006, 111(D23).

［221］Zelenyuk A, Yang J, Choi E, et al. Splat ii: An aircraft compatible, ultra-sensitive, high precision instrument for in-situ characterization of the size and composition of fine and ultrafine particles［J］. Aerosol Science & Technology, 2009, 43(5): 411-424.

［222］Murphy D M, Thomson D S. Laser ionization mass spectroscopy of single aerosol particles［J］. Aerosol Science & Technology, 1995, 22(3): 237-249.

［223］Pratt K A, Mayer J E, Holecek J C, et al. Development and characterization of an aircraft aerosol time-of-flight mass spectrometer［J］. Analytical Chemistry, 2009, 81(5): 1792-1800.

［224］Erdmann N, Dell" Acqua A, Cavalli P, et al. Instrument characterization and first application of the single particle analysis and sizing system (SPASS) for atmospheric aerosols［J］. Aerosol Science & Technology, 2005, 39(5): 377-393.

［225］Vera C C, Trimborn A, Hinz K P, et al. Initial velocity distributions of ions generated by in-flight laser desorption/ionization of individual polystyrene latex microparticles as studied by the delayed ion extraction method［J］. Rapid Communications in Mass Spectrometry, 2010, 19(2): 133-146.

［226］Lei L, Liu L, Li X, et al. Improvement in the mass resolution of single particle mass spectrometry using delayed ion extraction［J］. Journal of the American Society for Mass Spectrometry, 2018, 29.

［227］Zawadowicz M A, Froyd K D, Murphy D M, et al. Improved identification of primary biological aerosol particles using single-particle mass spectrometry［J］. Atmospheric Chemistry and Physics, 2017, 17(11): 7193-7212.

［228］Steele P T, McJimpsey E L, Coffee K R,et al. Characterization of ambient aerosols at the san francisco international airport using bioaerosol mass spectrometry［C］. Proceedings of the Chemical and Biological Sensing VII, F, SPIE, 2006.

［229］Fergenson D P, Pitesky M E, Tobias H J,et al. Reagentless detection and classification of individual bioaerosol particles in seconds［J］. Analytical Chemistry, 2004, 76(2): 373-378.

［230］Tobias Bioaerosol mass spectrometry for rapid detection of individual airborne mycobacterium tuberculosis h37ra particles［J］. Applied and Environmental Microbiology, 2005.

［231］Park K, Kittelson D B, Mcmurry P H. Structural properties of diesel exhaust particles measured by transmission electron microscopy (tem): Relationships to particle mass and mobility［J］. Aerosol Science and Technology, 2004, 38(9/September 2004): 881-889.

［232］Vaden T D, Imre D, BerÃ¡nek J, et al. Extending the capabilities of single particle mass spectrometry: I. Measurements of aerosol number concentration, size distribution, and asphericity［J］. Aerosol Science & Technology, 2011, 45(1): 113-124.

［233］Liu P, Ziemann P J, Kittelson D B,et al. Generating particle beams of controlled dimensions and divergence: II. Experimental evaluation of particle motion in aerodynamic lenses and nozzle expansions ［J］. Aerosol Science and Technology, 1995, 22(3): 314-324.

［234］Estes T J, Vilker V L, Friedlander S K. Characteristics of a capillary-generated particle beam［J］. Journal of Colloid and Interface Science, 1983, 93(1): 84-94.

［235］Stoffels J. A direct-inlet mass spectrometer for real-time analysis of airborne particles［J］. International Journal of Mass Spectrometry and Ion Physics, 1981, 40(2): 217-222.

［236］Liu P, Ziemann P J, Kittelson D B,et al. Generating particle beams of controlled dimensions and divergence: I. Theory of particle motion in aerodynamic lenses and nozzle expansions［J］. Aerosol Science and Technology, 1995, 22(3): 293-313.

［237］Schaub S, Alexander D, Poulain D,et al. Measurement of hypersonic velocities resulting from the laser - induced breakdown of aerosols using an excimer laser imaging system［J］. Review of Scientific Instruments, 1989, 60(12): 3688-3691.

［238］高健, 张岳翀, 柴发合, 等. 北京 2011 年 10 月连续重污染过程气团光化学性质研究［J］. 中国环境科学, 2013, (9): 1539-1545.

[239] Poschl U. Atmospheric aerosols: Composition, transformation, climate and health effects [J]. Angew Chem Int Ed Engl, 2005, 44(46): 7520-7540.

[240] Poschl U, Shiraiwa M. Multiphase chemistry at the atmosphere-biosphere interface influencing climate and public health in the anthropocene [J]. Chem Rev, 2015, 115(10): 4440-4475.

[241] Zhang R, Wang G, Guo S, et al. Formation of urban fine particulate matter[J]. Chem Rev, 2015, 115(10): 3803-3855.

[242] Liu D, Whitehead J, Alfarra M R, et al. Black-carbon absorption enhancement in the atmosphere determined by particle mixing state [J]. Nature Geoscience, 2017, 10(3): 184-188.

[243] Peng J, Hu M, Guo S, et al. Markedly enhanced absorption and direct radiative forcing of black carbon under polluted urban environments[J]. Proceedings of the National Academy of Sciences, 2016, 113(16): 4266-4271.

[244] Choi M Y, Chan C K. The effects of organic species on the hygroscopic behaviors of inorganic aerosols [J]. Environmental Science & Technology, 2002, 36(11): 2422-2428.

[245] Ding A J, Fu C B, Yang X Q, et al. Intense atmospheric pollution modifies weather: A case of mixed biomass burning with fossil fuel combustion pollution in eastern china [J]. Atmospheric Chemistry and Physics, 2013, 13(20): 10545-10554.

[246] Yang Y R, Liu X G, Qu Y, et al. Characteristics and formation mechanism of continuous hazes in China: A case study during the autumn of 2014 in the north china plain [J]. Atmospheric Chemistry and Physics, 2015, 15(14): 8165-8178.

[247] Li W, Shao L, Zhang D, et al. A review of single aerosol particle studies in the atmosphere of East Asia: Morphology, mixing state, source, and heterogeneous reactions[J]. Journal of Cleaner Production, 2016, 112: 1330-1349.

[248] 蔡靖, 郑玫, 闫才青, 等. 单颗粒气溶胶飞行时间质谱仪在细颗粒物研究中的应用和进展 [J]. 分析化学, 2015, (5): 765-774.

[249] 邓慧颖, 张建华, 潘文斌. 气溶胶单颗粒分析方法的应用和进展 [J]. 福建分析测试, 2017, (03): 18-23.

[250] Gong X D, Zhang C, Chen H, et al. Size distribution and mixing state of black carbon particles during a heavy air pollution episode in shanghai[J]. Atmospheric Chemistry and Physics, 2016, 16(8): 5399-5411.

[251] Zhang J K, Luo B, Zhang J Q, et al. Analysis of the characteristics of single atmospheric particles in chengdu using single particle mass spectrometry [J]. Atmospheric Environment, 2017, 157: 91-100.

[252] Chen Y, Yang F M, Mi T, et al. Characterizing the composition and evolution of and urban particles in chongqing (china) during summertime [J]. Atmospheric Research, 2017, 187: 84-94.

[253] Zhang G, Bi X, Li L, et al. Mixing state of individual submicron carbon-containing particles during spring and fall seasons in urban guangzhou, china: A case study[J]. Atmospheric Chemistry and Physics, 2013, 13(9): 4723-4735.

[254] Lin Q H, Zhang G H, Peng L, et al. In situ chemical composition measurement of individual cloud residue particles at a mountain site, southern china [J]. Atmospheric Chemistry and Physics, 2017, 17(13): 16.

[255] 陈多宏, 何俊杰, 张国华, 等. 不同气团对广东鹤山大气超级监测站单颗粒气溶胶理化特征的影响 [J]. 生态环境学报, 2015, (1): 63-69.

[256] 蒋斌, 陈多宏, 王伯光, 等. 鹤山大气超级站旱季单颗粒气溶胶化学特征研究 [J]. 中国环境科学, 2016, (3): 670-678.

[257] 刘慧琳, 陈志明, 李宏姣, 等. 南宁市一次污染过程大气颗粒物理化特性及来源[J]. 环境科学, 2017, (11): 4486-4493.

[258] 张志朋, 杜娟, 宋韶华, 等. 夏季桂林市大气 $PM_{2.5}$ 化学组成和成分分布的质谱研究 [J]. 环境监测管理与技术, 2015, (6): 22-26.

［259］刘浪，张文杰，杜世勇，等．利用SPAMS分析北京市硫酸盐、硝酸盐和铵盐季节变化特征及潜在源区分布［J］．环境科学，2016，(5)：1609-1618.

［260］唐利利，陈家宝，郭昆兴，等．基于单颗粒气溶胶质谱技术的南宁市细颗粒物污染初探［J］．绿色科技，2016，(16)：47-50.

［261］曹力媛．基于SPAMS的太原市典型生活区停暖前后PM$_{2.5}$来源及组成［J］环境科学研究，2017，(10)：1524-1532.

［262］汪佳俊，张宇烽，郭岩，等．汕头市潮南区2015年PM$_{2.5}$污染特征及来源分析［J］．广州化工，2017，(13)：141-144.

［263］郜姗姗，仇伟光，张青新，等．利用SPAMS初探盘锦市冬季PM$_{2.5}$污染特征及来源［J］．中国环境监测，2017，(3)：147-153.

［264］刘旭东，马幼菲．淮北市冬季PM$_{2.5}$的在线源解析［J］．化工设计通讯，2017，(8)：208+22.

［265］侯红霞，王惠祥，李梅．2017年夏季泉州市细颗粒物来源解析［J］．绿色科技，2017，(16)：39-41+45.

［266］王亚林，易睿，谢继征，等．扬州市大气PM$_{2.5}$来源解析研究［J］．污染防治技术，2016，(6)：22-28.

［267］杜娟，宋韶华，张志朋，等．桂林市细颗粒物典型排放源单颗粒质谱特征研究［J］．环境科学学报，2015，(5)：1556-1562.

［268］朱云晓，马佳，黄渤，等．用单颗粒气溶胶质谱研究海宁市秋、冬季PM$_{2.5}$化学组成及来源［J］．广州化工，2017，(4)：10-17+25.

［269］Zhou Y, Wang Z, Pei C, et al. Source-oriented characterization of single particles from in-port ship emissions in guangzhou, china［J］. Sci Total Environ, 2020, 724: 138179.

［270］张兆年，谭颖喆，饶少林，等．船舶尾气排放对葛洲坝大气灰霾的影响初探［J］．绿色科技，2017，(10)：1-2+5.

［271］郑仙珏，王梅，陶士康，等．2016年某重大活动期间杭州市PM$_{2.5}$组分及来源变化研究［J］．环境污染与防治，2017，(9)：936-942.

［272］陶士康．2015世界互联网大会期间嘉兴市大气细颗粒物污染特征及来源研究——以单颗粒气溶胶质谱技术为例［J］．环境科学学报，2016，36(8)：2761-2770.

［273］Zhou J, Li Z, Lu N, et al. Online sources about atmospheric fine particles during the 70th anniversary of victory parade in shijiazhuang［J］. Environmental Science, 2016, 37(8): 2855-2862.

［274］王西岳，喻国强，马社霞，等．焦作市大气重污染过程单颗粒气溶胶特征分析［J］．环境科学与技术，2017，(S1)：262-269+81.

［275］Ma L, Li M, Huang Z X, et al. Real time analysis of lead-containing atmospheric particles in beijing during springtime by single particle aerosol mass spectrometry［J］. Chemosphere, 2016, 154: 454-462.

［276］仇伟光，张青新，陈宗娇，等．沈阳市冬季一次典型大气污染过程特征和成因分析［J］．环境保护科学，2016，(4)：106-109+38.

［277］戴守辉，毕新慧，黄欢等．单颗粒气溶胶质谱仪串联热稀释器在线测量单个气溶胶颗粒的挥发性［J］．分析化学，2014，(8)：1155-1160.

［278］Bi X H, Dai S H, Zhang G H, et al. Real-time and single-particle volatility of elemental carbon-containing particles in the urban area of pearl river delta region, china［J］. Atmospheric Environment, 2015, 118: 194-202.

［279］张国华，毕新慧，韩冰雪，等．单颗粒气溶胶质谱测定颗粒的有效密度［J］．中国科学：地球科学，2015，(12)：1886-1894.

［280］Zhou Y, Huang X H H, Griffith S M, et al. A field measurement based scaling approach for quantification of major ions, organic carbon, and elemental carbon using a single particle aerosol mass spectrometer［J］. Atmospheric Environment, 2016, 143: 300-312.

［281］Zhou Y, Huang X H, Bian Q J, et al. Sources and atmospheric processes impacting oxalate at a suburban coastal site in hong kong: Insights inferred from 1year hourly measurements［J］. Journal of Geophysical Research—Atmospheres, 2015, 120(18): 9772-9788.

［282］ Cheng C L, Li M, Chan C K, et al. Mixing state of oxalic acid containing particles in the rural area of pearl river delta, china: Implications for the formation mechanism of oxalic acid ［J］. Atmospheric Chemistry and Physics, 2017, 17(15): 9519-9533.

［283］ Zhang G H, Lin Q H, Peng L, et al. Insight into the in-cloud formation of oxalate based on in situ measurement by single particle mass spectrometry［J］. Atmospheric Chemistry and Physics, 2017, 17(22): 11.

［284］ Yang F, Chen H, Wang X, et al. Single particle mass spectrometry of oxalic acid in ambient aerosols in shanghai: Mixing state and formation mechanism ［J］. Atmospheric Environment, 2009, 43(25): 3876-3882.

［285］ Zhang G H, Bi X H, Chan L Y, et al. Enhanced trimethylamine-containing particles during fog events detected by single particle aerosol mass spectrometry in urban guangzhou, china ［J］. Atmospheric Environment, 2012, 55: 121-126.

［286］ Chen Y, Tian M, Huang R-J, et al. Characterization of urban amine-containing particles in southwestern china: Seasonal variation, source, and processing ［J］. Atmospheric Chemistry and Physics, 2019, 19(5): 3245-3255.

［287］ Cheng C, Huang Z, Chan C K, et al. Characteristics and mixing state of amine-containing particles at a rural site in the Pearl River Delta, China ［J］. Atmospheric Chemistry and Physics, 2018, 18(12): 9147-9159.

［288］ Lian X, Zhang G, Lin Q, et al. Seasonal variation of amine-containing particles in urban guangzhou, china ［J］. Atmospheric Environment, 2020, 222: 117102.

［289］ Bi X H, Zhang G H, Li L, et al. Mixing state of biomass burning particles by single particle aerosol mass spectrometer in the urban area of PRD, China ［J］. Atmospheric Environment, 2011, 45(20): 3447-3453.

［290］ Zhang G H, Bi X H, He J J, et al. Variation of secondary coatings associated with elemental carbon by single particle analysis ［J］. Atmospheric Environment, 2014, 92: 162-170.

［291］ Zhang G, Lin Q, Long P, et al. The single-particle mixing state and cloud scavenging of black carbon: A case study at a high-altitude mountain site in southern china ［J］. Atmospheric Chemistry and Physics, 2017, 17(24): 14975.

［292］ 王安侯, 张沈阳, 王好, 等. 天井山空气背景站单颗粒气溶胶有机硫酸酯初步研究 ［J］. 中国环境科学, 2017, (5): 1663-1669.

［293］ 黄子龙, 曾立民, 董华斌, 等. 利用 SPAMS 研究华北乡村站点(曲周)夏季大气单颗粒物老化与混合状态 ［J］. 环境科学, 2016, (4): 1188-1198.

［294］ Cheng C, Chan C K, Lee B P, et al. Single particle diversity and mixing state of carbonaceous aerosols in guangzhou, china ［J］. Science of The Total Environment, 2021, 754: 142182.

［295］ Cai J, Wang J D, Zhang Y J, et al. Source apportionment of pb-containing particles in beijing during january 2013 ［J］. Environmental Pollution, 2017, 226: 30-40.

［296］ Zhao S H, Chen L Q, Yan J P, et al. Characterization of lead-containing aerosol particles in xiamen during and after spring festival by single-particle aerosol mass spectrometry ［J］. Science of The Total Environment, 2017, 580: 1257-1267.

［297］ Zhang G H, Bi X H, Lou S R, et al. Source and mixing state of iron-containing particles in shanghai by individual particle analysis ［J］. Chemosphere, 2014, 95: 9-16.

［298］ Qin X, Zhang Z, Li Y, et al. Sources analysis of heavy metal aerosol particles in north suburb of nanjing ［J］. Environmental Science, 2016, 37(12): 4467-4474.

［299］ 李忠, 陈立奇, 颜金培. 气溶胶质谱技术在海洋气溶胶亚微米级颗粒物特征的研究进展 ［J］. 地球科学进展, 2015, (2): 226-236.

［300］颜金培, 陈立奇, 林奇, 等. 厦门岛南部沿岸大气气溶胶成分谱分布特征[J]. 应用海洋学学报, 2013, (4): 455-460.

[301] 颜金培, 陈立奇, 林奇, 等. 基于船载走航气溶胶质谱技术的海洋气溶胶研究 [J]. 环境科学, 2017, (7): 2629-2636.

[302] Yan J P, Chen L Q, Lin Q, et al. Effect of typhoon on atmospheric aerosol particle pollutants accumulation over xiamen, China [J]. Chemosphere, 2016, 159: 244-55.

[303] 李忠, 陈立奇, 颜金培, 等. 1307 号台风"苏力"影响期间厦门大气气溶胶中细颗粒物组成变化的特征 [J]. 应用海洋学学报, 2015, (1): 57-64.

[304] (a)Fu H Y, Zheng M, Yan C Q, et al. Sources and characteristics of fine particles over the yellow sea and bohai sea using online single particle aerosol mass spectrometer [J]. Journal of Environmental Sciences, 2015, 29: 62-70;(b). 郭晓霜, 李小滢, 闫才青, 等. 利用单颗粒气溶胶质谱仪研究南黄海气溶胶的变化特征 [J]. 北京大学学报(自然科学版), 2017, (6): 1042-1052.

[305] Liu J, Zhang T, Ding X, et al. A clear north-to-south spatial gradience of chloride in marine aerosol in Chinese seas under the influence of East Asian Winter Monsoon [J]. Science of the Total Environment, 2022, 832: 154929.

[306] Gao J, Zhang Y C, Zhang M, et al. Photochemical properties and source of pollutants during continuous pollution episodes in beijing, october, 2011 [J]. Journal of Environmental Sciences, 2014, 26(1): 44-53.

[307] Ma L, Li M, Zhang H F, et al. Comparative analysis of chemical composition and sources of aerosol particles in urban beijing during clear, hazy, and dusty days using single particle aerosol mass spectrometry [J]. Journal of Cleaner Production, 2016, 112: 1319-1329.

[308] 刘浪, 王燕丽, 杜世勇, 等. 2014 年 1 月北京市大气重污染过程单颗粒物特征分析 [J]. 环境科学学报, 2016, 36(2): 630-637.

[309] Liu L, Wang Y L, Du S Y, et al. Characteristics of atmospheric single particles during haze periods in a typical urban area of beijing: A case study in october, 2014[J]. Journal of Environmental Sciences, 2016, 40: 145-153.

[310] 周静博, 任毅斌, 洪纲, 等. 利用 SPAMS 研究石家庄市冬季连续灰霾天气的污染特征及成因[J]. 环境科学, 2015, (11): 3972-3980.

[311] 周静博, 李会来, 李雷, 等. 2015 ～ 2016 年石家庄市国庆节期间生物质燃烧源的成分及排放特征研究 [J]. 科学技术与工程, 2017, (21): 128-135.

[312] 周静博, 张强, 戴春岭, 等. 基于单颗粒质谱技术的石家庄冬春季气溶胶成分特征及混合状态研究 [J]. 安全与环境学报, 2017, (2): 707-713.

[313] 张贺伟, 成春雷, 陶明辉, 等. 华北平原灰霾天气下大气气溶胶的单颗粒分析 [J]. 环境科学研究, 2017, (1): 1-9.

[314] 杨鹏, 李丽燕, 周静博, 等. 石家庄一次沙尘过程的气溶胶光学特性及源解析 [C].第 33 届中国气象学会年会, 中国陕西西安, F, 2016.

[315] 姜国, 袁明浩, 李梅, 等. 沙尘天气细粒子污染快速来源解析初步研究 [J]. 绿色科技, 2017, (16): 35-38.

[316] 李思思, 黄正旭, 王存美, 等. 张家口市一次沙尘天气气溶胶单颗粒理化特征和来源研究 [J]. 生态环境学报, 2017, (3): 437-444.

[317] 牟莹莹, 楼晟荣, 陈长虹, 等. 利用 SPAMS 研究上海秋季气溶胶污染过程中颗粒物的老化与混合状态 [J]. 环境科学, 2013, (6): 2071-2080.

[318] Wang H L, An J L, Shen L J, et al. Mechanism for the formation and microphysical characteristics of submicron aerosol during heavy haze pollution episode in the yangtze river delta, china [J]. Science of The Total Environment, 2014, 490: 501-508.

[319] Wang H L, An J L, Shen L J, et al. Mixing state of ambient aerosols in nanjing city by single particle mass spectrometry [J]. Atmospheric Environment, 2016, 132: 123-132.

[320] 沈艳, 张泽锋, 李艳伟, 等. 南京北郊一次霾过程中气溶胶理化特征变化研究 [J]. 环境科学学报, 2016, (7): 2314-2323.

［321］胡睿, 银燕, 陈魁, 等. 南京雾、霾期间含碳颗粒物理化特征变化分析［J］. 中国环境科学, 2017, (6): 2007-2015.

［322］吴也正. 单颗粒气溶胶质谱仪在苏州市污染过程分析中的应用［J］. 绿色科技, 2016, (2): 84-87.

［323］Shen L J, Wang H L, Lu S, et al. Influence of pollution control on air pollutants and the mixing state of aerosol particles during the 2nd world internet conference in jiaxing, China［J］. Journal of Cleaner Production, 2017, 149: 436-447.

［324］陈多宏, 何俊杰, 张国华, 等. 不同天气类型广东大气超级站细粒子污染特征初步研究［J］. 地球化学, 2014, (3): 217-223.

［325］何俊杰, 张国华, 王伯光, 等. 鹤山灰霾期间大气单颗粒气溶胶特征的初步研究［J］. 环境科学学报, 2013, (8): 2098-2104.

［326］李梅, 李磊, 黄正旭, 等. 运用单颗粒气溶胶质谱技术初步研究广州大气矿尘污染［J］. 环境科学研究, 2011, (6): 632-636.

［327］吴鉴原, 张宇烽, 汪佳俊, 等. 汕头市金平区一次重污染天气过程的 $PM_{2.5}$ 来源解析［J］. 广州化工, 2016, (9): 138-140+88.

［328］刘文彬, 黄祖照, 陈彦宁, 等. 广州市春季一次沙尘天气过程综合观测［J］. 中国环境监测, 2017, (5): 42-48.

［329］吴梦曦, 成春雷, 黄渤, 等. 不同浓度臭氧对单颗粒气溶胶化学组成的影响［J］. 环境科学, 2020, 41(5): 2006-2016.

［330］Xu T T, Chen H, Lu X H, et al. Single-particle characterizations of ambient aerosols during a wintertime pollution episode in nanning: Local emissions vs. Regional transport［J］. Aerosol and Air Quality Research, 2017, 17(1): 49-58.

［331］Chen K, Yin Y, Kong S F, et al. Size-resolved chemical composition of atmospheric particles during a straw burning period at mt. Huang (the yellow mountain) of china［J］. Atmospheric Environment, 2014, 84: 380-389.

［332］Chen Y, Cao J J, Huang R J, et al. Characterization, mixing state, and evolution of urban single particles in xi' an (China) during wintertime haze days［J］. Science of The Total Environment, 2016, 573: 937-945.

［333］Chen Y, Wenger J C, Yang F M, et al. Source characterization of urban particles from meat smoking activities in chongqing, china using single particle aerosol mass spectrometry［J］. Environmental Pollution, 2017, 228: 92-101.

［334］Lu S L, Tan Z Y, Liu P W, et al. Single particle aerosol mass spectrometry of coal combustion particles associated with high lung cancer rates in xuanwei and fuyuan, china［J］. Chemosphere, 2017, 186: 278-286.

［335］Hauck H, Berner A, Gomiscek B, et al. On the equivalence of gravimetric pm data with TEOM and beta-attenuation measurements［J］. Journal of Aerosol Science, 2004, 35(9): 1135-1149.

［336］Le T-C, Shukla K K, Chen Y-T, et al. On the concentration differences between $PM_{2.5}$ fem monitors and frm samplers［J］. Atmospheric Environment, 2020, 222: 117138.

［337］Jarvis P, Slatyer R. Calibration of β gauges for determining leaf water status［J］. Science, 1966, 153(3731): 78-79.

［338］Bakshi A, Vandana S, Selvam T P, et al. Measurement of the output of iso recommended beta sources with an extrapolation chamber［J］. Radiation Measurements, 2013, 53: 50-55.

［339］Macias E S, Husar R B. Atmospheric particulate mass measurement with beta attenuation mass monitor［J］. Environmental Science & Technology, 1976, 10(9): 904-907.

［340］Watson J G, Chow J C, Chen L-W A, et al. Elemental and morphological analyses of filter tape deposits from a beta attenuation monitor［J］. Atmospheric Research, 2012, 106: 181-89.

［341］Patashnick H, Rupprecht E G. Continuous pm-10 measurements using the tapered element oscillating microbalance［J］. Journal of the Air & Waste Management Association, 1991, 41(8): 1079-1083.

［342］Allen G, Sioutas C, Koutrakis P, et al. Evaluation of the teom® method for measurement of ambient particulate mass in urban areas［J］. Journal of the Air & Waste Management Association, 1997, 47(6): 682-689.

［343］Snyder D C, Schauer J J. An inter-comparison of two black carbon aerosol instruments and a semi-continuous elemental carbon instrument in the urban environment［J］. Aerosol Science and Technology, 2007, 41(5): 463-474.

［344］Bauer J J, Yu X-Y, Cary R, et al. Characterization of the sunset semi-continuous carbon aerosol analyzer ［J］. Journal of the Air & Waste Management Association, 2009, 59(7): 826-833.

［345］Bae M-S, Schauer J J, DeMinter J T, et al. Validation of a semi-continuous instrument for elemental carbon and organic carbon using a thermal-optical method［J］. Atmospheric Environment, 2004, 38(18): 2885-2893.

［346］喻义勇, 王苏蓉, 秦玮. 大气细颗粒物在线源解析方法研究进展［J］. 环境监测管理与技术, 2015, (3): 12-17.

［347］Furger M, Minguillón M C, Yadav V, et al. Elemental composition of ambient aerosols measured with high temporal resolution using an online XRF spectrometer［J］. Atmospheric Measurement Techniques, 2017, 10(6): 2061-2076.

［348］Yatkin S, Belis C A, Gerboles M, et al. An interlaboratory comparison study on the measurement of elements in PM10［J］. Atmospheric Environment, 2016, 125: 61-68.

［349］Hamad S, Green D, Heo J. Evaluation of health risk associated with fireworks activity at central london［J］. Air Quality, Atmosphere & Health, 2016, 9(7): 735-741.

［350］Ye H J, Liao X F, Guo S L, et al. Development and application of continuous atmospheric heavy metals monitoring system based on X-ray fluorescence［C］. Proceedings of the Advanced Materials Research, F, 2012.

［351］Slanina J, Ten Brink H, Otjes R, et al. The continuous analysis of nitrate and ammonium in aerosols by the steam jet aerosol collector (SJAC): Extension and validation of the methodology［J］. Atmospheric Environment, 2001, 35(13): 2319-2330.

［352］Orsini D A, Ma Y, Sullivan A, et al. Refinements to the particle-into-liquid sampler (PILS) for ground and airborne measurements of water soluble aerosol composition［J］. Atmospheric Environment, 2003, 37(9-10): 1243-1259.

［353］Li H, Han Z, Cheng T, et al. Agricultural fire impacts on the air quality of shanghai during summer harvesttime［J］. Aerosol and Air Quality Research, 2010, 10(2): 95-101.

［354］Dong H-B, Zeng L-M, Hu M, et al. The application of an improved gas and aerosol collector for ambient air pollutants in china［J］. Atmospheric Chemistry and Physics, 2012, 12(21): 10519-10533.

［355］Chen J, Qiu S, Shang J, et al. Impact of relative humidity and water soluble constituents of $PM_{2.5}$ on visibility impairment in Beijing, China［J］. Aerosol and Air Quality Research, 2014, 14(1): 260-268.

［356］Gao X, Yang L, Cheng S, et al. Semi-continuous measurement of water-soluble ions in $PM_{2.5}$ in Jinan, China: Temporal variations and source apportionments［J］. Atmospheric Environment, 2011, 45(33): 6048-6056.

［357］Zhou Y, Wang T, Gao X, et al. Continuous observations of water-soluble ions in $PM_{2.5}$ at mount tai (1534 m asl) in Central-Eastern China［J］. Journal of Atmospheric Chemistry, 2009, 64(2): 107-127.

［358］Watson J G, Antony Chen L-W, Chow J C, et al. Source apportionment: Findings from the us supersites program［J］. Journal of the Air & Waste Management Association, 2008, 58(2): 265-288.

［359］Watson J G, Robinson N F, Chow J C, et al. The usepa/dri chemical mass balance receptor model, CMB 7.0［J］. Environmental Software, 1990, 5(1): 38-49.

［360］Paatero P, Tapper U. Positive matrix factorization: A non - negative factor model with optimal utilization of error estimates of data values［J］. Environmetrics, 1994, 5(2): 111-126.

[361] Paatero P. Least squares formulation of robust non-negative factor analysis [J]. Chemometrics and Intelligent Laboratory Systems, 1997, 37(1): 23-35.

[362] Hopke P K. Receptor Modeling in Environmental Chemistry [M]. John Wiley & Sons, 1985.

[363] Shi G-L, Feng Y-C, Zeng F, et al. Use of a nonnegative constrained principal component regression chemical mass balance model to study the contributions of nearly collinear sources [J]. Environmental Science & Technology, 2009, 43(23): 8867-8873.

[364] Schauer J J, Kleeman M J, Cass G R, et al. Measurement of emissions from air pollution sources. 2. C1 through c30 organic compounds from medium duty diesel trucks [J]. Environmental Science & Technology, 1999, 33(10): 1578-1587.

[365] Pandis S N, Harley R A, Cass G R, et al. Secondary organic aerosol formation and transport [J]. Atmospheric Environment Part A General Topics, 1992, 26(13): 2269-2282.

[366] Shi G, Liu J, Wang H, et al. Source apportionment for fine particulate matter in a chinese city using an improved gas-constrained method and comparison with multiple receptor models [J]. Environmental Pollution, 2018, 233: 1058-1067.

[367] Schauer J J, Rogge W F, Hildemann L M, et al. Source apportionment of airborne particulate matter using organic compounds as tracers [J]. Atmospheric Environment, 2007, 41: 241-259.

[368] Zheng M, Cass G R, Schauer J J, et al. Source apportionment of $PM_{2.5}$ in the southeastern united states using solvent-extractable organic compounds as tracers [J]. Environmental Science & Technology, 2002, 36(11): 2361-2371.

[369] Shi G-L, Xu J, Peng X, et al. Using a new walspmf model to quantify the source contributions to $PM_{2.5}$ at a harbour site in china [J]. Atmospheric Environment, 2016, 126: 66-75.

[370] 王振宇, 李永斌, 郭凌, 等. 基于多种新型受体模型的$PM_{2.5}$来源解析对比[J]. 环境科学, 2022, 43(2): 608-618.

[371] Paatero P. The multilinear engine——A table-driven, least squares program for solving multilinear problems, including the n-way parallel factor analysis model [J]. Journal of Computational and Graphical Statistics, 1999, 8(4): 854-888.

[372] Brinkman G, Vance G, Hannigan M P, et al. Use of synthetic data to evaluate positive matrix factorization as a source apportionment tool for $PM_{2.5}$ exposure data [J]. Environmental Science & Technology, 2006, 40(6): 1892-1901.

[373] Hopke P K. Recent developments in receptor modeling [J]. Journal of Chemometrics, 2003, 17(5): 255-265.

[374] Harrison R M, Smith D, Luhana L. Source apportionment of atmospheric polycyclic aromatic hydrocarbons collected from an urban location in birmingham, UK [J]. Environmental Science & Technology, 1996, 30(3): 825-832.

[375] Hwang I, Hopke P K. Estimation of source apportionment and potential source locations of $PM_{2.5}$ at a west coastal improve site [J]. Atmospheric Environment, 2007, 41(3): 506-518.

[376] Tian Y-Z, Shi G-L, Han S-Q, et al. Vertical characteristics of levels and potential sources of water-soluble ions in pm10 in a chinese megacity [J]. Science of The Total Environment, 2013, 447: 1-9.

[377] Tian Y-Z, Shi G-L, Han B, et al. Using an improved source directional apportionment method to quantify the $PM_{2.5}$ source contributions from various directions in a megacity in China [J]. Chemosphere, 2015, 119: 750-756.

[378] Tian Y-Z, Shi G-L, Huang-Fu Y-Q, et al. Seasonal and regional variations of source contributions for pm10 and $PM_{2.5}$ in urban environment [J]. Science of The Total Environment, 2016, 557: 697-704.

[379] Dai Q, Liu B, Bi X, et al. Dispersion normalized pmf provides insights into the significant changes in source contributions to $PM_{2.5}$ after the covid-19 outbreak [J]. Environmental Science & Technology, 2020, 54(16): 9917-9927.

［380］付怀于, 闫才青, 郑玫, 等. 在线单颗粒气溶胶质谱 SPAMS 对细颗粒物中主要组分提取方法的研究［J］. 环境科学, 2014, (11): 4070-4077.

［381］Allen J O, Bhave P V, Whiteaker J R, et al. Instrument busy time and mass measurement using aerosol time-of-flight mass spectrometry［J］. Aerosol science and technology, 2006, 40(8): 615-626.

［382］Fergenson D P, Song X-H, Ramadan Z, et al. Quantification of ATOFMS data by multivariate methods［J］. Analytical Chemistry, 2001, 73(15): 3535-3541.

［383］Gross D S, Gälli M E, Silva P J, et al. Relative sensitivity factors for alkali metal and ammonium cations in single-particle aerosol time-of-flight mass spectra［J］. Analytical Chemistry, 2000, 72(2): 416-422.

［384］Bhave P V, Kleeman M J, Allen J O, et al. Evaluation of an air quality model for the size and composition of source-oriented particle classes［J］. Environmental Science & Technology, 2002, 36(10): 2154-2163.

［385］张遥, 成春雷, 王在华, 等. 基于单颗粒气溶胶质谱仪的气溶胶化学组分的半定量研究［J］. 中山大学学报（自然科学版）, 2022, 61(3): 140.

［386］蔡靖, 郑玫, 闫才青, 等. 单颗粒气溶胶飞行时间质谱仪在细颗粒物研究中的应用和进展［J］. 分析化学, 2015, 43(5): 765-774.

［387］Zheng M, Yan C, Wang S, et al. Understanding $PM_{2.5}$ sources in China: Challenges and perspectives［J］. National Science Review, 2017, 4(6): 801-803.

［388］高健, 李慧, 史国良, 等. 颗粒物动态源解析方法综述与应用展望［J］. 科学通报, 2016, (27): 3002-3021.

［389］郑玫, 张延君, 闫才青, 等. 中国 $PM_{2.5}$ 来源解析方法综述［J］. 北京大学学报: 自然科学版, 2014, (6): 1141-1154.

"十三五"国家重点出版物出版规划项目
大气污染控制技术与策略丛书

书名	作者	定价（元）	ISBN 号
大气二次有机气溶胶污染特征及模拟研究	郝吉明等	98	978-7-03-043079-3
突发性大气污染监测预报及应急预案	安俊岭等	68	978-7-03-043684-9
烟气催化脱硝关键技术研发及应用	李俊华等	150	978-7-03-044175-1
长三角区域霾污染特征、来源及调控策略	王书肖等	128	978-7-03-047466-7
大气化学动力学	葛茂发等	128	978-7-03-047628-9
中国大气 $PM_{2.5}$ 污染防治策略与技术途径	郝吉明等	180	978-7-03-048460-4
典型化工有机废气催化净化基础与应用	张润铎等	98	978-7-03-049886-1
挥发性有机污染物排放控制过程、材料与技术	郝郑平等	98	978-7-03-050066-3
工业挥发性有机物的排放与控制	叶代启等	108	978-7-03-054481-0
京津冀大气复合污染防治：联发联控战略及路线图	郝吉明等	180	978-7-03-054884-9
钢铁行业大气污染控制技术与策略	朱廷钰等	138	978-7-03-057297-4
工业烟气多污染物深度治理技术及工程应用	李俊华等	198	978-7-03-061989-1
京津冀细颗粒物相互输送及对空气质量的影响	王书肖等	138	978-7-03-062092-7
清洁煤电近零排放技术与应用	王树民	118	978-7-03-060104-9
室内污染物的扩散机理与人员暴露风险评估	翁文国等	118	978-7-03-064064-2
挥发性有机物（VOCs）来源及其大气化学作用	邵敏等	188	978-7-03-065876-0
黄磷尾气净化及资源化利用技术	宁平等	198	978-7-03-060547-4
室内空气污染与控制	朱天乐等	150	978-7-03-066956-8
排放源清单与大气化学传输模型的不确定性分析	郑君瑜等	158	978-7-03-071848-8
气溶胶化学	葛茂发等	118	978-7-03-074867-6
大气颗粒物污染在线源解析技术：基于单颗粒质谱	周振等	150	978-7-03-077943-4